U0423819

新编精选家常菜

上卷

陈志田 主编

图书在版编目（CIP）数据

新编精选家常菜 / 陈志田主编 . —武汉：湖北科学技术出版社，2014.10
ISBN 978-7-5352-7026-9

Ⅰ . ①新… Ⅱ . ①陈… Ⅲ . ①家常菜肴—菜谱 Ⅳ . ① TS972.12

中国版本图书馆 CIP 数据核字（2014）第 213519 号

策划编辑 / 宋　媛
责任编辑 / 刘焰红　赵襄玲
封面设计 / 凌　云
出版发行 / 湖北科学技术出版社
网　　址 / http: //www.hbstp.com.cn
地　　址 / 武汉市雄楚大街 268 号
　　　　　湖北出版文化城 B 座 13 ~ 14 层
电　　话 / 027-87679468
邮　　编 / 430077
印　　刷 / 三河市恒彩印务有限公司
邮　　编 / 518000
开　　本 / 889 × 1194　1/16
印　　张 / 20
字　　数 / 400 千字
2014 年 11 月第 1 版
2014 年 11 月第 1 次印刷
全套定价 / 498.00 元（全 2 册）

前言

现代生活节奏的加快，让越来越多的人没有时间或懒于下厨房，将饭店当作自家厨房的“外食族”人数不断增加。然而，餐馆做菜千篇一律，常下馆子难免厌烦，而且餐馆菜品通常是“大火猛料”制成，很容易导致各类健康问题。要想解决这一问题，我们就要回归家庭厨房，回归家常味道。只有家常的味道，才是经典的味道，才是健康的味道。

家常菜是中国菜的源头，是人们日常饮食中的一个重要内容，与人们的生活息息相关。家常的味道，来自于千家万户，来自于老百姓代代相传，就像儿时的记忆，永远深刻。一道可口的家常菜肴，不仅可以保证家人营养均衡和膳食健康，还可以让家人在品味美食之余享受天伦之乐；一道色、香、味、形俱全的家常菜品，不仅可以在朋友聚会中让你大显身手，还可以增进朋友之间的感情。

为了满足人们日常饮食生活的需要，我们精心编写了这本《新编精选家常菜》。本书挑选了近 100 种常见食材，并用这些食材烹制了 800 余道深受人们喜爱的家常菜，每道菜品都各具特色，口味多样，形式多变，能让家人食欲大增，胃口大开，吃得欲罢不能，轻松解决众口难调的问题。全书介绍了烹制家常菜常用的方法与窍门，将菜品分为蔬菜、菌豆、畜肉、禽蛋、水产等部分，也涉及主食、西餐及日韩料理等的制作方法。所选的菜例皆为简单菜式，调料、做法介绍详细，且烹饪步骤清晰，详略得当，同时配以精美图片，读者可以一目了然地了解食物的制作要点，易于操作。即便你没有任何做饭经验，也能做得有模有样，有滋有味。

此外，书中还介绍了相关食材的营养功效、食用宜忌、选购与保存方法，以及一些家庭实用的小贴士等，指导你为家人健康配膳，让你和家人吃得更合理、更健康。只要按照本书的编排，你就能轻松掌握各类家常菜的制作方法。对于初学者来说，可以从中学习简单的菜色，让自己逐步变成烹饪高手；对于已经可以熟练做菜的人来说，则可以从中学习新的菜色，为自己的厨艺秀锦上添花。掌握了这些家常菜肴的烹饪技巧，你就不必再为一日三餐吃什么大伤脑筋，也不必再为宴请亲朋感到力不从心。不用去餐馆，在家里就能轻松做出丰盛美食，让家人吃出美味，吃出健康。

美食也是一种享受生活的方式，烹饪的魅力在于“以心入味，以手化食，以食悦人，以人悦己”。如果你想在厨房小试牛刀，如果你想成为人们胃口的主人，成为一个做饭高手的话，不妨拿起本书。当你按照书中介绍的烹调基础和诀窍，以及分步详解的实例烹调出一道看似平凡、却大有味道的家常菜献给父母、爱人、孩子或亲朋时，不仅能享受烹饪带来的乐趣，更能体会美食中那一份醇美，那一缕温暖，那一种幸福。

目录

上卷

烹饪常识与烹饪技巧

原材料的预处理

002
清洗蔬菜的一般方法
去除蔬菜中的残留农药
切肉技巧

常见烹调术语

003
焯水
004
走油
过油
005
挂糊

改刀

凉菜的烹饪方法

006
拌
炝
007
卤

热菜的烹饪方法

008
爆
煎
009
炸
焗
010
蒸
011
焖
炒
012
烧
013
烤

汤菜的烹饪方法

014
炖
015
煲
016
烩
煨

烹饪小窍门

017
凉菜的常见制法与调味料
018
泡菜的制作技巧
019
炒菜的分类与制作技巧
烧菜的制作关键
021
蒸菜的好处及分类
022
炖菜的种类与技巧
如何烹制美味营养汤
024
料理时必备的料理工具

第一篇

蔬菜类

白菜

026
白菜三味
果汁白菜心
027
大白菜粉丝盐煎肉
一品菜心
白菜海带豆腐煲
白菜粉条丸子汤

包菜

028
千层包菜

珊瑚包菜
029
甜椒包菜
辣包菜
炝炒包菜
包菜焖羊肉

油菜

030
油菜炒猪肝
炝炒油菜
031
双冬扒油菜
香味牛方
虾米油菜玉米汤
油菜黄豆牛肉汤

菠菜

032
姜汁菠菜
菠菜拌四宝
033
口口香
鸡蛋菠菜炒粉丝
菠菜鸡胗汤
菠菜猪肝汤

芹菜

034
芹菜拌香干
芹菜兔肉
035
芹菜炒香菇
腰果西芹
百合西芹蛋花汤
牛肉芹菜土豆汤

菜心

036
菜心沙姜猪心
冬菇蚝油菜心
037
菜心豆腐
蘑菇菜心炒圣女果
冬笋鸡块菜心煲
鱼头豆腐菜心煲

芥菜

038
芥菜炒蚕豆
芥菜青豆
039
芥菜叶拌豆丝
芥菜炒肉丁
芥菜鲜肉汤
芥菜土豆煲排骨

韭菜

040
韭菜腰花
虾米豆腐干韭菜汤

韭黄

041
韭黄腐竹
韭黄炒鸡蛋

黄花菜

042
凉拌黄花菜
黄花菜拌海蜇
043
黄花菜炒瘦肉
上汤黄花菜
黄花菜黄瓜汤
黄花菜煲鱼块

西兰花

044
素拌西兰花
西兰花炒虾球
045
西兰花冬笋
西兰花炒鸡丁
苦瓜西兰花牛肉
鲜奶西兰花牛尾汤

茭白

046
辣味拌茭白
西红柿焖茭白
047
茭白金针菇
茭白肉片
虾米茭白粉条汤
鸡肝茭白枸杞汤

白萝卜

048
菊花萝卜丝
风味白萝卜皮
049
干贝蒸白萝卜
干锅白萝卜
牡蛎白萝卜蛋汤
羊肉白萝卜煲山楂

胡萝卜

050
清凉三丝
香脆双丝
051
胡萝卜炒蛋
胡萝卜玉米排骨汤
胡萝卜豆腐汤
胡萝卜山药羊肉煲

西红柿

052
芙蓉西红柿
西红柿烧鸡
053
西红柿牛腩
西红柿焖冬瓜
肉片粉丝西红柿汤
黄豆西红柿牛肉汤

土豆

054
土豆小炒肉
土豆烧排骨
055
草菇焖土豆
茄子炖土豆
土豆芸豆煲鸡块
老鸭土豆煲

山药

056
橙汁山药
玉米笋炒山药
057
山药蒸鲫鱼
山药养生泥
枸杞山药牛肉汤
山药菌菇炖鸡

芋头

058

芋头烧肉

椰汁芋头滑鸡煲

059

芋头牛肉

芋头蒸仔排

芋头排骨粉皮煲

芋头牛肉粉丝煲

玉米

060

香油玉米

玉米炒蛋

061

老北京丰收菜

玉米青红椒炒鸡肉

玉米棒脊骨汤

猪胰山药玉米煲

莲藕

062

炝拌莲藕

橙子藕片

063

酸辣藕丁

田园小炒

黑豆红枣莲藕猪蹄汤

莲藕猪心煲莲子

茄子

064

五味茄子

肉末茄子

065

芝麻酱茄子

双椒蒸茄子

旱蒸茄子

豆腐茄子苦瓜煲鸡

洋葱

066

洋葱拌豆干

红油洋葱肚丝

067

洋葱炒猪肝

洋葱鸡

洋葱排骨汤

猪头肉煲洋葱

竹笋

068

美味竹笋尖

浏阳脆笋

069

竹笋炒肉丝

雪里蕻春笋

春笋丁

笋干鱿鱼丝

070

笋尖烧牛肉

干煸冬笋

冬笋腊肉

蛋丝冬笋汤

071

香菇冬笋煲小鸡

冬笋煲肘子

干贝冬笋瘦肉羹

冬笋鱼块煲

莴笋

072

炝拌三丝

甜蜜四宝

073

葱油莴笋鸡翅

莴笋烧肚条

莴笋猪蹄汤

老鸭莴笋枸杞煲

黄瓜

074

蒜泥黄瓜片

糖醋黄瓜

075

脆炒黄瓜

老黄瓜炖泥鳅

红豆黄瓜猪肉煲

山药黄瓜煲鸭汤

冬瓜

076

油焖冬瓜

冬瓜双豆

077

芝麻酱冬瓜

冬瓜红豆汤

冬瓜鲜蘑排骨汤

牛肉煲冬瓜

南瓜

078

脆炒南瓜丝

蜂蜜蒸老南瓜

079

八宝南瓜

豉汁南瓜蒸排骨

南瓜排骨汤

南瓜牛肉汤

苦瓜

080

炝拌苦瓜

苦瓜炒鸡蛋

081

大刀苦瓜

鸡蓉酿苦瓜

苦瓜海带瘦肉汤

猪肚苦瓜汤

蒜薹

082

蒜薹腰花

牛柳炒蒜薹

扁豆

083

椒丝扁豆

扁豆炖排骨

四季豆

084

干煸四季豆

红椒四季豆

085

四季豆炒竹笋

金沙四季豆

四季豆鸭肚

四季豆炒鸡蛋

豆角

086

蒜香豆角

姜汁豆角

087
大碗豆角
豆角炒肉末
茄子炒豆角
干豆角扣肉

毛豆

088
毛豆仁拌小白菜
毛豆仁炒河虾

089
毛豆仁烩丝瓜
毛豆仁焖黄鱼
盐水毛豆瘦肉煲
银杏毛豆仁羊肉汤

豆芽

090
黄豆芽拌香菇
绿豆芽拌豆腐

091
黄豆芽炒粉条
黄豆芽炒大肠
蘑菇绿豆芽肉汤
冬菇黄豆芽猪尾汤

辣椒

092
辣椒圈拌花生米
辣椒拌豆皮

093
虎皮尖椒
双椒爆羊肉
青椒煸仔鸡
青红椒炒虾仁

094
辣椒炒黄瓜
杭椒肚条
虎皮杭椒
红椒炒猪尾

第二篇

菌豆类

香菇

096
香菇煨蹄筋
香菇烧牛肉

097
香菇瘦肉酿苦瓜
干焖香菇
枸杞香菇炖猪蹄
香菇鸡块煲冬瓜

金针菇

098
炒金针菇
芥末金针菇

099
甜椒拌金针菇
金针菇炒肉丝
金针菇瘦肉汤
金针菇牛肉丸汤

草菇

100
草菇焖鸡
草菇焖肉

101
西芹拌草菇
草菇虾仁
草菇螺片汤
草菇鱼头汤

茶树菇

102
茶树菇炒肉丝
茶树菇炒鸡丝

103
茶树菇炒肚丝
云南小瓜炒茶树菇
茶树菇炖老鸡
茶树菇鸭汤

口蘑

104
尖椒拌口蘑
口蘑拌花生

105
香菜拌口蘑
蚝汁扒群菇
口蘑雪里蕻牛肉汤
口蘑灵芝鸭子煲

鸡腿菇

106
蚝油鸡腿菇
鲍汁扣三菇

107
煎酿鸡腿菇
鸡腿菇烧牛蛙
鸡腿菇烧排骨
鸡腿菇鸡心汤

木耳

108
木耳黄瓜
醋椒木耳

109
木耳炒鸡蛋
凉拌木耳
木耳煲双脆

黑木耳水蛇汤

银耳

110
银耳莲子冰糖饮
菠萝银耳红枣甜汤
111
银耳瘦肉汤
银耳红枣煲猪排
猪肺雪梨银耳汤
银耳羊肉莲藕汤

豆腐

112
香椿拌豆腐
小葱拌豆腐
113
烧虎皮豆腐
肉丝豆腐
青蒜烧豆腐
家乡豆腐
114
三鲜酿豆腐
脆皮豆腐
肥牛豆腐
口水豆腐
115
黄瓜鱼块豆腐煲
西红柿豆腐鲫鱼汤
豆腐红枣泥鳅汤
豆腐韭香虾仁汤

豆腐皮

116
香油豆腐皮
红椒丝拌豆腐皮
117
豆腐皮拌黄瓜
千层豆腐皮
麻辣豆腐皮
上汤豆腐皮

腐竹

118
腐竹烧肉
炝腐竹
119
素焖腐竹
腐竹百合羹
腐竹荸荠甜汤
腐竹木耳瘦肉汤

豆腐干

120
麻辣豆腐干
甘泉豆腐干

第三篇

畜肉类

牛肉

122
五香牛肉
松子牛肉
123
芥蓝牛肉
香芹炒牛肉
苦瓜炒牛肉
子姜炒牛肉
124
回锅牛腱
口口香牛柳
咖喱牛腩煲
蒜烧土豆肥牛
125
滋补牛肉汤
理气牛肉汤
花生煲牛肉
西红柿牛腩煲

牛肚

126
豆角拌牛肚
干拌牛肚
127
荷兰豆拌牛肚
翠绿银杏炒肚尖
香辣牛肚
豆豉牛肚
128
辣椒炒牛肚
油面筋炒牛肚
芡实莲子牛肚煲
滋补牛肚汤

猪肉

129
糖醋里脊
鱼香肉丝
130
家乡回锅肉
橄榄菜炒肉块
油豆腐烧肉
荷香圆笼蒸肉
131
家常小炒肉
赛狮子头
板栗红烧肉
米粉肉
132
山药猪肉汤
双杏煲猪肉
杜仲巴戟瘦肉汤
灵芝红枣瘦肉汤

猪排骨

133
排骨蒸菜心
香炖排骨
134
干烧排骨
椒盐小排
家乡酱排骨
芳香排骨

135
排骨扒香茄
糖醋排骨
排骨苦瓜汤
排骨丝瓜汤
136
菌菇排骨汤
西洋参排骨滋补汤
板栗玉米煲排骨
土豆海带煲排骨

猪蹄

137
开胃猪蹄
红枣焖猪蹄
138
花生蒸猪蹄
京华卤猪蹄
养颜美容蹄
口味猪蹄
139
美容猪蹄汤
双红猪蹄汤
苦瓜猪蹄汤
佛手瓜煲猪蹄
140
百合猪蹄汤
猪蹄灵芝汤
红枣海带煲猪蹄
木瓜猪蹄汤

猪肝

141
凉拌猪肝
腰花炒肝片
142
麻辣猪肝
双仁菠菜猪肝汤
党参枸杞猪肝汤
天麻猪肝汤

猪腰

143
炝拌腰片
海派腰花
144
香爆腰花
醋辣腰花
豆芽腰片汤
猪腰补肾汤

下卷

猪血

145
猪血汤
韭菜花烧猪血
146
韭香豆芽猪血汤
西洋参猪血煲
韭菜猪血汤
双色豆腐汤

猪肚

147
凉拌猪肚
冷水猪肚
148
小炒猪肚
银杏腐竹猪肚煲
桂圆煲猪肚
鸡骨草猪肚汤

猪肠

149
傻儿肥肠
豆腐烧肥肠
150
黑椒猪大肠
草头圈子
薏米煲猪肠
猪肠海带煲豆腐

羊肉

151
葱拌羊肉
葱丝羊肉
152
川香羊排
羊肉烩菜
蒜香羊头肉
姜汁羊肉
153
虾酱羊肉
白切羊肉
青椒焖羊肉
手抓羊肉
154
枸杞羊肉香菜汤
羊肉粉条山药煲
红枣羊排首乌汤
山药枸杞羊排煲

兔肉

155
兔肉薏米煲
桂圆兔腿枸杞汤
156
辣椒炒兔丝
宫廷兔肉
青豆烧兔肉
手撕兔肉

第四篇

禽蛋类

鸡肉

158
广东白切鸡
香糟鸡
159
豉油皇鸡
西芹鸡柳
腰果鸡丁
油淋土鸡
160
板栗煨鸡
太白鸡
客家盐焗鸡
宅门鸡
161
鸡肉丝瓜汤
鸡肉蘑菇粉条汤
冬菇粉条炖鸡
益母草鸡汤

鸡翅

162
板栗烧鸡翅
小炒鸡翅
163
香辣鸡翅
红烧鸡翅
烩鸡翅
梅子鸡翅

鸡爪

164
白云鸡爪
卤味凤爪
165
泡椒凤爪
鸡爪炒猪耳条
菌菇鸡爪眉豆煲
黑豆红枣鸡爪汤

鸭肉

166
蒜苗拌鸭片
年糕八宝鸭丁
167
蒜薹炒鸭片
啤酒鸭
青花椒仔鸭
梅菜扣鸭
168
薏米冬瓜鸭肉汤
美容养颜老鸭煲
冬瓜鸭肉煲
胡萝卜荸荠鸭肉煲
169
老鸭红枣猪蹄煲
清汤老鸭煲
鸭肉芡实汤
银杏枸杞鸭肉汤

鹅肉

170
卤水鹅片拼盘
黄瓜烧鹅肉
171
扬州风鹅
酱爆鹅脯
芋头烧鹅
鲍汁鹅掌扣刺参

鸡蛋

172
鸡蛋炒干贝
银芽炒鸡蛋
173
青豆炒蛋
臊子蛋
辣味香蛋
百果双蛋
174
蛋皮豆腐
太极鸳鸯蛋
节瓜粉丝蒸水蛋
蚝干蒸蛋

第五篇

水产类

鲤鱼

176
白汁鲤鱼
糖醋全鲤
177
当归白术鲤鱼汤
鲤鱼冬瓜煲
白菜鲤鱼汤
清炖鲤鱼汤

草鱼

178
苹果草鱼汤
西洋菜草鱼汤
179
西湖草鱼
清蒸草鱼

鲜椒鱼片
松鼠鱼

福寿鱼

180
家常福寿鱼
清蒸福寿鱼

鲇 鱼

181
红袍鲇鱼
腐竹焖鲇鱼

鲫 鱼

182
粉皮鲫鱼
豆瓣鲫鱼
183
香酥小鲫鱼
葱焖鲫鱼
鲫鱼蒸水蛋
鹌鹑蛋鲫鱼

鲈 鱼

184
木瓜煲鲈鱼
清汤枸杞鲈鱼
185
梅菜蒸鲈鱼
开胃鲈鱼
河塘鲈鱼
功夫鲈鱼

鳜鱼

186
拍姜蒸鳜鱼
松鼠鳜鱼
187
骨香鳜鱼
特色蒸鳜鱼
健康水煮鳜鱼
白萝卜煮鳜鱼

银 鱼

188
葱拌小银鱼
香菜银鱼干
189
银鱼煎蛋
鲜香银鱼汤
银鱼枸杞苦瓜汤
银鱼上汤马齿苋

甲 鱼

190
青蒜甲鱼
甲鱼烧鸡
191
川味土豆烧甲鱼
虫草甲鱼煲
甲鱼山药煲
当归甲鱼煲

黄 鳝

192
青椒炒黄鳝
蜀香烧黄鳝
193
金针菇黄鳝丝
杭椒鳝片
金蒜烧鳝段
过桥鳝丝

带 鱼

194
家常烧带鱼
酥骨带鱼
195
芹菜煎带鱼
香味带鱼
陈醋带鱼
盘龙带鱼

黄 鱼

196
香糟小黄鱼
黄鱼焖粉皮
197
酒糟焖黄鱼
雪里蕻蒸黄鱼
黄鱼豆腐煲
干黄鱼煲木瓜

鳕 鱼

198
西芹腰果鳕鱼
红豆鳕鱼
199
豉味香煎鳕鱼
芥蓝煎鳕鱼
豆豉蒸鳕鱼
豆酱紫苏蒸鳕鱼

鳗 鱼

200
葱烧鳗鱼
鳗鱼枸杞汤

章 鱼

201
黄瓜章鱼煲
章鱼海带汤

鱿 鱼

202
鱿鱼虾仁豆腐煲
胡萝卜鱿鱼煲
203
香辣鱿鱼虾
脆炒鱿鱼丝
鱿鱼三丝
鱿鱼丝拌粉皮

墨 鱼

204
木瓜煲墨鱼
木瓜墨鱼香汤
205
海鲜爆甜豆
韭菜墨鱼花
木瓜炒墨鱼片
火爆墨鱼花

虾

206
香葱炒河虾
香辣虾
207
椒盐虾仔
清炒虾丝
水晶虾仁
青豆百合虾仁
208
鲜蚕豆炒虾肉
虾仁炒蛋
虾仁豆花
鲜虾煮莴笋
209
虾仁韭菜鸡蛋汤

小河虾苦瓜汤
粉丝鲜虾煲
鲜虾菠菜粉条煲

蟹

210
香辣蟹
咖喱炒蟹
211
葱姜炒蟹
膏蟹炒年糕
酱香大肉蟹
家乡炒蟹
212
酱香蟹
金牌口味蟹
泡菜炒梭子蟹
清蒸大闸蟹
213
鱼蟹团圆汤
山药蟹肉羹
蟹黄健胃煲
鸽蛋蟹柳鲜汤

螺

214
温拌海螺
荷兰豆拌螺片
215
椒丝拌海螺
香糟田螺
鸿运福寿螺
酱爆小花螺
216
香炒田螺
荷兰豆响螺片
鸡腿菇炒螺片
葱炒螺片
217
螺肉煲西葫芦
螺片黄瓜汤
海带螺片汤
双瓜响螺汤

蛏子

218
原汁蛏子汤
蛏子豆腐汤
219
爆炒蛏子
蒜蓉蒸蛏子
姜葱焗蛏子
辣爆蛏子

海参

220
葱烧海参
琥珀蜜豆炒贝参
221
海参烩鱼条
丝瓜海鲜煲
海参牛尾汤
双色海参汤

扇贝

222
双椒拌扇贝肉
蒜蓉蒸扇贝
223
扇贝蘑菇粉丝汤
扇贝海带煲
节瓜扇贝汤
海鲜煲

海蜇

224
凉拌海蜇
黄瓜蜇头

牡蛎

225
白菜牡蛎粉丝汤

竹笋牡蛎党参汤

蛤蜊

226
黄瓜拌蛤蜊
辣炒花蛤
227
清炒蛤蜊
芹菜炒蛤蜊肉
姜葱炒蛤蜊
青豆蛤蜊肉煎蛋
228
山药肉片蛤蜊汤
蛤蜊乳鸽汤
山芹蛤蜊鱼丸汤
蛤蜊煲羊排

第六篇 主食类

米饭

230
西湖炒饭
干贝蛋炒饭
231
香芹炒饭
泰皇炒饭
西式炒饭
鱼丁花生糙米饭
232
福建海鲜饭
什锦炊饭
紫米菜饭
贝母蒸梨饭
233
双枣八宝饭

香菇八宝饭
南瓜饭
芋头饭
234
姜葱猪杂饭
菜心生鱼片饭
三鲜烩饭
豉椒牛蛙饭
235
咖喱牛腩饭
芙蓉煎蛋饭
平菇鸡肾饭
咸菜猪肚饭

面点

236
金牌牛腩汤面
爽脆肉丸面
237
担担面
鲜虾云吞面
清炖牛腩面
蔬菜面
238
当归面条
火腿鸡丝面
青蔬油豆腐汤面
炸酱刀削面
239
鸡丝凉面
牛肉凉面
鱿鱼洋葱乌冬面
驰名牛杂捞面
240
南乳猪蹄捞面
三丝炒面
豆芽冬菇炒蛋面
猪大肠炒手擀面
241
雪里蕻肉丝包
香菇菜包
鲜肉大包
灌汤包
242
相思红豆包
洋葱牛肉包
鸡肉包
芹菜小笼包
243
南翔小笼包
干贝小笼包
蟹黄小笼包
灌汤小笼包
244
牛肉煎包
冬菜鲜肉煎包
芝麻煎包
京葱煲仔包
245
双色花卷
菠菜香葱卷
花生卷
五香牛肉卷
246
豆沙双色馒头
双色馒头
菠汁馒头
胡萝卜馒头
247
韭菜猪肉饺
韭黄水饺
胡萝卜牛肉饺
白菜猪肉饺
248
云南小瓜饺
虾饺皇
胡萝卜猪肉煎饺
鲜肉韭菜煎饺
249
羊肉馄饨
清汤馄饨
过桥馄饨
牛肉馄饨

粥

250
豌豆肉末粥
香菇白菜肉粥
251
猪肉玉米粥
肉丸香粥
韭菜猪骨粥
猪骨芝麻粥
252
羊肉菜心粒粥
羊骨杜仲粥
鸡肉金针菇木耳粥
鸡肉香菇干贝粥
253
香菇鸡翅粥
红枣当归乌鸡粥
鸡腿瘦肉粥
洋葱鸡腿粥
254
猪肉鸡肝粥
鸡心红枣粥
鸭肉玉米粥
鸭肉白菜花生粥
255
鸭腿胡萝卜粥
枸杞鸽粥
鹌鹑猪肉玉米粥
鹌鹑茴香粥
256
白菜鸡蛋大米粥
鸭蛋银耳粥
枸杞叶鹅蛋粥
核桃仁花生粥
257
鹌鹑蛋芹菜粥
鸽蛋红枣银耳粥
苦瓜皮蛋枸杞粥
香菇双蛋粥
258
小白菜胡萝卜粥
芹菜红枣粥

香葱冬瓜粥
豆腐南瓜粥
259
百合桂圆薏米粥
胡萝卜菠菜粥
高粱胡萝卜粥
山药莴笋粥
260
青菜玉竹粥
燕麦南瓜豌豆粥
香菇枸杞养生粥
银耳山楂粥
261
苹果胡萝卜牛奶粥
枸杞木瓜粥
香蕉松仁双米粥
甜瓜西米粥
262
红枣桂圆粥
鱼片菠菜粥
鲫鱼百合糯米粥
香菜鲇鱼粥
263
鲳鱼豆腐粥
蘑菇墨鱼粥
飘香黄鳝粥
鸡肉鲍鱼粥
264
虾仁三丁粥
美味蟹肉粥
螃蟹豆腐粥
香菜杂粮粥

点心

265
蟹肉玉米饼
玉米黄糕
266
蜜制蜂糕
黑糯米糕
芒果凉糕
营养紫菜卷
267
叶儿粑
麦香糍粑
珍珠虾球
宫廷小窝头
268
南瓜饼
酥三角
珍珠灌汤包
黄桃蛋挞
269
公司三明治
草莓吐司
芝士吐司卷
橙片全麦三明治
270
苹果蛋糕
柠檬小蛋糕
胡萝卜蛋糕
草莓慕斯蛋糕

第七篇

西餐及日韩料理

西餐

272
椰酱排骨
银鳕鱼南瓜盅
273
苔条面拖黄鱼
香草生扒大鱿鱼
红烧咖喱牡蛎
橙汁扒鸭脯
274
西红柿肉酱面
蛤蜊意大利面
主厨沙拉通心面
咖喱烩面
275
金枪鱼莴笋沙拉
鲜虾沙拉
金枪鱼酿西红柿
龙虾沙拉

日式料理

276
三文鱼腩寿司
鳗鱼寿司
277
刺身白灵菇
芥辣北极贝刺身
象拔蚌刺身
北极贝刺身
278
照烧鱿鱼圈
烧汁鳗鱼
三文鱼冷豆腐
天妇罗虾蛋皮卷
279
蒲烧鳗鱼饭
牛肉定食
三文鱼紫菜炒饭
日式海鲜锅仔饭

韩式料理

280
清蒸豆腐饼
红焖排骨
281
牛胫汤
海鲜豆腐汤
仔鸡汤
五彩牛肉干锅
282
茼蒿沙拉
海带沙拉
五彩葱结
心有千千结
283
辣白菜
功夫黄瓜
韩国泡萝卜
配海鲜泡菜
284
黑芝麻糊
八宝饭
红豆糯米糕
双色芝麻饼

第八篇

饮品类

蔬果汁

286
葡萄芝麻汁
蔬果柠檬汁
287
榴莲牛奶汁
蔬菜牛奶汁
纤体柠檬汁
消脂蔬果汁
288
樱桃西红柿汁
香蕉火龙果汁
西红柿蔬果汁
橘子番石榴汁
289
胡萝卜包菜汁
番石榴果汁
香蕉哈密瓜奶
火龙果降压汁
290
草莓菠萝汁
西红柿芒果汁
猕猴桃橙酪
草莓贡梨汁
291
猕猴桃蔬果汁
草莓柳橙汁
蔬菜苹果汁
苹果胡萝卜汁

茶

292
茉莉鲜茶
玫瑰枸杞红枣茶
293
茉莉洛神茶
紫罗兰舒活茶
消脂山楂茶
月季清茶
294
鲜活美颜茶
美白薏仁茶
红枣党参茶
玫瑰调经茶
295
陈皮姜茶
蜂蜜芦荟茶
降糖茶
玉竹参茶
296
红枣山楂茶
菊花普洱茶
车前草红枣茶
夏枯草丝瓜茶
297
山楂五味子茶
丹参茵陈茶
茯苓清菊茶
铁观音绿茶

冰点饮料

298
柠檬蜜红茶
冰拿铁咖啡
299
猕猴桃奶茶
珍珠冰奶茶
哈密瓜冰沙
酸梅冰棒
300
菠萝冰棒
柳橙冰棒
牛奶冰激凌
果仁冰激凌
301
葡萄奶昔
苹果草莓奶昔
夏威夷圣代
草莓圣代
302
青提冰激凌
西红柿冰激凌
蜜红豆冰激凌
抹茶冰激凌

烹饪常识与烹饪技巧

烹饪是膳食的艺术。“烹”就是煮的意思，“饪”是熟的意思。一道好的菜肴，色香味形俱佳，不但让人在食用时感到满意，而且能让食物的营养被人体吸收。在这个部分中，我们详细地介绍了烹饪方法、常见的烹饪术语和一些烹饪中的基本常识，为你做出一手好菜做好充分的准备。

原材料的预处理

清洗蔬菜的一般方法

为了除去残留在蔬菜表皮上的农药，可使用淡盐水（1%~3%）洗涤蔬菜，这种方法效果良好。此外，秋天的蔬菜容易生虫，虫子喜欢躲在菜根或菜叶的褶纹里。用淡盐水将菜泡一泡，可除去虫子。在冰箱中贮存时间较长的菜容易发蔫，可在清水中滴三五滴食醋，将菜泡五六分钟后再洗净，这样可使蔬菜回鲜。

去除蔬菜中的残留农药

烫洗除农药

对于豆角、芹菜、青椒、西红柿等，先烫5~10分钟再下锅，能清除部分农药残留。

削皮去农药

对萝卜、胡萝卜、土豆、冬瓜、苦瓜、黄瓜、丝瓜等瓜果蔬菜，最好在清水漂洗前先削掉皮。特别是一些外表不平、细毛较多的蔬果，容易沾上农药，去皮是有效除毒的方法。

冲洗去农药

对韭菜花、黄花菜等花类蔬菜可一边排水一边冲洗，然后在盐水中浸泡一下。

用淘米水去除蔬菜农药

呈碱性的淘米水，对有机磷农药的毒有显著的解毒作用，可将蔬菜在淘米水中浸泡10~20分钟，再用清水将其冲洗干净，就可以有效地去除残留在蔬菜上的有机磷农药；也可将2匙小苏打水加入盆水中，再把蔬菜放入水中浸泡5~10分钟，之后清水将其冲洗干净即可。

加热烹煮去除蔬菜农药

经过加热烹煮后大多数农药都会分解，所以，烹煮蔬菜可以消除蔬菜中的农药残留。加热也可使农药随水蒸气蒸发而消失，因此煮菜汤或炒菜时不要加盖。

切肉技巧

斜切猪肉

猪肉较为细腻，肉中筋少，所以要斜着纤维切，这样既不断裂，也不塞牙。

横切牛肉

牛肉要横着纤维纹路切，因为牛肉的筋都顺着肉纤维的纹路分布，若随手便切，则会有许多筋腱未被切碎，会使加工的牛肉很难嚼烂。

切羊肉

羊肉中分布着很多膜，在切之前应将其剔除干净，以避免炒熟后的肉质发硬，嚼不烂。

顺切鸡肉

鸡肉较细嫩，肉的含筋量最少，顺着纤维切，才能使成菜后的肉不破碎，整齐美观。

切鱼肉用快刀

切鱼肉要使用快刀，由于鱼肉质细且纤维短，容易破碎。将鱼皮朝下，用刀顺着鱼刺的方向切入，切时要利索，这样炒熟后形状才完整，不至于凌乱破碎。

常见烹调术语

焯水

焯水就是将初步加工的原料放在开水锅中加热至半熟或全熟，取出以备进一步烹调或调味。它是烹调中特别是凉拌菜中不可缺少的一道工序，对菜肴的色、香、味，特别是色起着关键作用。焯水，又称出水、飞水。

开水锅焯水注意事项 ①叶类蔬菜原料应先焯水再切配，以免营养成分损失过多。②焯水时应水多火旺，以使投入原料后能及时开锅。③焯制绿叶蔬菜时，略滚即捞出。蔬菜类原料在焯水后应立即投凉控干，以免因余热而使之变黄、熟烂的现象发生。

冷水锅焯水注意事项 ①锅内的加水量不宜过多，以淹没原料为度。②在逐渐加热过程中，必须对原料勤翻动，以使原料受热均匀，达到焯水的目的。

焯水的作用

可以使蔬菜颜色更鲜艳，质地更脆嫩，减轻涩、苦、辣味，还可以杀菌消毒。

可以使肉类原料去除血污及腥膻等异味，如牛、羊、猪肉及其内脏焯水后都可减少异味。

可以调整几种不同原料的成熟时间，缩短正式烹调时间。由于原料性质不同，加热成熟的时间也不同，可以通过焯水使几种不同的原料成熟一致。

便于原料进一步加工操作，有些原料焯水后容易去皮，有些原料焯水后便于进一步加工切制等。

走油

又称炸。走油是一种大油量、高油温的加工方法，油温在七八成热。走油的原材料一般都较大，通过走油达到炸透、上色、定型的目的。

注意事项

挂糊、上浆的原料一般要分散下锅；不挂糊、不上浆的原料应抖散下锅；需要表面酥脆的原料，走油时应该复炸，也叫“重油”；需要保持洁白的原料，走油时必须用猪油或清油（即未用过的植物油）。

过油

过油，是将备用的原料放入油锅进行初步热处理的过程。过油能使菜肴口味滑嫩软润，保持和增加原料的鲜艳色泽，而且富有菜肴的风味特色，还能去除原料的异味。过油时要根据油锅的大小、原料的性质以及投料多少等正确地掌握油的温度。

注意事项

①根据火力的大小掌握油温。急火，可使油温迅速升高，但极易造成互相粘连散不开或出现焦煳现象；慢火，原料在火力比较慢、油温低的情况下投入，则会使油温迅速下降，导致脱浆，达不到菜肴的要求，故原料下锅时油温应高些。

②根据投料数量的多少掌握油温。投料数量多，原材料下锅时油温可高一些；投料数量少，原材料下锅时油温应低一些。油温还应根据原料质地老嫩和形状大小等情况适当掌握。

③过油必须在急火热油中进行，而且锅内的油量以能浸没原料为宜。原料投入后由于原料中的水分在遇高温时立即汽化，易将热油溅出，须注意防止烫伤。

识别油温的技巧

温油锅，也就是三四成热，一般油面比较平静，没有青烟和响声，原料下锅后周围产生少量气泡。

热油锅，也就是五六成热，一般油从四周向中间翻动，还有青烟，原料下锅后周围产生大量气泡，没有爆炸声。

旺油锅，也就是七八成热，一般油面比较平静，搅动时会发出响声，并且有大量青烟，原料下锅时候会产生大量气泡，还有轻微爆炸声。

挂糊

挂糊是指在经过刀工处理的原料表面挂上一层粉糊。由于原材料在油炸时温度比较高，粉糊受热后会立即凝成一层保护层，使原材料不直接和高温的油接触。

注意事项 ①蛋清糊，也叫蛋白糊，用鸡蛋清和水、淀粉调制而成。也有用蛋清和面粉、水调制的。还可加入适量的发酵粉助发。制作时蛋清不打发，只要均匀地搅拌在面粉、淀粉中即可，一般适用于软炸，如软炸鱼条、软炸口蘑等。

②蛋泡糊，将鸡蛋清用筷子顺一个方向搅打，打至起泡，筷子在蛋清中直立不倒为止。然后加入干淀粉拌和成糊。用它挂糊制作的菜，外观形态饱满，口感外酥里嫩。

③蛋黄糊，用鸡蛋黄加面粉或淀粉、水拌制而成。制作的菜色泽金黄，一般适用于酥炸、炸熘等烹调方法。炸熟后食品外酥里嫩，食用时蘸调味品即可。

④全蛋糊，用整只鸡蛋与面粉或淀粉、水拌制而成。它制作简单，适用于炸制拔丝菜肴，成品金黄色，外酥里嫩。

⑤水粉糊，用淀粉与水拌制而成，制作简单方便，应用广，多用于干炸、焦、熘、抓炒等烹调方法。制成的菜色金黄，外脆硬、内鲜嫩，如干炸里脊、抓炒鱼块等。

⑥脆糊，在发糊内加入17%的猪油或色拉油拌制而成，一般适用于酥炸、干炸的菜肴。制菜后具有酥脆、酥香、胀发饱满的特点。

改刀

中国烹饪行业专业术语，就是切菜。将蔬菜或肉类用刀切成一定形状的过程，或是用刀把大块的原料改小或改形状。改刀的方法包括切丁、切粒、切块、切条、切丝、切段、剁茸、切花、做球等，视菜品不同来选择具体的切法。

切丁

切粒

切丝

切段

凉菜的烹饪方法

拌

把生料（如萝卜、黄瓜等）或者凉的熟料（如熟鸡肉、熟猪肉等）切成块、片、条、丝等形状后，用调味品拌制，就做成了拌菜。

【实例】咸口条

材料 猪口条1个，姜1块，葱15克

调料 料酒、红油各10克，盐5克，香油8克，味精2克，白糖3克

做法

1. 猪口条洗净，入沸水中汆烫，捞出，用刀刮去口条的外皮和舌苔，洗净；姜洗净拍松；葱洗净切段。
2. 将口条放入清水锅中，用大火煮开，撇去浮沫，加入料酒、葱段、姜和盐，改用小火煮，煮至用筷子能戳进口条即捞出凉凉，切成薄片。
3. 将红油放入小碗内，加入白糖、味精和香油调匀，与口条片拌匀即可。

炝

炝是制作凉菜常用的方法之一。炝菜的特点是清爽脆嫩、鲜醇入味。炝菜所用原料多是各种海鲜及蔬菜，还有鲜嫩的猪肉、鸡肉等原料。

【实例】炝拌黄花菜

材料 黄花菜250 克，辣椒面5 克，蒜、胡萝卜各适量

调料 盐、味精各2 克，白糖适量

做法

1. 黄花菜用凉开水洗净，泡约3 小时至发，中途换水1 次；蒜切蓉状。
2. 将黄花菜捞出，沥干水分，胡萝卜洗净切成细丝。
3. 将切好的原材料、调味料搅拌成糊状，和黄花菜、胡萝卜丝拌匀即可。

卤 卤是将经过初加工后的食物，放入卤汁中用中火逐步加热烹制，使其卤汁渗透其中，直至成熟。如玉竹猪心、陈皮油烫鸡等。

【实例】卤凤爪

材料 鸡爪500克

调料 八角2个，香叶1片，姜1块，罗汉果1个，花椒、桂皮、冰糖、生抽、老抽、茴香籽、砂仁、甘草、丁香、陈皮各适量

做法

1. 鸡爪洗净，各种香料包成香料包。
2. 鸡爪加入冷水中煮开。
3. 加入适量花雕酒煮至酒气消散，捞出洗净。
4. 锅内加入香料包、罗汉果和生姜。
5. 加入适量冰糖。
6. 加入适量生抽和老抽。
7. 加入适量水，大火煮开，继续煮5分钟（不要加盖）。
8. 加入鸡爪大火煮开，转小火煮约30分钟即可。

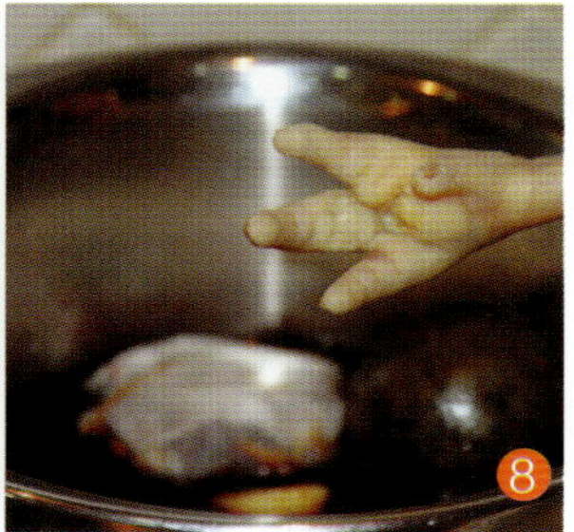

贴心提示 ①必备的几样香料：八角、花椒、桂皮、香叶、陈皮。②每种香料勿使用过多，特别是丁香和甘草，一点即可，否则煮出来的味道更像中药汤；罗汉果有很浓重的甜味，若是放整个，冰糖只要一点即可。③先将卤汁不加盖煮开，继续再煮一会儿，可以帮助减少“药”味。

热菜的烹饪方法

爆

把原料烫或炸至断生后，用旺火把油烧热，急炒后出锅，脆嫩爽口的爆菜就做好了。爆可以分为油爆、盐爆、酱爆、葱爆等。

【实例】爆炒牛柳

材料 牛柳250克

调料 蚝油5克，盐5克，淀粉适量，蒜5克，姜5克，香菜50克，泡山椒50克，指天椒5个

做法

1. 牛柳切丝、冲水；泡山椒洗净；指天椒洗净切成小块。
2. 牛柳用淀粉、盐腌渍1小时后过油。
3. 将蒜、姜片煸香，下泡椒、指天椒、牛柳炒熟，调入盐、蚝油，起锅前放香菜即可。

煎

一般日常所说的煎，是指先把锅烧热，再以凉油涮锅，留少量底油，放入原料，先煎一面上色，再煎另一面。煎时要不停地晃动锅，以使原料受热均匀，色泽一致，使其熟透，食物表面会呈金黄色乃至微煳。

【实例】煎乳酪鲭鱼

材料 鲭鱼250克，洋葱60克，乳酪块30克，高汤、青椒各适量

调料 盐2克，大蒜5克，番茄酱、胡椒粉各适量

做法

1. 鲭鱼洗净，切成四块，用盐、胡椒粉调好味。
2. 将调好味的鲭鱼腌渍15分钟。
3. 洋葱、大蒜均洗净，切末，入锅炒片刻后，再放入番茄酱稍翻炒，倒入高汤、盐、胡椒粉做成酱汁。
4. 青椒洗净，去籽，切圈；乳酪切末，备用。
5. 腌好的鲭鱼入锅煎至两面金黄。
6. 把酱汁涂抹在鲭鱼上，并放上青椒圈和乳酪末，用微波炉加热至乳酪溶化，熟后取出即可。

炸

炸采用比原料多几倍的油，用旺火烹调，放入原料后有爆裂的声音。炸出的食物有香、酥、脆、嫩等特点。炸包括清炸、干炸、酥炸、软炸、纸包炸等。

【实例】蒜香基围虾

材料 基围虾200克

调料 椒盐5克，鸡精2克，胡椒粉2克，干红椒10克，蒜15克

做法

1. 基围虾洗净去须、爪、头；蒜去皮剁蓉；干红椒洗净切段，备用。
2. 锅置旺火上，放入油烧至200℃，放进备好的基围虾炸干，捞出沥干油分。
3. 锅内留少许油，烧热，炒香蒜蓉、干红椒，放入基围虾，翻炒片刻，放入椒盐、鸡精、胡椒粉，炒匀入味，即可出锅。

焗

焗是以汤汁与蒸气或盐或热的气体为导热媒介，将经腌渍的物料或半成品加热至熟而成菜的烹调方法。有砂锅焗、鼎上焗、烤炉焗及盐焗等四种。

【实例】西红柿焗虾

材料 西红柿1个，大虾40克

调料 西红柿汁15克，米醋5克，糖10克，食用油100克，淀粉15克

做法

1. 西红柿洗净，去蒂，去籽，用热水稍烫后去掉表皮，制成盅状；虾去壳后在中间划一刀。
2. 将虾均匀裹上淀粉，入油锅炸至金黄色，捞出沥油。
3. 锅中注入水，调入西红柿汁、糖、米醋煮开，放入虾稍煮，盛入西红柿盅内即可。

蒸

蒸是一种重要的烹调方法，其原理是将原料放在容器中，以蒸汽加热，使调好味的原料成熟或酥烂入味。其特点是保留了菜肴的原形、原汁、原味。蒸时要让蒸笼盖稍留缝隙，可避免蒸汽在锅内凝结成水珠流入菜肴中。一般蒸时要用强火，但精细材料要使用中火或小火。

【实例】周庄酥排

材料 排骨600克，排骨酱、蚕豆酱各5克

调料 葱3克，姜5克，糖10克，胡椒粉、桂皮少许

做法

1. 将排骨洗净，斩成5厘米长的段；葱、姜洗净，切末。
2. 用净水将排骨的血水泡净，沥干后加盐、葱姜、糖、胡椒粉、桂皮拌均匀。
3. 然后将排骨上蒸锅蒸1小时15分钟即可。

【实例】粉蒸肉

材料 五花肉500克，莲藕200克，生大米粉25克，大米50克

调料 白糖3克，胡椒粉1克，黄酒10克、桂皮3克，八角2克，丁香2克，姜末2克，盐3克，酱油5克

做法

1. 五花肉洗净切长条，加盐、酱油、姜末、黄酒、白糖一起拌匀，腌渍5分钟。
2. 大米淘净，下锅中炒成黄色，加桂皮、丁香、八角炒香，压碎备用。
3. 藕洗净切条，加盐、生大米粉拌匀，猪肉条用熟米粉拌匀，与藕条入笼蒸熟取出，撒上胡椒粉即成。

焖 用油锅加工原料，制成半成品后加入少量汤汁以及适量调味品，把锅盖盖上，微火焖烂，制成汁浓、味厚、料酥的焖菜。

【实例】韭菜薹焖泥鳅

材料 泥鳅300克，韭菜薹100克，姜10克

调料 盐4克，辣椒酱10克，红椒1个

做法

1. 泥鳅治净；韭菜薹洗净切段；红椒去蒂、籽切块；姜去皮切丝。
2. 泥鳅入油锅中炸至表面金黄后捞出，锅中留少许油，爆香辣椒酱、姜丝，倒入泥鳅炒匀。
3. 再加入韭菜薹、红椒块，调入盐炒匀即可出锅。

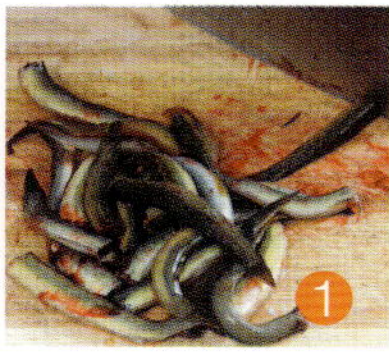

炒 将原料切成小型的丁、片、条、丝等形状，用油锅炒，油量根据原料决定，炒菜有脆、嫩、滑几个特点。炒分为干炒、滑炒（软炒）、生炒（煸炒）、熟炒四种。

【实例】双椒榨菜丝

材料 青椒、红椒各2个，榨菜150克，大蒜10克

调料 盐3克，味精、豆豉、生抽王各2克，香油1克，水淀粉适量

做法

1. 青、红椒洗净切丝；蒜去皮，洗净切粒。
2. 烧锅加水，待水开，下入榨菜丝，煮去部分盐，倒出用水冲透。
3. 另起锅下油，放入蒜粒、豆豉、青红椒丝，加入盐，炒至快断生时，加入榨菜丝，调入味精、生抽炒熟，用水淀粉勾芡，淋入香油即成。

烧

烧是指将前期处理的原料经煎炸或水煮后加入适量的汤汁和调料，先用大火烧开，调基本色和基本味，再改小中火慢慢加热至将要成熟时定色、定味后旺火收汁或是勾芡汁的烹调方法。可分为红烧、白烧、干烧、锅烧、扣烧、酿烧、蒜烧、葱烧、酱烧、辣烧等。

【实例】青豆烧牛肉

材料 牛肉300克，青豆50克

调料 豆瓣15克，葱花、蒜各10克，姜1块，水淀粉10克，料酒、盐、花椒面、上汤、酱油各适量

做法

1. 牛肉洗净切片，用水淀粉、料酒、盐抓匀上浆；豆瓣剁细；青豆洗净；姜、蒜洗净去皮切米。
2. 锅置火上，油烧热，放豆瓣、姜米、蒜米炒香，倒入上汤，加酱油、料酒、盐，烧开后下牛肉片、青豆。
3. 待肉片熟后用水淀粉勾薄芡，装盘，撒上花椒面、葱花即可。

【实例】泡椒牛肉花

材料 牛肉丸子300克，泡椒100克，泡姜50克

调料 味精2克，白糖5克，料酒、盐各3克，上汤500克，香油10克

做法

1. 牛肉丸子对剖，切十字花刀，入沸水锅中煮至八成熟；泡姜切片。
2. 锅上火，注油烧热，下泡椒、泡姜炒出香味，加上汤烧沸。
3. 下牛肉丸、盐、味精、白糖、料酒，中火收汁入味，最后淋入香油，起锅即可。

烤　将加工处理好或腌渍入味的原料置于烤具内部，用明火、暗火等产生的热辐射进行加热的技法总称。

【实例】洋葱派

材料 面粉、奶油各150克，咸猪肉100克，洋葱、乳酪片、鸡蛋各适量

调料 盐、胡椒粉各少许，油适量

做法

1. 面粉过筛后倒入碗中，加入奶油拌匀。
2. 碗中加入适量清水，做成面团。
3. 洋葱洗净剁碎，放入烧热的油锅中炒香，加盐、胡椒粉调味，盛起备用。
4. 乳酪片用刀剁碎备用。
5. 咸猪肉洗净，入开水锅中汆透，捞出沥水后剁碎。
6. 将准备好的洋葱、乳酪片、咸猪肉倒入碗中，再打入鸡蛋拌匀，放入烤箱中烤熟即可。

汤菜的烹饪方法

炖

炖有两种方法:不隔水炖和隔水炖。

不隔水炖:用沸水烫去原料的腥味和血污，之后把原料放入沙锅，加比原料稍多的水以及料酒、葱、姜等调料，加盖用大火煮沸后，撇去浮沫，然后再用小火炖至原料酥烂。隔水炖:将原料放入容器，把容器放入沸水锅内，直至炖熟。炖菜醇浓可口，保持了原汁原味。

【实例】泰式香辣牛腩

材料 牛腩500克，胡萝卜300克，红椒2克，土豆1个，芹菜50克，上汤适量

调料 咖喱粉30克，胡椒粉适量，椰酱100克，盐、鸡精各适量，蒜蓉5克

1

2

3

做法

1. 将牛腩洗净，切块汆水，捞出，冲凉后洗净，入开水锅中慢火煮3个半小时；将土豆、胡萝卜洗净，切块；芹菜洗净切段。
2. 油锅烧热，炒香蒜蓉，放入土豆、胡萝卜、芹菜、红椒炒香，加入咖喱粉、上汤、椰酱，大火煮开，倒入牛腩，慢火炖15分钟，调入盐、胡椒粉、鸡精。
3. 起锅装盘即可。

煲

煲就是用文火煮食物，慢慢地熬。

【实例】海带煲猪手

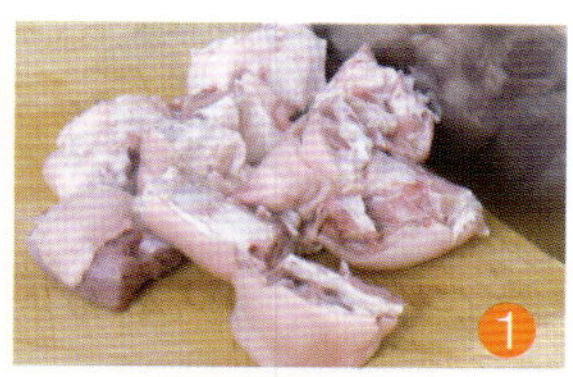

材料 鲜猪手300克，海带100克，红枣15克，葱20克

调料 绍酒10克，盐8克，味精5克，鸡精6克，白糖3克，胡椒粉2克

做法

1. 鲜猪手去毛，洗净斩件；海带洗净；葱择洗净切花；红枣泡发。
2. 烧锅加水，待水开后放入猪手，煮去其中血水，再将猪手冲洗干净。
3. 将瓦煲置于火上，放入猪手、红枣、海带、绍酒，注入清水，用小火煲30分钟至汤白，调入调味料再煲5分钟即可。

【实例】参杞香菇瘦肉汤

材料 猪瘦肉750克，党参25克，香菇100克，枸杞5克，生姜4片

调料 盐、味精各适量

做法

1. 香菇浸发，剪去蒂；党参、生姜、枸杞分别洗净。
2. 猪瘦肉洗净，切块备用。
3. 把全部材料放入清水锅内，大火煮滚后改小火煲2小时，加入盐、味精调味即可。

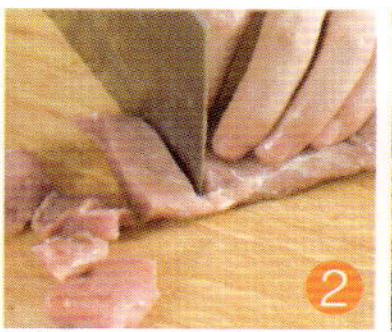

烩 烩指将原料油炸或煮熟后改刀，放入锅内加辅料、调料、高汤烩制的方法。具体做法是将原料投入锅中略炒或在滚油中过油或在沸水中略烫之后，放在锅内加水或浓肉汤，再加佐料，用武火煮片刻，然后加入芡汁拌匀至熟。多用于烹制鱼虾和肉丝、肉片。

【实例】草菇烩鱼丸

材料 鱼丸200克，草菇100克，冬笋50克，木耳20克，辣椒10克

调料 盐5克，酱油2克

做法

1. 草菇洗净对半切开；冬笋洗净切滚刀块；木耳泡发洗净撕成小块；辣椒切菱形片。
2. 将草菇和笋片一同入沸水中焯烫，捞出待用。
3. 锅上火，加油烧热，下入草菇、冬笋、木耳、鱼丸、辣椒炒熟后，加调味料调味即可。

煨 煨是用微火慢慢地把原料煮熟的一种烹调方法。一般原料经过炸、煎、煸或水煮后装在沙锅内，加上汤水及调味品，用旺火烧开，然后用微火长时间煨制使熟透即成。煨菜成品汤、菜各半，油汤封面，汤浓味重。

【实例】烹鸭条

材料 熟鸭脯肉、鸭腿肉各350克，小葱10克，辣椒15克，姜、蒜各5克

调料 面粉75克，香油10克，鸭清汤100克，盐、绍酒各适量

做法

1. 熟鸭脯肉、鸭腿肉均切成2厘米宽、4厘米长的条，拍松，加盐、绍酒调拌，撒面粉拌匀；辣椒洗净切片；小葱洗净切段；姜去皮切片备用。
2. 鸭清汤下锅加绍酒、盐、葱、姜、蒜、辣椒，用中火烧成卤汁。
3. 锅放油用旺火烧至八成热，下鸭条炸三四次，至外层黄硬，沥去油；原锅余油下鸭条，倒卤汁煨熟即成。

烹饪小窍门

凉菜的常见制法与调味料

凉菜，夏日消暑，冬日开胃，是四季都受欢迎的人气菜肴。凉菜不但方便料理，且制作方法多样、简便、快捷。在制作凉菜时调味料是非常讲究的，一般以甜咸为底味，辅以香辣对凉菜进行调味，味道极其醇厚。

凉菜的常见制作方法

以下是非常实用的凉菜常见制作方法及几种调味料的做法。

●拌

把生原料或凉的熟原料切成丁、丝、条、片等形状后，加入各种调味料拌匀。拌制凉菜具有清爽鲜脆的特点。

●炝

先把生原料切成丝、片、丁、块、条等，用沸水稍烫一下，或用油稍滑一下，然后控去

水分或油，加入以花椒油为主的调味品，最后进行掺拌。炝制凉菜具有鲜香味醇的特点。

●腌

腌是用调味料将主料浸泡入味的方法。腌渍凉菜不同于腌咸菜，咸菜是以盐为主，腌渍的方法也比较简单，而腌渍凉菜要用多种调味料。腌渍凉菜口感爽脆。

●酱

将原料先用盐或酱油腌渍，放入用油、糖、料酒、香料等调制的酱汤中，用旺火烧开后撇去浮沫，再用小火煮熟，然后用微火熬浓汤汁，涂在原料的表面上。酱制凉菜具有香味浓郁的特点。

●卤

将原料放入调制好的卤汁中，用小火慢慢浸煮卤透，让卤汁的味道慢慢渗入原料里。卤制凉菜具有味醇酥烂的特点。

●酥

酥制凉菜是将原料放在以醋、糖为主要调料的汤汁中，经小火长时间煨焖，使主料酥烂。

●水晶

水晶也叫冻，它的制法是将原料放入盛有汤和调味料的器皿中，上屉蒸烂或放锅里慢慢

炖烂，然后使其自然冷却或放入冰箱中冷却。水晶凉菜具有清澈晶亮、软韧鲜香的特点。

凉菜调味料

葱油、辣椒油（红油）、花椒油，这可是做好凉菜的终极法宝！想知道在家怎么用它们做出最正宗的凉拌菜吗？接下来就为你揭秘。

●葱油

家里做菜，总有剩下的葱根、葱的老皮和葱叶，这些原来你丢进垃圾桶的东西，原来竟是大厨们的宝贝。把它们洗净了，记住一定要晾干水分，与食用油一起放进锅里，稍泡一会儿，再开最小火，让它们慢慢熬煮，不待油开就关掉火，晾凉后捞去葱，余下的就是香喷喷的葱油了！

●辣椒油（红油）

辣椒油跟葱油炼法一样，但是如果你老是把干辣椒炼煳，那么从现在起你可以采用一个更简单的办法：把干红椒切段（有利辣味渗出）装进小碗，将油烧热立马倒进辣椒里瞬间逼出辣味。在制辣椒油的时候放一些蒜，会得到味道更有层次的红油。

●花椒油

花椒油有很多种做法，家庭制法中最简单的是把锅烧热后下入花椒，炒出香味，然后倒进油，在油面出现青烟前就关火，用油的余温继续加热，这样炸出的花椒油不但香，而且花椒也不容易煳。花椒有红、绿两种，用红色花椒炸出的味道偏香一些，而用绿色的会偏麻一些。另有一种方法，把花椒炒熟碾成末，然后加水煮，分化出的花椒油是很上乘的花椒油。

泡菜的制作技巧

泡菜的主要原料是各种蔬菜，营养丰富，水分、碳水化合物、维生素及钙、铁、磷等矿

物质含量丰富，其中豆类含有丰富的全价蛋白质，能满足人体需要。泡菜富含乳酸，一般为0.4%～0.8%，咸酸适度，味美而嫩脆，能增进食欲，帮助消化，具有一定的医疗功效。据试验报道，多种病原菌在泡菜中均不能发育，例如痢疾菌在泡菜中经3～6小时、霍乱菌1～2小时均能被杀灭；中医也证明泡菜有健胃治痢之功效；新鲜蔬菜上所黏附的蛔虫卵，在密封的泡菜坛内也会因缺氧窒息死亡。因此，泡菜是一种既营养又卫生的蔬菜加工品。

泡菜制作“三关键”

容器、盐水、调料的把握和运用是制作泡菜的三个关键所在。要泡制色香味形俱佳、营养卫生的泡菜，应掌握原料性质，注意选择容器、制备盐水、搭配调料、装坛等技术。

制备泡菜的容器应选择火候老、釉质好、无裂纹、无砂眼、吸水良好、钢音清脆的泡菜坛子。原料的选择原则是品种当令，质地嫩鲜，肉厚硬健，无虫咬、烂痕、斑点者为佳。

泡菜盐水的配制对泡菜质量有重要影响，一般选择含矿物质较多的井水和泉水配制泡菜盐水，能保持泡菜成品的脆性。食盐宜用品质良好、含苦味物质极少者为佳，最好用井盐。新盐水制作泡菜，头几次的口味较差，但随着时间推移和精心调理，泡菜盐水会达到令人满意的要求和风味。

调料是泡菜风味形成的关键，包括佐料和香料。佐料有白酒、料酒、甘蔗、醪糟汁、红糖和干红辣椒等。蔬菜入坛泡制时，白酒、料酒、醪糟汁起到辅助渗透盐味、保嫩脆、杀菌的作用，甘蔗可以吸异味、防变质，红糖、干红辣椒则起调和诸味、增加鲜味的作用。香料包括白菌、排草、八角、山奈、草果、花椒、胡椒。香料在泡菜盐水内起增香、除异味、去腥的功效。

根据个人喜好确定泡菜风味和用量

一般泡菜有四种提味方法：本味，泡什么味就吃什么味，不再进行加工或烹饪；拌食，在保持泡菜本味的基础上，视菜品自身特性或客观需要，再酌加调味品拌之，如泡萝卜加红油、花椒末等；烹食，按需要将泡菜经刀功处置后烹食，有素烹、荤烹之别，如泡豇豆，同干红椒、花椒、蒜苗炝炒，还可与肉类合烹；改味，将已制成的泡菜，放入另一种味的盐水内，使之具有复合味。

做泡菜还应注意食用量，吃多少就从泡菜坛内捞出多少，没食用完的泡菜不能再倒入坛内，防止坛内泡菜变质。

炒菜的分类与制作技巧

炒是最广泛使用的一种烹调方法，就是炒锅烧热，加底油，用葱、姜末炝锅，再将加工成丝、片、块状的原料，直接用旺火热锅热油翻炒成熟。炒又分为生炒、熟炒、软炒、煸炒等。

生炒

生炒又称火边炒，以不挂糊的原料为主。先将主料放入沸油锅中，炒至五六成熟，再放入配料，配料易熟的可迟放，不易熟的与主料一齐放入，然后加入调味料，迅速颠翻几下，断生即好。这种炒法，汤汁很少，清爽脆嫩。

煸炒

煸炒是将不挂糊的小型原料，经调味品拌腌后，放入八成热的油锅中迅速翻炒，炒到外面焦黄时，再加配料及调味品同炒几下，待全部卤汁被主料吸收后，即可出锅。煸炒菜肴的一般特点是干香、酥脆、略带麻辣。

软炒（又称滑炒）

先将主料去骨，经调味品拌脆，再用蛋清淀粉上浆，放入五六成热的温油锅中，边炒边使油温增加，炒到油约九成热时出锅；再炒配料，待配料快熟时，投入主料同炒几下，加些卤汁，勾薄芡起锅。软炒菜肴非常嫩滑，但应注意在主料下锅后，必须使主料散开，以防止主料挂糊粘连成块。

熟炒

熟炒一般先将大块的原料加工成半熟或全熟（煮、烧、蒸或炸熟等），然后改刀成片、块等，放入沸油锅内略炒，再依次加入辅料、调味品和少许汤汁，翻炒几下即成。熟炒的原料大都不挂糊，起锅时一般用湿淀粉勾成薄芡，也有用豆瓣酱、甜面酱等调料烹制而不再勾芡的。熟炒菜的特点是略带卤汁、酥脆入味。

烧菜的制作关键

烧是烹调中国菜肴的一种常用技法，就是将经过初步熟处理的原料，放入汤中调

味，大火烧开后小火烧至入味，再用大火收汁成菜的烹调方法。那么怎样才能做出美味又可口的烧菜呢？这就需要掌握一些制作烧菜的关键了。

原料初步熟处理环节

绝大部分烧制菜肴的原料都要进行初步熟处理。其作用是排去原料中的水分和腥味，并且起到提香的作用，同时改变原料表层的质地和外观，使其起皱容易上色，能够吸入卤汁和裹覆芡汁。烧制菜肴原料的初步熟处理分为三种方法：

①焯水处理。用类似焯水的方法，将原料汆至变白、断生或熟透。但要根据原料的特性而言，对于质地比较细嫩的原料要采用汆的方法，如海参丝和笋丝等；质地比较老韧、腥味比较重的原料要采用煮的方法，如牛肉、羊肉、鸭子等；而新鲜的蔬菜原料汆水时要放入少许油，这样能够较好地保持蔬菜的外形，同时可以使蔬菜的色泽更加油亮。汆水过程中，血污重、腥味大的原料要冷水下锅，而且原料老韧的要中火烧沸后去净血污，加入合适的调料用中小火长时间煮到合适的成熟度。鲜味足、血污少的原料宜沸水下锅，对于较嫩的原料要采用中小火加热，掌握好适当的成熟度。

②油炸处理。由于原料完全浸在油中，不易接触锅底，所以脱水较快，原料的表面结皮较慢。一些腥味比较重，形态不规则的原料大都采用此法。首先锅里加入比原料多3倍的油，旺火或中火加热。腥味较重、不易散碎的原料可以用中火、中油温，较长时间地加热；而水分多，易碎的原料可以用大火、高油温，短时间炸制，例如豆腐。

③煎制处理。锅内放入少许的色拉油，放入原料，用中火或者大火短时间加热。因为原料会直接与锅底接触，所以要注意晃锅，随时改变位置，使其均匀受热。煎制的原料一般有鱼类、明虾、豆腐、排骨等。

如何烧焖入味

此步骤将决定菜的味道和质感，加热时要用中小火。

①放入调味料的注意事项。经过初步熟处理和直接入锅烧制的原料要先投入调味料，若是动物性原料要先加入醋和料酒，方可起到解腥和增香的作用。烹调中，调味料要先于汤水加入，这样可以使原料更多地吸收调料的味道。加汤水时动作要轻，应从锅壁慢慢加入，待汤水烧开后再用中小火烧制。

②烧菜加热的时间。要根据原料的老嫩和形状的大小而定。块大、质老的原料要多添加一些水，小火多烧制一段时间；块小、质嫩的原料可以少添加一些水，以烧至断生为度。

③菜肴的汤（水）量要加得合适。一般而言，加入汤（水）的量应为原料的4倍。同时，烧鱼类原料时一般要加入水，以保持鱼的清鲜味道；而烧制禽类、蔬菜原料要用到白汤；烧制山珍和海味时要用浓白汤和高汤。

如何收汁勾芡

收汁勾芡是烧菜中的最后一个环节，也是

菜肴烹制的关键。经过烧制的原料已经成熟，质感也已经达到标准，所以，此时要采用大火收汁至黏稠，使卤汁均匀地裹在原料的表面上，收汁的过程中要注意以下几点：

①用旺火收汁也要掌握好分寸，并非火力越大越好。即使同样采用旺火，也会有一些细微的差别：汤汁多，原料少时要用大火收汁；汤汁少，原料嫩时要用偏中火收汁，防止汤汁过快糊化影响菜肴的质量。

②勾芡要均匀，一步到位。烧菜肴一般都用淋芡和泼芡的方法。给排列整齐或比较易碎的原料勾芡时，不可以用勺子搅拌，否则会出现芡汁成团的现象，所以下芡后一定要晃锅，芡汁也要调制得稍微薄一些。勾芡时芡汁要淋在汤汁翻滚处，同时要边淋边晃动锅，使之均匀成芡。

③适量地淋入明油。淋入明油是出锅前的最后一个环节，明油淋入的多少，是决定菜肴视觉好坏的指标。过多地淋入明油，菜肴的亮度增加了，但是会给人一种油腻的感觉，还会使菜肴的汁芡溶解掉；淋入明油太少，菜肴的亮度不够。正确淋明油的方法是将明油从锅边缘淋入，在淋入的同时还要晃动锅，使油沿锅壁沉底，在晃动的同时还可以使芡汁和明油相溶，然后出锅装盘。在淋明油的时候，还要注意一点，淋入明油后不要频繁地翻动炒锅，防止菜肴形状碎烂和油被芡汁所包容，失去光泽。

蒸菜的好处及分类

蒸，一种看似简单的烹法，令都市人在吃过了花样百出的菜肴后，对原始而美味的蒸菜念念不忘。就烹饪而言，如果没有蒸，我们就永远尝不到由蒸变化而来的鲜、香、嫩、滑之滋味。

蒸菜的定义

蒸是一种重要的烹调方法，其原理是将原料放在容器中，以蒸汽加热，使调好味的原料成熟或酥烂入味。其特点是，保留了菜肴的原形、原汁、原味。比起炒、炸、煎等烹饪方法，能在很大程度上保存菜的各种营养素，更符合健康饮食的要求。

蒸菜的四大好处

①吃蒸菜不会上火。蒸的过程是以水渗热、阴阳共济，蒸制的菜肴吃了就不会上火。

②吃蒸饭蒸菜营养好。蒸能避免受热不均和过度煎、炸造成有效成分的破坏和有害物质的产生。

③蒸品最卫生。菜肴在蒸的过程中，餐具也得到蒸汽的消毒，避免二次污染。

④蒸菜的味道更纯正。“蒸”是利用蒸汽的对流作用，把热量传递给菜肴原料，使其成熟，所以蒸出来的食品清淡、自然，既能保持食物的外形，又能保持食物的风味。

蒸制菜肴的种类

清蒸　是指单一口味（咸鲜味）原料直接调味蒸制。

粉蒸 是指腌味的原料上浆后，粘上一层熟米粉蒸制成菜的方法。

糟蒸 是在蒸菜的调料中加糟卤或糟油，使成品菜有特殊的糟香味的蒸法。

上浆蒸 是鲜嫩原料用蛋清淀粉上浆后再蒸的方法。

扣蒸 就是将原料经过改刀处理按一定顺序放入碗中，上笼蒸熟的方法。

炖菜的种类与技巧

炖是指将原料加汤水及调味品，旺火烧沸以后，转中小火长时间烧煮成菜的烹调方法。

炖的种类

炖有不隔水炖、隔水炖和侉炖三种方法。

①不隔水炖。不隔水炖法是将原料在开水中烫去血污和腥膻气味，再放入陶制的器皿内，加葱、姜、酒等调味品和水，加盖，直接放在火上烹制。

② 隔水炖法。隔水炖法是将原料在沸水中烫去腥污后，放入瓷制、陶制的钵内，加葱、姜、酒等调味品与汤汁，用纸封口，将钵放入水锅内，盖紧锅盖，使之不漏气。

③侉炖。侉炖是将挂糊过油预制的原料放入沙锅中，加入适量汤和调料，烧开后加盖用小火进行较长时间加热，或用中火短时间加热成菜的技法。

炖的技巧

①调味。原料在炖制开始时，大多不能先放咸味调味品。特别不能放盐，如果盐放早了，盐的渗透作用会严重影响原料的酥烂，延长成熟时间。

②原料的处理。选用以畜禽肉类等主料，加工成大块或整块，不宜切小切细，但可制成蓉泥，制成丸子状。

③加水。炖时要一次加足水量，中途不宜掀盖、加水。

如何烹制美味营养汤

煲汤前原料的处理方法

煲汤材料品种繁多，干鲜并存，功效各异，不能顺手拿来便用。为了保证煲出来的汤干净卫生，色、香、味俱全，在煲汤前通常要对原材料做一些加工处理，以下介绍几种简单的处理方法。

①宰杀。家禽、野味、水产等原料煲汤前均须宰杀，去除毛、鳞、内脏、淋巴、脂肪等。现在的超市、菜场一般都有这一服务，可请摊主代劳。

②洗净。所有煲汤用的原材料均须彻底洗净，以保证汤的洁净、卫生及饮用者的身体健康。瓜、果、菜类的清洗方法较为简单，去头尾、皮、瓤和杂质，清洗干净即可。有些原料的清洗较为复杂，如猪肺，要经注水、挤压，洗至血水消失、猪肺变白为宜。又如猪肚、牛肚、猪小肚（膀胱），因其带有黏液和异味，宜用花生油加少量淀粉、盐等反复擦洗，以去除黏液和异味。

③浸泡。煲汤用的原料有很大一部分是干料，即经过晒干或烘干等脱水步骤干制而成的原料。如银耳、菜干、腐竹、山药等。要使

干料的有效成分易于析出，煲汤前必须进行浸泡。浸泡的时间视不同原料而定，干菜类或中药的花草类浸泡时间可稍短，1小时以内即可，如白菜干、银耳、海带、夏枯草等；坚果、豆类或中药根茎类的浸泡时间应稍长，可浸泡1小时以上，如冬菇、蚝豉、山药、莲子、芡实等。季节不同，浸泡时间也不同，夏季气温较高，干料易于吸水膨胀，浸泡时间可短；冬季气温较低，干料吸水膨胀需时较长，因而浸泡时间可稍长。

④氽水。将经过宰杀和斩件、洗净的原料放入沸水中，稍煮即捞起，用冷水洗净的过程称为氽水。氽水的主要目的在于去除原料的异味、血水、碎骨，使汤清味纯。氽水多用于肉类及家禽等原料。

汤的烹制方法

汤的烹制方法主要有煲、滚、炖等，其中以煲和滚较为常用。

（1）煲

是以汤为主的烹制方法。它的特点主要是通过煲的过程，使原料和配料的味和营养成分溶于汤水中，使汤香浓美味。煲汤用的动植物原料应先加工洗净，并通过氽水、煎、爆炒等方法去除腥、膻、污物及异味，使汤清味纯。煲汤以沸水下料为佳，如果冷水下料，从下料到煲滚会经过一段较长的时间，原料在锅底停留时间过长容易造成粘底。

（2）滚

是一种方便快捷的煮食方法，也是烹制靓汤的常用方法。其方法是沸水下料，待原料滚熟即可。滚汤省时方便，汤清味鲜，原料嫩滑可口。

（3）炖

是一种间接加热的处理方法。它通过炖

盅外的高温和蒸汽，使盅内的汤水温度升至沸点，使原料的精华均溶于汤内。由于要加盖或用玉扣纸密封来炖，汤中有效成分可得到较好的保存，故炖品多原汁原味，营养价值高。

汤的烹制技巧

（1）做汤的用水量

煲汤时由于水分蒸发较多，因而煲汤的用水量可多些，其比例大概为1∶2，也就是说要得到1碗汤，就要放2碗水去煲。炖汤时，由于要加盖隔水而炖，水分蒸发较少，故需要多少汤就用多少水即可。滚汤用水量要视生滚和煎滚的不同而定，生滚由于需时较短，将原料滚熟即可，耗水量少，故汤量可等于用水量；煎滚所需时间稍长，耗水量稍多些，在所需汤量上多加1～2碗水便可。

（2）做汤的火候

滚汤一般用武火，待汤将要煲好，下肉料后，可将火调小，用慢火滚至肉熟，这样可使肉料保持嫩滑之口感，如果火力太猛，会使肉料过熟而变老。煲汤和炖汤均宜先用武火煲滚，再用文火去煲和炖。

（3）做汤的时间

民间有“煲三炖四滚熟”的习惯说法。也

就是说，煲汤要用3小时，炖汤要用4小时，滚汤滚至原料熟即可。其实，煲、炖汤的时间要视具体情况而定。若煲、炖瓜、果、菜类的汤，时间可稍短，2小时左右即可；若煲、炖根茎类的药材或甲壳类动物的汤，煲的时间可稍长，一般是3小时左右。滚汤通常是将原料滚熟即可。

料理时必备的料理工具

①锅：根据要做的料理、材料的量，应选择合适的锅。一般炒菜或做汤时应使用较深较圆的锅；煎鸡蛋时应使用四角形的平底锅；油炸时要使用较深较厚的炒锅，这样油就不会迸出来。

②芝士粉碎机：搅拌奶酪或核桃等比较硬的坚果类时使用的道具。只需旋转把手就能使材料变成粉状。一般做西餐时使用成粉状的材料。

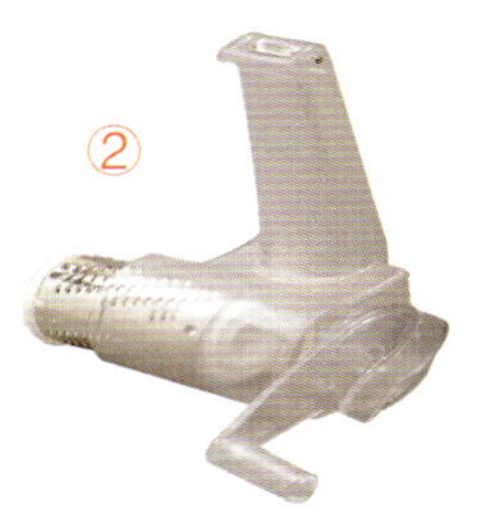

③榨汁机：榨汁机有榨汁、搅拌、粉碎等功能。使用搅拌机不仅能炸出鲜果汁，而且能搅拌蔬菜或硬的水果。

④汤锅：汤锅根据样式和热导率的不同，可分成很多种。热导率越高的锅，就越容易做料理。

⑤搅拌机：可以把剥好的蒜、洋葱或西红柿等各种各样的材料搅拌成丁。

⑥烤箱：使用烤箱不但可以做曲奇、牛排，也可以做多种多样的料理。

⑦打蛋器：打蛋器是搅拌材料或弄出泡沫时不可缺少的料理工具，特别是做调味汁时很必要。打蛋器根据规格不同也能分为很多种，料理时可以挑选合适的使用。

⑧铲勺：做油炸或煎的料理时可使用铲勺翻食物。因为铲勺中间有洞，油就可以从洞中流出去，所以使用起来很方便。

⑨汤勺：汤勺是盛汤或搅拌汤时候使用的工具。汤勺根据大小的不同，可以分为很多种，所以料理时可以挑选合适的汤勺使用。

⑩料理刀：切块和切花样时均可使用的多用途刀。

⑪旋转刀：胡萝卜、萝卜、黄瓜等蔬菜使用旋转刀切，可切出很好看的形状，也很方便。所以需要切出好看形状时应使用旋转刀。

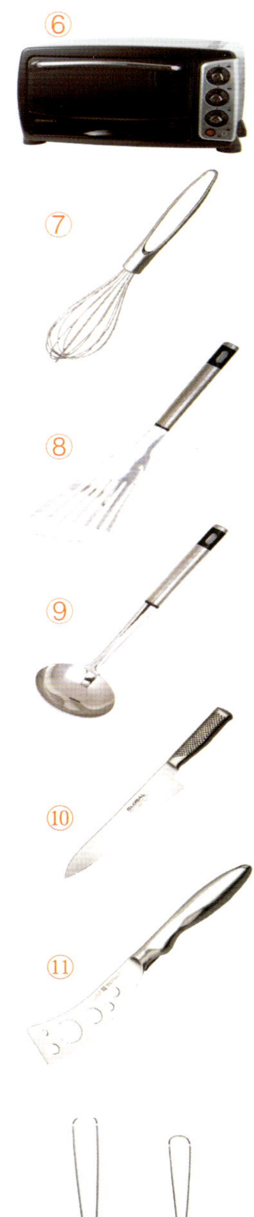

⑫漏勺：捞起漂浮在汤上的油或小材料时使用，会很方便。

⑬鸡蛋切片机：使用鸡蛋切片机可以很轻松地把熟鸡蛋切开，容易碎的蛋黄也能切得很好看。

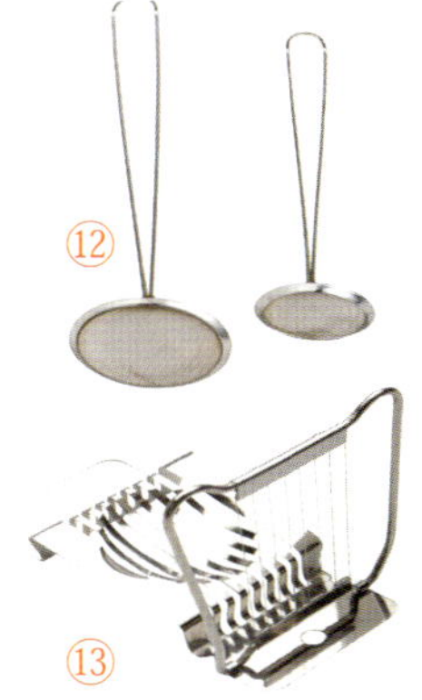

第一篇
蔬菜类

常吃蔬菜，健康相伴。蔬菜可提供人体必需的多种维生素和矿物质，其中，人体必需的维生素C的90%、维生素A的60%来自于蔬菜。所以，为了我们的健康，在日常饮食中我们每餐都不应少了蔬菜。究竟怎样搭配蔬菜才能做出美味的佳肴？以下为你介绍的各种菜式和汤水非常适合家庭制作，做法简单，营养又好吃，希望你能喜欢。

白菜

功效

1.排毒瘦身：白菜能改善胃肠道功能、改善血糖生成反应、防止肠癌等，同时，它能够增加粪便的体积，减少肠中食物残渣在人体内停留的时间，让排便的频率加快。

2.增强免疫力：白菜有着有助于提高人体免疫力、防止皮肤干燥、促进骨骼生长等多方面的功能。

3.开胃消食：白菜在人体内参与糖类的代谢，能促进肠胃蠕动，增加食欲。

食用禁忌

- 白菜+兔肉=导致腹泻
  白菜与兔肉同食，容易使人腹泻和呕吐。
- 白菜+黄鳝=中毒
  白菜和黄鳝同食易中毒，严重时会使人死亡。
- 白菜滑肠，气虚胃寒的人不能多吃。

营养黄金组合

- 白菜+牛肉=健脾开胃
  白菜与牛肉同食，能健脾开胃，适宜虚弱病人食用。
- 白菜+豆腐=治疗咽喉肿痛
  两者同食有助于治疗咽喉肿痛、支气管炎。

选购 挑选包得紧实、新鲜、无虫害的白菜。

保存 白菜为早熟品种，其质地细嫩，不易贮存。

实用小贴士

冬天用食品塑料袋，从白菜根部套上去，把上口扎好，根朝下摆在地上可将白菜保持很久。

白菜三味

材料 大白菜500克，海带100克，红椒丝适量

调料 盐5克，味精3克，水淀粉10克，香油8克

做法

1.海带洗净切丝；大白菜洗净切成大块。2.锅中注油烧热，放入大白菜块拌炒，焖熟，再加入海带、红椒丝、盐、味精及少许水。3.待煮开，用水淀粉勾芡，并淋入香油即可。

专家点评 开胃消食

果汁白菜心

材料 嫩白菜心500克，黄瓜20克，胡萝卜1根

调料 盐5克，柠檬汁20克，白糖15克

做法

1.白菜心洗净切丝；黄瓜洗净切丝；胡萝卜去皮切丝。2.将所有原材料放入碗中，调入盐腌渍15分钟。3.沥去水分，加入柠檬汁、白糖，拌匀即可食用。

专家点评 排毒瘦身

大白菜粉丝盐煎肉

材 料 大白菜、五花肉各100克，粉丝50克

调 料 盐、味精各3克，酱油10克，葱花8克

做 法

1.大白菜洗净，切大块；粉丝用温水泡软；五花肉洗净，切片，用盐腌10分钟。2.油锅烧热，爆香葱花，下五花肉炒变色，下白菜炒匀。后放入粉丝和开水，加入调料大火烧开，中小火焖至汤汁浓稠即可。

专家点评 开胃消食

一品菜心

材 料 白菜心300克，猪瘦肉、青椒丝、红椒丝各适量

调 料 味精、盐、料酒、清汤各少许

做 法

1.白菜心洗净，入沸水焯1分钟，取出控水；瘦肉洗净，切丝。2.将白菜心放入碗中，将肉丝、青红椒丝码放在白菜心上。3.锅内放入清汤烧开，加调料调味，加入油出锅，浇在碗中，入蒸笼大火蒸15分钟即可。

白菜海带豆腐煲

材 料 白菜200克，海带结80克，豆腐55克

调 料 高汤、盐各少许，味精、香菜各3克

做 法

1.白菜洗净撕成小块；海带结洗净；豆腐切块备用。2.炒锅上火加入高汤下入白菜、豆腐、海带结，调入盐、味精，煲至熟，撒入香菜即可。

专家点评 养心润肺

白菜粉条丸子汤

材 料 白菜200克，肉丸150克，水发粉条25克

调 料 色拉油10克，盐4克，酱油少许，葱、姜各2克

做 法

1.白菜洗干净撕成块；肉丸稍洗；水发粉条洗净切段备用。2.汤锅上火倒入色拉油，将葱、姜爆香，烹入酱油，下入白菜煸炒，倒入水，调入盐，下入肉丸、水发粉条煲至熟即可。

专家点评 增强免疫

包菜

功效

1.增强免疫力：包菜中含有丰富的维生素C，能强化免疫细胞，对抗感冒病毒。

2.治疗溃疡：包菜中的维生素U，是抗溃疡因子，并具有分解亚硝酸胺的作用，对溃疡有着很好的治疗作用。

3.降低血压：包菜含有丰富的维生素C、维生素E，有降低血压的功效。

食用禁忌

- 包菜+猪肝=营养价值降低

  包菜与猪肝同食，营养价值会降低。

- 包菜+虾=导致中毒

  包菜含丰富的维生素C，与虾同食会增强毒性。

- 皮肤瘙痒性疾病、咽部充血患者忌食。

营养黄金组合

- 包菜+鱿鱼=防老抗癌

  包菜含有丰富的维生素C，鱿鱼中含有丰富的维生素E，两者同食，对防老抗癌有好处。

- 包菜+羊肉=消除疲劳

  羊肉包菜同食有助于提高免疫力，消除疲劳。

选购 要选择完整、无虫蛀、无萎蔫的新鲜包菜。

保存 包菜可置于阴凉通风处保存2周左右。

实用小贴士

虫咬、叶黄、开裂和腐烂均是包菜最容易出现的问题，可以很容易察觉到，应当避免食用出现上述任何情况的包菜。

千层包菜

材　料 包菜300克，甜椒20克

调　料 盐5克，味精3克，水淀粉10克，香油8克，熟芝麻少许

做　法

1.包菜、甜椒洗净，切块，放入开水中稍烫，捞出，沥干水分备用。2.用盐、味精、酱油、香油调成味汁，将每一片包菜泡在味汁中，取出。3.将包菜一层一层叠好放盘中，甜椒放在包菜上，最后撒上熟芝麻即可。

专家点评 降低血脂

珊瑚包菜

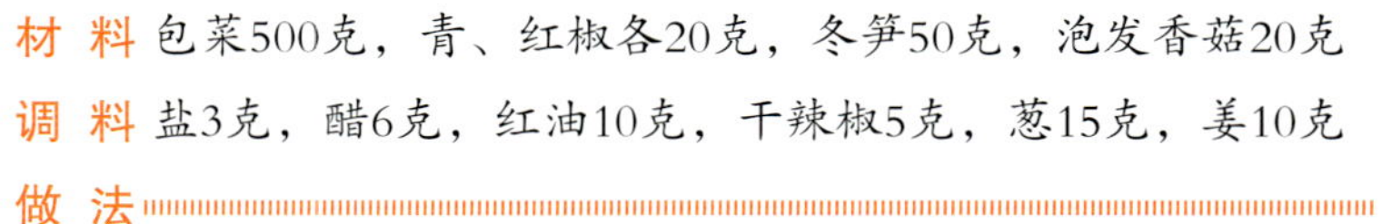

材　料 包菜500克，青、红椒各20克，冬笋50克，泡发香菇20克

调　料 盐3克，醋6克，红油10克，干辣椒5克，葱15克，姜10克

做　法

1.包菜洗净一切为二，放入开水中焯烫，捞出装盘，将其他材料洗净切丝。2.锅中油烧热，放入葱丝、姜丝、干辣椒丝、香菇丝、冬笋丝、青椒丝、红椒丝和盐翻炒。3.加入清水，煮开后调入白糖，晾凉浇入装有包菜的盘中，淋入红油、醋，拌匀即可。

甜椒包菜

材 料 包菜500克，甜椒碎30克

调 料 盐3克，酱油适量，熟芝麻少许，味精2克，香油适量

做 法

1.包菜、甜椒洗净，切块，放入开水中稍烫，捞出，沥干水分备用。2.用盐、味精、酱油、香油调成味汁，将每一片包菜泡在味汁中，泡进味后取出。3.将包菜一层一层叠好放盘中，甜椒碎放在包菜上，最后撒上熟芝麻即可。

辣包菜

材 料 包菜400克，干红辣椒2个

调 料 盐3克，香油适量，味精少许，葱丝10克，姜丝5克，大蒜2瓣

做 法

1.包菜洗净，切丝；干红辣椒洗净，切细丝；大蒜切末。2.将包菜丝放沸水中焯一下，捞出过凉，盛盘。3.锅置火上，倒油烧至六成热，放葱丝、姜丝、辣椒丝、蒜末炒出香味，再加入盐、香油、味精，炒成调味汁，浇在包菜上，拌匀即可。

炝炒包菜

材 料 包菜300克，干辣椒10克

调 料 盐5克，醋6克，味精3克

做 法

1.包菜洗净，切成三角块状；干辣椒剪成小段。2.锅上火，加油烧热，下入干辣椒段炝炒出香味。3.下入包菜块，炒熟后，再加入所有调味料炒匀即可。

专家点评 开胃消食

包菜焖羊肉

材 料 羊肉500克，包菜100克，面粉20克

调 料 盐3克，胡椒粉3克，香叶2片，八角少许，柠檬汁3克，清汤适量

做 法

1.羊肉洗净切成小块；包菜洗净切方片。2.将5块羊肉放在锅底，上面放一层包菜，再放上其余的羊肉，撒上面粉，加入盐、香叶、柠檬汁、八角、胡椒粉和适量清汤，用大火煮沸。3.转用文火焖至熟，盛出装盘后浇上原汁即可。

油菜

功效

1.排毒瘦身：油菜中的膳食纤维，能调理肠道功能，有排毒瘦身的功效。

2.防癌抗癌：油菜中所富含的胡萝卜素能转变成大量的维生素A，可以有效地预防肺癌。

3.降低血脂：油菜为低脂肪蔬菜，且含有膳食纤维，能与胆酸盐和食物中的胆固醇及甘油三酯结合，并从粪便排出，从而减少脂类的吸收，故可用来降血脂。

食用禁忌

- 油菜+南瓜=维生素C被破坏

  油菜与南瓜同食，会使维生素C被破坏，降低营养。
- 油菜+醋=降低营养价值

  油菜与醋同食，会降低油菜的营养价值。
- 怀孕早期妇女、小儿麻疹后期、患疥疮者要少食。

营养黄金组合

- 油菜+豆腐=清肺止咳

  油菜与豆腐同食，有清肺止咳、清热解毒的功效。
- 油菜+蘑菇=促进代谢

  油菜与蘑菇同食，能促进肠道代谢，减少脂肪在体内的堆积。

选购 要挑选新鲜、油亮、无黄萎的嫩油菜。

保存 置于阴凉通风处保存，不宜在冰箱里储存。

实用小贴士

保存油菜时将油菜用保鲜袋装好，直立放入冰箱冷藏。最好放在专门冷藏蔬菜的隔断中，以免油菜变质。

油菜炒猪肝

材料 猪肝、油菜各100克

调料 酱油、料酒、盐、白糖、淀粉、香油、姜末、蒜片各适量

做法

1.猪肝洗净，切片，用淀粉拌匀上浆；油菜去叶洗净切片。2.把蒜片、姜末、酱油、料酒、盐、白糖及淀粉放在碗内，加适量水，调成芡汁备用。3.锅中猪油烧热，放入猪肝片、油菜片炒熟，然后把芡汁倒入，炒均匀，淋上香油即成。

炝炒油菜

材料 油菜400克，干辣椒20克

调料 盐3克，鸡精2克

做法

1.将油菜洗净，沥干备用；干辣椒洗净，切段。2.锅中注入适量油烧热，放入干辣椒爆香，再放入油菜炒匀。3.调入适量盐和鸡精调味，装盘即可。

专家点评　护肤养颜

双冬扒油菜

材 料 油菜500克，冬菇50克，冬笋肉50克

调 料 盐5克，味精2克，蚝油10克，老抽5克，糖20克，淀粉少许，香油少许

做 法

1.油菜洗净，入沸水中焯烫；锅中加少许油烧热，放入油菜翻炒，调入盐、味精，炒熟盛出，摆盘成圆形。2.冬菇、冬笋洗净，放入油锅中煸炒，加蚝油、水，调入老抽、盐、味精、糖，焖约5分钟。3.用淀粉勾芡，调入香油，盛出放在摆有油菜的盘中即可。

香味牛方

材 料 牛肉、油菜各500克

调 料 盐、香油、酱油、笋片、姜片、丁香各适量

做 法

1.牛肉洗净，切块，抹一层酱油；油菜洗净，焯水后摆盘。2.油锅烧热，入牛肉，将两面煎成金黄色，加笋片、姜片、丁香、酱油、清水，加盖烧3小时，待牛肉酥烂，汤汁稠浓时，取出丁香，放入盐、香油，起锅摆盘即可。

专家点评 增强免疫

虾米油菜玉米汤

材 料 油菜200克，玉米粒45克，水发虾米20克

调 料 盐5克，葱花3克

做 法

1.油菜洗净；玉米粒洗净；水发虾米洗净备用。2.汤锅上火倒入油，将葱花、水发虾米爆香，下入油菜、玉米粒煸炒，倒入水，调入盐煲至熟即可。

专家点评 养心润肺

油菜黄豆牛肉汤

材 料 牛肉250克，黄豆100克，油菜6棵

调 料 花生油20克，盐5克，味精、香油各3克，葱、姜各5克，高汤适量

做 法

1.将牛肉洗净、切丁、汆水备用；黄豆洗净；油菜洗净。2.炒锅上火倒入花生油，将葱、姜炝香，下入高汤，再加入牛肉、黄豆，调入盐、味精煮至熟，放入油菜，淋入香油即可。

菠菜

功效

1.补血养颜：菠菜含有丰富的铁，可以预防贫血，恢复皮肤良好的血色。

2.排毒瘦身：菠菜含有大量水溶性纤维素，能够清理肠胃热毒，防治便秘。

3.增强免疫力：菠菜中含有抗氧化剂维生素E和硒元素，还有维生素C、类胡萝卜素等成分，能促进人体新陈代谢，延缓衰老，增强免疫力，使人青春永驻。

食用禁忌

菠菜+优酪乳=易患结石

菠菜与优酪乳同食，会形成草酸钙，造成结石。

菠菜+牛奶=引起痢疾

菠菜与牛奶同食，会引起痢疾，还影响钙的吸收。

肾炎患者、肾结石患者不适宜食用。

营养黄金组合

菠菜+猪肝=补血养颜

猪肝与菠菜同食，是预防贫血的食疗良方。

菠菜+鸡血=养肝护肝

菠菜营养全面，蛋白质、碳水化合物等含量丰富。加上鸡血也含多种养分成分，并可净化血液，保护肝脏。两种食物同吃，即养肝又护肝。

选购 选择叶柄短、根小色红、叶色深绿的为佳。

保存 放入冰箱冷藏易保存营养。

实用小贴士

可将菠菜用纸包好，放进有小孔的塑料袋内，置于冰箱里。

姜汁菠菜

材 料 菠菜180克，姜60克

调 料 盐、味精各4克，香油、生抽各10克

做 法

1.菠菜择净，洗净，切成小段，放入开水中烫熟，沥干水分，装盘。2.姜去皮，洗净，一半切碎，一半捣汁，一起倒在菠菜上。3.将盐、味精、香油、生抽调匀，淋在菠菜上即可。

专家点评 降低血糖

菠菜拌四宝

材 料 菠菜200克，杏仁、玉米粒、枸杞、花生米各50克，粉丝适量

调 料 盐2克，味精1克，醋8克，香油15克

做 法

1.菠菜、粉丝均洗净，用沸水焯熟；杏仁、玉米粒、枸杞、花生米洗净后，用沸水焯熟待用。2.将焯熟后的菠菜、粉丝放入盘中，再加入杏仁、玉米粒、枸杞、花生米。3.加入盐、味精、醋、香油，拌匀即可。

口口香

材 料 菠菜200克，瓜子仁、熟花生米各50克，西红柿少许

调 料 盐3克，味精1克，醋6克，生抽10克

做 法

1.菠菜洗净，切段；西红柿洗净，切片。2.锅内注水烧沸后，加入菠菜段焯熟，捞起沥干并装入碗中，再放入瓜子仁、熟花生米。3.加入盐、味精、醋、生抽拌匀后，倒扣于盘中，撒上西红柿片即可。

专家点评 增强免疫

鸡蛋菠菜炒粉丝

材 料 鸡蛋2个，菠菜50克，粉丝200克

调 料 盐3克，酱油、香油各10克

做 法

1.鸡蛋打入碗中，加盐、香油搅拌均匀；菠菜洗净，切段；粉丝洗净，泡软，入水焯一下。2.炒锅上火，下油烧至六成热，放入鸡蛋炒至表面呈金黄色，盛出。3.锅内留油，放粉丝、菠菜炒熟，加入鸡蛋炒匀，放入盐、酱油、香油调味，出锅盛盘即可。

专家点评 排毒瘦身

菠菜鸡胗汤

材 料 熟鸡胗180克，菠菜125克，金针菇20克

调 料 高汤适量，盐6克

做 法

1.熟鸡胗洗净切片；菠菜择洗净切段焯水；金针菇洗净去根切段备用。2.净锅上火倒入高汤，调入盐，下入熟鸡胗、金针菇、菠菜至熟即可。

专家点评 补血养颜

菠菜猪肝汤

材 料 熟猪肝200克，菠菜75克

调 料 高汤适量，盐少许，香油3克

做 法

1.熟猪肝切片；菠菜洗净切段备用。2.净锅上火倒入高汤，下入猪肝、菠菜，调入盐烧开，淋入香油即可。

专家点评 补血养颜

芹菜

功效

1.补血养颜：芹菜含铁，铁是合成血红蛋白不可缺少的原料，是促进B族维生素代谢的必要物质。有补血的功效。

2.降低血压：芹菜含有酸性的降压成分，可使血管扩张，它能对抗烟碱、山梗茶碱引起的升压反应，并可降压。

3.提神健脑：从芹菜子中分离出的一种碱性成分，对动物有镇静作用，对人体能起安神的作用，有利于安定情绪，消除烦躁。

食用禁忌

- 芹菜+螃蟹=影响蛋白质吸收
  芹菜与螃蟹同食，会影响螃蟹中的蛋白质吸收。
- 芹菜+蛤蜊=导致腹泻
  芹菜与蛤蜊同食，会容易使人产生腹泻。
- 芹菜有降血压作用，故血压偏低者少食。

营养黄金组合

- 芹菜+牛肉=降血压
  芹菜与牛肉两者相配既能保证正常的营养供给，又能降低血压。
- 芹菜+西红柿=降脂降压
  芹菜与西红柿同食，能起到降脂降压的作用。

选购 选购时，以茎秆粗壮、无黄萎叶片者为佳。

保存 芹菜用保鲜膜包紧，放入冰箱中可储存2～3天。

实用小贴士

新鲜的芹菜是平直的，存放时间较长的芹菜，叶子尖端就会翘起，叶子软，甚至发黄起锈斑。

芹菜拌香干

材 料 芹菜100克，香干200克，红椒少许

调 料 盐3克，味精1克，醋6克，香油10克

做 法

1.芹菜洗净，切长段；香干洗净，切条；红椒洗净，切丝。2.锅内注水烧沸，放入芹菜、香干、红椒丝焯熟后，捞起沥干并装入盘中。3.加入盐、味精、醋、香油拌匀即可。

专家点评 开胃消食

芹菜兔肉

材 料 兔肉600克，芹菜150克，甜椒50克

调 料 盐、葱、姜、八角、桂皮、料酒、香油各适量

做 法

1.将原材料洗净改刀，入水汆烫；兔肉入高压锅，加所有调味料和适量清水，上火压至软烂，取肉撕成丝。2.将兔肉丝、芹菜、甜椒放入容器，加香油，搅拌均匀，装盘即可。

专家点评 提神健脑

芹菜炒香菇

材 料 芹菜300克，香菇150克

调 料 香葱6克，盐6克，味精3克

做 法

1.芹菜洗净切成段；香菇泡发后切成丝。2.锅中加水烧沸，下入芹菜段和香菇丝焯水，捞出。3.锅置火上，下油烧热，加入芹菜、香菇丝和调料炒匀即可。

专家点评 降低血压

腰果西芹

材 料 腰果50克，西芹150克，胡萝卜50克

调 料 盐、味精、淀粉各适量

做 法

1.西芹去叶，留梗洗净，切成菱形，胡萝卜也切菱形。2.腰果下油锅炸香，捞出沥干油待用；西芹、胡萝卜下开水锅中稍焯。3.锅置旺火上，下西芹、胡萝卜合炒，调味后勾芡，起锅装盘，撒上腰果即可。

专家点评 降低血糖

百合西芹蛋花汤

材 料 西芹100克，水发百合10克，鸡蛋1个

调 料 盐4克，香油3克

做 法

1.将西芹择洗净切丝，水发百合洗净，鸡蛋打入盛器搅匀备用。2.净锅上火倒入水，调入盐，下入西芹、百合烧开，浇入鸡蛋液煮熟，淋入香油即可。

专家点评 补血养颜

牛肉芹菜土豆汤

材 料 熟牛肉100克，土豆、芹菜各30克

调 料 盐3克，鸡精2克，红椒丁5克

做 法

1.将熟牛肉、土豆、芹菜均切丝备用。2.汤锅上火倒入色拉油，下入土豆、芹菜煸炒，倒入水，下入熟牛肉，调入盐、鸡精煲至成熟，撒上红椒丁即可。

专家点评 增强免疫

菜心

功效

1.排毒养颜：菜心富含粗纤维、维生素C和胡萝卜素，不但能够刺激肠胃蠕动，对护肤和养颜也有一定的作用。

2.增强免疫力：菜心含有丰富的钙、磷、铁、维生素C等，可增强免疫力。

3.开胃消食：菜心营养丰富，含有吲哚三甲醇等对人体有保健作用的物质。其性味甘平，通利肠胃。

4.降低血压：菜心含有丰富的维生素C，能起到降低胆固醇、降血压的作用。

食用禁忌

- 菜心+醋=破坏营养价值

  菜心与醋同食，会将菜心的营养价值降低。
- 菜心+碱=破坏维生素C

  菜心与碱同食，会破坏菜心中的维生素C。
- 脾胃虚寒者应当慎食。

营养黄金组合

- 菜心+豆皮=促进代谢

  菜心与豆皮同食，能促进肠道蠕动，减少脂肪在体内的堆积，起到减肥的功效。
- 菜心+鸡肉=活血调经

  鸡肉与菜心同食，有填精补髓、活血调经的功效。

选购 叶柄短、不见花、不空心的菜心为上品。

保存 购买后立即装入保鲜袋放入冷藏室。

实用小贴士

分辨菜心的好坏，颜色是很好的途径。绿色蔬菜应以翠绿色为佳，发黄说明菜心已过了新鲜期。

菜心沙姜猪心

材料 菜心150克，猪心300克，沙姜5克

调料 盐3克，酱油适量

做法

1.菜心洗净；猪心、沙姜洗净，切片。2.锅中倒油烧热，放入菜心稍炒片刻，再下入猪心、沙姜。3.最后调入盐、酱油，炒熟即可。

专家点评 开胃消食

冬菇蚝油菜心

材料 冬菇200克，菜心150克

调料 盐3克，鸡精3克，酱油5克，蚝油50克

做法

1.冬菇洗净，用高汤煨入味；菜心洗净，择去黄叶。2.将菜心入沸水中焯烫至熟。3.锅置火上，加入蚝油，下入菜心、冬菇和所有调味料，一起炒入味即可。

专家点评 降低血脂

菜心豆腐

材 料 菜心200克，鸡脯肉100克，豆腐200克，黑豆少许，金银花5克，甘草2片

调 料 盐3克，料酒8克，淀粉15克，葱15克，蒜10克

做 法

1.将黑豆、金银花、甘草以3碗水煎成1碗；鸡肉、菜心与豆腐切丁；葱、蒜切粒。2.将鸡脯肉用料酒、盐和淀粉拌匀腌渍20分钟，再入油锅滑熟，捞出沥油。3.葱、蒜粒爆香，加入菜心与药汁煮开后，用淀粉勾芡，倒入豆腐与鸡丁煮2分钟即可。

蘑菇菜心炒圣女果

材 料 菜心150克，圣女果100克，蘑菇100克

调 料 盐3克，鸡精3克，白糖3克

做 法

1.蘑菇去蒂洗净；菜心择去黄叶，洗净；圣女果洗净对切。2.将菜心入沸水稍烫，捞出，沥干水分。3.净锅上火加油，下入蘑菇、圣女果翻炒，再下入菜心和所有调味料炒匀即可。

专家点评 排毒瘦身

冬笋鸡块菜心煲

材 料 冬笋210克，鸡腿肉190克，菜心45克

调 料 盐4克

做 法

1.将冬笋洗净切块；鸡腿肉洗净斩块汆水；菜心洗净备用。2.净锅上火倒入水，调入盐，下入冬笋、鸡腿肉、菜心，煲至熟即可。

专家点评 增强免疫

鱼头豆腐菜心煲

材 料 鲢鱼头400克，豆腐150克，菜心50克

调 料 盐适量，味精2克，葱段、姜片各4克，香菜末3克

做 法

1.鲢鱼头洗净剁块；豆腐切块；菜心洗净备用。2.锅上火倒入油，将葱、姜炝香，下入鲢鱼头煸炒，倒入水，加入豆腐、菜心煲至熟，调入盐、味精，撒入香菜即可。

专家点评 降低血糖

芥菜

功效

1.提神健脑：芥菜含有大量的维生素C，有提神健脑、解除疲劳的作用。

2.排毒瘦身：芥菜中含有的膳食纤维，可降低肠道pH值，并能稀释进入肠内的毒素，加快毒素的排出。

3.增强免疫力：芥菜中含有的吲哚，有助于激素正常的代谢，提高免疫能力。芥菜中含有叶酸，能帮助血红蛋白的生成，并能提高血中甲硫氨酸的含量。

食用禁忌

- 芥菜+鲫鱼=引发水肿
  芥菜与鲫鱼同食，可引发水肿。
- 芥菜+兔肉=伤元气
  芥菜与兔肉同食，会伤元气，甚至会造成中毒。
- 患有痔疮、便血及眼疾患者忌食。

营养黄金组合

- 芥菜+咸蛋=祛湿补虚
  芥菜与咸蛋同食，有祛湿、温中、补虚的功效，十分适合闷湿的天气食用。
- 芥菜+土豆=开胃消食
  芥菜与土豆同食，既能润肠通便助消化，又能健脾和胃平补益。

选购 要选择叶子质地脆嫩、纤维较少的新鲜芥菜。

保存 用保鲜膜封好置于冰箱中可保存1周左右。

实用小贴士

可以将芥菜用报纸包起来，根部朝下，直立放进冰箱内冷藏。

芥菜炒蚕豆

材 料 芥菜、鲜蚕豆各250克，猪肉50克，泡椒段50克，干辣椒段50克

调 料 香油20克，盐5克

做 法

1.芥菜洗净切碎；鲜蚕豆洗净，焯水后，沥干；猪肉洗净，剁成肉末。2.油锅烧热，加干辣椒段爆香，然后放进肉末、芥菜、蚕豆、泡椒一起炒，炒至熟，加盐、香油调味，装盘即可。

专家点评 开胃消食

芥菜青豆

材 料 芥菜100克，青豆200克，红椒1个

调 料 芥末油10克，香油20克，盐3克，白醋5克，味精2克

做 法

1.芥菜择洗干净，过沸水后切成末；红椒去蒂、子，切粒。2.青豆择洗干净，放入沸水中煮熟，捞出装入盘中。3.加入芥菜末，调入芥末油、香油、白醋、盐、味精和青豆炒匀即可食用。

专家点评 提神醒脑

芥菜叶拌豆丝

材 料 芥菜叶、豆腐皮各100克

调 料 盐3克，白糖3克，香油2克，味精少许

做 法

1.将豆腐皮洗净后切成长细丝。2.将芥菜叶清洗干净，放沸水锅中烫熟即捞出，晾凉，沥水。3.将豆腐皮放在菜丝盘内，加入盐、白糖、香油、味精拌匀即可。

专家点评 开胃消食

芥菜炒肉丁

材 料 芥菜100克，瘦肉200克

调 料 青、红椒各50克，辣椒酱20克，香油10克，盐、味精各3克

做 法

1.芥菜去皮，洗净，切丁；瘦肉洗净，切丁；青、红椒均洗净，切成圈。2.油锅烧热，下入肉丁爆炒，再加入辣椒酱、芥菜丁和青、红椒煸炒。3.待材料均熟时，放入盐、味精拌匀，淋上香油即可。

专家点评 增强免疫

芥菜鲜肉汤

材 料 芥菜150克，猪瘦肉50克

调 料 盐5克，味精3克，酱油2克，辣椒油8克，葱、姜各3克，花椒油4克

做 法

1.芥菜洗净切段；猪肉洗净切片。2.净锅上火倒入色拉油，将葱、姜爆香，下入猪瘦肉煸炒，烹入酱油，下入芥菜翻炒，倒入水，调入盐、味精烧开，再调入辣椒油、花椒油即可。

芥菜土豆煲排骨

材 料 猪排骨400克，土豆200克，芥菜100克

调 料 盐少许，味精、香菜各3克，葱、姜各6克，香油2克

做 法

1.将猪排骨洗净、切块、氽水；土豆去皮，洗净切滚刀块；芥菜洗净备用。2.净锅上火倒入色拉油，将葱、姜爆香，倒入水，调入盐、味精，放入排骨、土豆、芥菜，小火煲熟，撒入香菜，淋入香油即可。

韭菜

功效

1.降低血压：韭菜有降血脂及扩张血脉的作用，能降低血压。

2.排毒瘦身：韭菜的膳食纤维能够增加肠道蠕动，帮助改善便秘、面色晦暗等问题。

3.促进食欲：韭菜含有挥发性的硫化丙烯，因此具有辛辣味，有促进食欲的作用。

食用禁忌

- 韭菜+菠菜=引起腹泻
  二者同食易引起腹泻。
- 韭菜+蜂蜜=引起腹泻
  二者同食，易引起腹泻。
- 韭菜+白酒=上火
  食用韭菜后再饮酒，会使人上火。
- 眼疾、胃病患者不宜食用。

营养黄金组合

- 韭菜+虾仁=滋补阳气
  韭菜与虾仁同时食用能滋补阳气，达到强肾的效果。
- 韭菜+豆腐=治疗便秘
  韭菜可促进血液循环，治疗便秘，豆腐能利水消肿，润燥生津，二者搭配，可改善便秘。
- 韭菜+猪血=清肺健胃
  二者同食能够清肺、健胃。

选购 春季的韭菜品质最好，夏季的最差。要注意选择嫩叶韭菜。

保存 韭菜不宜保存，建议即买即食。

韭菜腰花

材 料 韭菜、猪腰各150克，核桃仁20克，红椒30克

调 料 盐、味精各3克，鲜汤、水淀粉各适量

做 法

1.韭菜洗净切段；猪腰洗净，切花刀，再横切成条，入沸水中氽烫去血水，捞出控干；红椒洗净，切丝。2.盐、味精、水淀粉和鲜汤搅成芡汁，备用。3.油锅烧热，加入红椒爆香，再依次加入腰花、韭菜、核桃仁翻炒，快出锅时调入芡汁炒匀即可。

专家点评 保肝护肾

虾米豆腐干韭菜汤

材 料 豆腐干150克，韭菜30克，虾米15克

调 料 盐3克，胡椒粉2克

做 法

1.将豆腐干洗净切丝，韭菜洗净切段，虾米用温水泡开洗净备用。2.净锅上火倒入色拉油，将虾米炝香，下入豆腐干稍炒，倒入水，调入盐煲至熟，下入韭菜，调入胡椒粉即可。

专家点评 开胃消食

韭黄

功效

1.保肝护肾：韭黄性温，味辛，具有补肾起阳的作用，而且含有挥发性精油及硫化物等特殊成分，有助于疏调肝气，起到保肝护肾的功效。

2.预防便秘：韭黄中含有丰富的膳食纤维，能促进肠胃蠕动，可有效预防习惯性便秘。

3.杀菌消炎：韭黄中含有硫化合物，能够起到一定的杀菌消炎的作用。

食用禁忌

- 韭黄+蜂蜜=功效相悖

  韭黄与蜂蜜同食，功效相悖。
- 韭黄+牛奶=影响钙的吸收

  牛奶含钙丰富，与韭黄同食，不利于身体对钙的吸收。
- 韭黄+虾皮=影响营养吸收

  二者同食影响人体对营养物质的吸收。
- 阴虚火旺的人不宜食。

营养黄金组合

- 韭黄+豆腐=对心血管疾病有预防作用

  韭黄与豆腐同食，可预防心血管疾病。
- 韭黄+鲜虾=壮阳

  韭黄与虾肉同食，可起到很好的壮阳作用。

选购 挑选不腐烂、不枯黄、色泽鲜艳较新鲜的。

保存 用带帮的大白菜叶子把韭黄包住捆好，放在阴凉处。

韭黄腐竹

材料 腐竹200克，韭黄200克

调料 盐5克，鸡精3克，胡椒粉5克，蚝油8克，蒜片5克

做法

1.腐竹、韭黄分别洗净，切段。2.水煮沸后下入腐竹煮沸，捞起沥干水分。3.锅中油烧热后，爆香蒜片，下入韭黄炒熟，加入腐竹，调入调味料炒匀即可。

专家点评 开胃消食

韭黄炒鸡蛋

材料 韭黄50克，鸡蛋3个

调料 盐3克，香菜、红辣椒各适量

做法

1.韭黄洗净切段；鸡蛋打入碗中搅匀；香菜洗净；红辣椒洗净切小圈。2.锅中放油，大火烧热后转至中火，倒入鸡蛋炒至凝固。3.将韭黄倒入锅中与鸡蛋拌炒，待韭黄变软后，放少许盐、红辣椒炒匀，装盘放上香菜即可。

专家点评 开胃消食

黄花菜

功效

1.提神健脑：黄花菜有较好的健脑、抗衰老功效，对增强和改善大脑功能有重要作用。

2.防癌抗癌：压力过大易引发癌症，黄花菜含有抗癌物质天门冬素和秋水仙碱等，健康人常吃可预防肿瘤的发生，癌症病人常吃亦有助于缓解病情。

3.补血养颜：黄花菜含有丰富的糖、蛋白质、维生素C等人体所必需的营养物质，有补血的功效。

食用禁忌

- 黄花菜+驴肉=中毒
  黄花菜与驴肉同食，会引起中毒。
- 黄花菜+红霉素类药物=降低药物效果
  黄花菜与红霉素类药物同食，会降低药效。
- 有支气管哮喘的患者忌食。

营养黄金组合

- 黄花菜+猪肉=滋补气血
  黄花菜能安五脏、补心志，与滋补肾气的猪肉同食具有滋补气血、填髓添精的作用。
- 黄花菜+鸡蛋=多种功效
  黄花菜与滋阴润燥、清热利咽的鸡蛋相配，具有清热解毒、滋阴润肺、止血消炎的功效。

选购 鲜黄花菜条长匀称，以色泽金黄有光泽者为佳。

保存 鲜品放在常温下可保存1～2天。

实用小贴士

干黄花菜不宜用热水泡发，否则拌炒时容易软烂不成型，用冷水泡发的黄花菜，炒制后会爽脆可口。

凉拌黄花菜

材 料 干黄花菜500克，葱3克

调 料 盐3克，红油3克

做 法

1.将干黄花菜放入水中仔细清洗后，捞出；葱切葱花。2.锅加水烧沸，下入黄花菜稍焯后，装入碗中。3.黄花菜内加入所有调味料一起拌匀即可。

专家点评 排毒瘦身

黄花菜拌海蜇

材 料 海蜇200克，黄花菜100克

调 料 盐3克，味精1克，醋8克，生抽10克，香油15克，红椒少许

做 法

1.黄花菜洗净；海蜇洗净；红椒洗净，切丝。2.锅内注水烧沸，分别放入海蜇、黄花菜焯熟后，捞出沥干放凉并装入碗中，再放入红椒丝。3.向碗中加入盐、味精、醋、生抽、香油拌匀后，再倒入盘中即可。

黄花菜炒瘦肉

材 料 黄花菜300克，瘦肉200克

调 料 盐3克，味精3克，料酒5克，淀粉5克

做 法

1.黄花菜洗净；瘦肉洗净切成丝，用淀粉腌渍片刻。2.锅中加水烧开，下入黄花菜焯烫后，捞出。3.锅坐火上，加油烧热，下入肉丝、黄花菜和调味料炒至入味即可。

专家点评 提神健脑

上汤黄花菜

材 料 黄花菜300克

调 料 盐5克，味精2克，鸡精3克，上汤200毫升

做 法

1.将黄花菜洗净，沥水。2.锅置火上，烧沸上汤，下入黄花菜，调入盐、味精、鸡精，装盘即可。

专家点评 降低血压

黄花菜黄瓜汤

材 料 黄花菜150克，黄瓜100克，鸡脯肉50克

调 料 盐适量，味精、香油各3克，葱5克

做 法

1.黄瓜洗净切丝；黄花菜洗净；鸡脯肉切丝。2.净锅上火倒入油，将葱炝香，下入鸡脯肉煸炒，倒入水，调入盐、味精烧开，加入黄花菜、黄瓜，淋入香油即可。

专家点评 增强免疫

黄花菜煲鱼块

材 料 草鱼300克，水发黄花菜50克

调 料 盐5克

做 法

1.草鱼洗净，斩块；水发黄花菜洗净备用。2.净锅上火倒入水，调入盐，下入鱼块、水发黄花菜煲至熟即可。

专家点评 保肝护肾

西兰花

功效

1.提高免疫力：西兰花不但能给人补充一定量的硒和维生素C，同时也能供给丰富的胡萝卜素，能够提高人体免疫力。

2.预防心脏病：西兰花能够阻止胆固醇氧化，防止血小板凝结成块，因而减少心脏病与中风的危险。

3.润肺止咳：常食西兰花，有爽喉、开音、润肺、止咳的功效。

食用禁忌

西兰花+牛奶=影响钙吸收

西兰花与牛奶同食，会影响牛奶中钙的吸收。

西兰花+动物肝脏=破坏维生素C

西兰花富含维生素C，若与富含铁、铜的动物肝脏同食，维生素C则会被氧化，造成流失。

营养黄金组合

西兰花+西红柿=预防心血管疾病

西红柿和西兰花能清除血液中的杂物，同食能有效预防心血管疾病。

西兰花+平菇=增强免疫力

西兰花和平菇都具有补虚抗病的作用，二者同食可很好地增强免疫力，提高人体抗病能力。

西兰花+虾仁=增强免疫力

二者同食能起到增强免疫力的作用。

选购 选购西兰花以菜株亮丽、花蕾紧密结实的为佳。

保存 用纸张或透气膜包住西兰花，然后放入冰箱，可保鲜1周左右。

素拌西兰花

材 料 西兰花60克，胡萝卜15克，香菇15克

调 料 盐少许

做 法

1.西兰花洗净，掰成小朵；胡萝卜洗净，切片；香菇洗净，切片。2.将适量的水烧开后，先把胡萝卜放入锅中煮熟，再把西兰花和香菇放入开水中烫熟，捞出。3.加盐拌匀即可。

专家点评 增强免疫

西兰花炒虾球

材 料 西兰花300克，虾仁150克，鱼丸100克，胡萝卜30克

调 料 盐3克，料酒8克，姜片10克

做 法

1.西兰花洗净，掰成小块；胡萝卜洗净，切片；虾仁洗净，用盐、料酒腌渍备用。2.鱼丸入加盐的水中煮熟，捞出；西兰花、胡萝卜在开水中烫熟，捞出。3.油锅烧热，下姜片爆香，加入虾仁炒熟，再放入其他原材料和盐同炒匀，摆盘即可。

西兰花冬笋

材 料 西兰花250克，冬笋200克

调 料 盐3克，味精2克

做 法

1.西兰花洗净后，掰成小朵；冬笋洗净切成块。2.锅中加水烧开，下入冬笋块焯去异味后，捞出。3.锅置火上，油烧热，下入冬笋、西兰花、调味料，炒至入味即可。

专家点评 增强免疫

西兰花炒鸡丁

材 料 西兰花150克，鸡脯肉250克

调 料 生抽、蒜、淀粉、白糖、香油、鸡精、盐各适量

做 法

1.鸡脯肉切丁，加入白糖、淀粉、生抽拌匀至入味；蒜切成末。2.西兰花洗净，掰成小朵，用开水焯烫后捞出，待用；锅上火放油，至三成热时加入盐微炒。3.待油七成热时倒入鸡丁、蒜末，炒出蒜香时放入西兰花、白糖、生抽、鸡精，翻炒均匀，淋入香油即可出锅。

苦瓜西兰花牛肉

材 料 牛肉500克，西兰花250克，苦瓜250克

调 料 花生油适量，辣椒酱30克，酱油20克，盐5克，淀粉10克

做 法

1.牛肉洗净切片，用淀粉、酱油、花生油拌匀腌渍15分钟；西兰花洗净切块，苦瓜洗净切块。2.菜花和苦瓜均焯水摆盘。3.油锅烧热，加入牛肉、辣椒酱炒熟，下酱油和盐，炒至汁浓时出锅，盖在西兰花上即可。

鲜奶西兰花牛尾汤

材 料 牛尾250克，西兰花100克，鲜奶适量

调 料 色拉油20克，盐少许

做 法

1.将牛尾切块、汆水，西兰花洗净掰小块备用。2.净锅上火倒入色拉油，下入西兰花煸炒2分钟，加入鲜奶、牛尾，调入盐，煲至成熟即可。

专家点评 降低血糖

茭白

功效

1.强体健身：茭白含较多的碳水化合物、蛋白质、脂肪等，能补充人体的营养物质，具有健壮机体的作用。

2.排毒瘦身：由于茭白热量低、水分高，食后易有饱足感，成为人们喜爱的减肥佳品，有排毒瘦身的功效。

3.养心润肺：茭白中的维生素C可以促进氨基酸中酪氨酸和色氨酸的代谢，延长机体寿命；还可以改善脂肪和类脂，特别是胆固醇的代谢，预防心血管病。

食用禁忌

茭白+蜂蜜=引发痼疾

蜂蜜有润肠通便的作用，与茭白同食会引发痼疾。

茭白+豆腐=形成结石

茭白含有丰富的草酸，与豆腐同食易形成结石。

脾寒虚冷、精滑便泻者少食为宜。

营养黄金组合

茭白+西红柿=清热解毒

茭白与西红柿二者搭配，具有清热解毒、利尿降压的作用。

茭白+蘑菇=化痰宽中

茭白性味苦寒，可解热毒、除烦渴，配以补气益胃、理气化痰的蘑菇，可助消化、化痰宽中。

选购 茭白以春夏季的质量最佳，营养成分比较丰富。

保存 可以将其置于阴凉处保存1周左右。

实用小贴士

挑选茭白时，以外形肥大、新鲜柔嫩、肉色洁白、带甜味者为最好。

辣味拌茭白

材 料 茭白250克，辣椒50克

调 料 盐5克，味精3克，葱1根，蒜少许

做 法

1.茭白洗净后切成细丝；辣椒洗净切成条；葱切圈；蒜剁成蓉。2.锅中加水烧开，下入茭白丝稍焯后捞出。3.坐锅烧油，下入蒜、葱、辣椒爆香后加入茭白丝一起拌炒，待熟后调入盐、味精即可。

专家点评 开胃消食

西红柿焖茭白

材 料 茭白500克，西红柿100克

调 料 盐、味精、料酒、白糖、水淀粉各适量

做 法

1.茭白洗净，切条；西红柿洗净，切块。2.锅加油烧热，下茭白炸至浅黄色时捞出。3.锅内留油，倒入西红柿、茭白、清水、味精、料酒、盐、白糖焖烧至汤较少时，用水淀粉勾芡即可。

专家点评 排毒瘦身

茭白金针菇

材 料 茭白350克，金针菇150克，水发木耳50克

调 料 姜2片，辣椒、香菜、盐、糖、醋、香油各适量

做 法

1.茭白去壳洗净切丝，入沸水中焯烫，捞出。2.金针菇洗净，入沸水中焯烫，捞出；辣椒洗净去子切细丝；木耳、姜切细丝；香菜切段。3.锅内加油上火，烧热，爆香姜丝、辣椒丝，再放入茭白、金针菇、木耳炒匀，最后加盐、糖、醋、香油调味，放入香菜段，装盘即可。

茭白肉片

材 料 茭白300克，瘦肉150克，红辣椒1个

调 料 盐5克，味精3克，淀粉5克，生抽6克，生姜1小块

做 法

1.茭白洗净，切成薄片；瘦肉切片；红辣椒、生姜均切片。2.肉片用淀粉、生抽腌渍。3.锅中油烧热，将肉片炒至变色后加入茭白、红辣椒片炒5分钟，调入盐、味精即可。

专家点评 增强免疫

虾米茭白粉条汤

材 料 茭白150克，水发虾米30克，水发粉条20克，西红柿1个

调 料 色拉油20克，盐4克

做 法

1.将茭白洗净切小块，水发虾米洗净，水发粉条洗净切段，西红柿洗净切块备用。2.汤锅上火倒入色拉油，下入水发虾米、茭白、西红柿煸炒，加水，调入盐，下入水发粉条煮至熟即可。

专家点评 养心润肺

鸡肝茭白枸杞汤

材 料 鸡肝200克，茭白30克，枸杞2克

调 料 花生油20克，酱油2克，盐少许，葱、姜各3克

做 法

1.鸡肝洗净切块汆水；茭白洗净切块；枸杞洗净备用。2.净锅上火倒入花生油，将葱、姜爆香，下入茭白煸炒，烹入酱油，倒入水，调入盐，下入枸杞、鸡肝煮至熟即可。

专家点评 养心润肺

白萝卜

功效

1.增强免疫力：萝卜中富含的维生素C，能提高机体免疫力，锌元素也是增强机体免疫能力不可或缺的物质。

2.排毒瘦身：萝卜中含有芥子油，能促进胃肠蠕动，帮助机体将有害物质较快排出体外，有效防止便秘。

食用禁忌

- 白萝卜+木耳=导致皮炎
  白萝卜与木耳同食会导致皮炎。
- 白萝卜+胡萝卜=降低营养
  白萝卜与胡萝卜同食，会降低营养价值。
- 萝卜性偏寒凉，脾虚容易腹泻者慎食或少食。

营养黄金组合

- 白萝卜+豆腐=助消化
  豆腐属于豆制品，过量食用会导致腹痛、腹胀、消化不良。白萝卜有很强的助消化作用，与豆腐同食有助于消化和营养物质的吸收。
- 白萝卜+羊肉=养阴补益
  白萝卜与羊肉同食，有养阴补益、开胃健脾的功效。

选购 皮细嫩光滑，比重大，结实的为佳。

保存 白萝卜在常温下保存时间较其他蔬菜要长。

实用小贴士

白萝卜不宜放入冰箱久存，所以如果不是炎热的夏天，就最好不要放在冰箱里。

菊花萝卜丝

材 料 鲜菊花少许，白萝卜200克，胡萝卜200克

调 料 盐3克，白糖10克，醋5克

做 法

1.鲜菊花洗净备用；白萝卜、胡萝卜去须、根，洗净切成丝。2.将两种萝卜丝分别装入碗中，拌入盐腌渍5分钟，挤干水分。3.调入白糖、醋拌匀，撒上菊花即可。

专家点评　增强免疫

风味白萝卜皮

材 料 白萝卜500克，红辣椒1个

调 料 大蒜30克，小米椒20克，生抽200克，陈醋300克，盐30克，白糖50克，葱花10克，香油适量

做 法

1.白萝卜洗净取皮，切块，用盐腌渍2小时，再用水将盐冲净；蒜拍碎，小米椒切碎，与生抽、陈醋、盐、白糖拌匀，装坛，加凉开水，将洗净的萝卜皮放入泡1天，取出装盘。2.红辣椒切粒；将香油烧热，浇在盘中，撒葱花、辣椒粒即可。

干贝蒸白萝卜

材 料 白萝卜250克，干贝6粒

调 料 盐3克

做 法

1.干贝泡软，备用。2.萝卜去皮洗净，切成段，中间挖一小洞，将干贝一一塞入，盛于容器内，将盐均匀撒上。3.将萝卜移入蒸锅，蒸熟即成。

专家点评 增强免疫

干锅白萝卜

材 料 白萝卜500克

调 料 盐3克，味精2克，酱油12克，醋5克，青椒、红椒各少许，香菜少许

做 法

1.白萝卜洗净，切片；香菜洗净；青椒、红椒洗净，切圈。2.锅中注油烧热，放入白萝卜翻炒，再放入青椒、红椒稍翻炒后，注入适量清水焖煮。3.倒入酱油、醋煮至熟后，加入盐、味精调味，撒上香菜，装入干锅即可。

牡蛎白萝卜蛋汤

材 料 牡蛎肉300克，白萝卜100克，鸡蛋1个

调 料 盐5克，葱花少许

做 法

1.牡蛎肉洗净；白萝卜洗净切丝；鸡蛋打入盛器搅匀备用。2.汤锅上火倒入水，下入牡蛎肉、白萝卜烧开，调入盐，淋入鸡蛋液煮熟，撒上葱花即可。

专家点评 降低血脂

羊肉白萝卜煲山楂

材 料 羊肉500克，白萝卜100克，山楂30克

调 料 盐5克，白糖2克

做 法

1.将羊肉洗净，切块，汆水；白萝卜洗净，切块；山楂切块备用。2.煲锅上火倒入水，下入羊肉、白萝卜、山楂，调入盐、白糖，煲至熟即可。

专家点评 养心润肺

胡萝卜

功效

1.增强免疫力：胡萝卜含有丰富的胡萝卜素，能有效促进细胞发育，预防先天不足；有助于提高人体免疫力。

2.补血养颜：胡萝卜中含有的维生素C，有助于肠道对铁的吸收，提高肝脏对铁的利用率，可以帮助治疗缺铁性贫血。

3.提神健脑：胡萝卜富含的维生素E，能有效地给身体供氧，有提神健脑的功效。

4.降低血糖：胡萝卜含有降糖物质，是糖尿病人的良好食品。

食用禁忌

胡萝卜+醋=破坏胡萝卜素

胡萝卜与醋同食，会破坏胡萝卜中的胡萝卜素。

胡萝卜+辣椒=降低营养

辣椒与胡萝卜同食会破坏人体对维生素C的吸收。

脾胃虚寒者不适宜食用。

营养黄金组合

胡萝卜+羊肉+山药=补脾胃

胡萝卜与羊肉、山药同食，有补脾胃、养肺润肠的功效。

胡萝卜+菠菜=降低中风危险

胡萝卜与菠菜同时食用，可明显降低中风危险。

选购 选购体形圆直、表皮光滑、色泽橙红的胡萝卜。

保存 用保鲜膜封好，置于冰箱中可保存2周左右。

实用小贴士

胡萝卜买回来后可用报纸包好，放在阴暗处保存。如果将胡萝卜放置在室温下，就要尽量在1~2天内吃掉，否则胡萝卜会枯萎、软化。

清凉三丝

材 料 芹菜丝、胡萝卜丝、大葱丝、胡萝卜片各适量

调 料 盐、味精各3克，香油适量

做 法

1.芹菜丝、胡萝卜丝、大葱丝、胡萝卜片分别入沸水锅中焯水后，捞出。2.胡萝卜片摆在盘底，其他材料摆在胡萝卜片上，调入盐、味精拌匀。3.淋上香油即可。

专家点评 降低血糖

香脆双丝

材 料 素海蜇丝80克，胡萝卜120克

调 料 盐3克，味精5克，生抽、香油各8克，香菜5克

做 法

1.素海蜇丝洗净；胡萝卜洗净，切成细丝；香菜洗净。2.素海蜇、胡萝卜分别放入水中焯熟，捞出沥干水分，装盘。3.将盐、味精、生抽、香油调匀，淋在素海蜇、胡萝卜上，拌匀，撒上香菜即可。

专家点评 保肝护肾

胡萝卜炒蛋

材 料 鸡蛋3个，胡萝卜100克

调 料 香油20克，盐2克

做 法

1.胡萝卜洗净后，削皮切成细末备用；鸡蛋打匀。2.香油入锅烧热后，下胡萝卜加盐炒约1分钟捞出。3.倒入蛋液，至半凝固时转小火，加入胡萝卜末，用筷子快速搅动至全熟即可。

专家点评 增强免疫

胡萝卜玉米排骨汤

材 料 玉米250克，排骨100克，胡萝卜100克

调 料 盐5克，花生50克，枸杞15克

做 法

1.玉米洗净切段；胡萝卜洗净切块；排骨洗净切块；花生、枸杞洗净备用。2.排骨放入碗中，撒上盐，腌渍片刻。3.烧沸半锅水，将玉米、胡萝卜焯水；排骨汆水，捞出沥干水。4.砂锅放适量水，烧沸腾后倒入全部原材料，煮沸后转慢火煲2小时，加盐调味即可。

胡萝卜豆腐汤

材 料 胡萝卜100克，豆腐75克

调 料 清汤适量，盐5克，香油3克

做 法

1.将胡萝卜去皮洗净切丝，豆腐洗净切丝备用。2.净锅上火倒入清汤，下入胡萝卜、豆腐烧开，调入盐煮熟，淋入香油即可。

专家点评 补血养颜

胡萝卜山药羊肉煲

材 料 山药200克，羊肉125克，胡萝卜75克

调 料 清汤适量，盐5克

做 法

1.山药去皮洗净切块；羊肉洗净切块汆水；胡萝卜去皮洗净直刀切块备用。2.煲锅上火倒入清汤，下入山药、羊肉、胡萝卜，调入盐煲至成熟即可。

专家点评 降低血脂

西红柿

功效

1.增强免疫力：西红柿中的B族维生素参与人体内酶系统的辅助成分和广泛的生化反应，调节人体代谢功能。

2.延缓衰老：西红柿中含有的番茄红素，能有效延缓衰老。

3.降低血压：西红柿中的维生素C有生津止渴、健胃消食、凉血平肝、清热解毒、降低血压之功效。

食用禁忌

- 西红柿+土豆=消化不良

  西红柿与土豆同食，易导致腹泻、腹痛和消化不良。

- 急性肠炎、菌痢及溃疡活动期病人不宜食用。

营养黄金组合

- 西红柿+花菜=预防心血管疾病

  西红柿和花菜都含有丰富的维生素，能清除血液中的杂物，同食能有效预防心血管疾病。

- 西红柿+牛腩=健脾开胃

  西红柿与牛腩同食，有健脾开胃的功效，并能补气血。

选购 选择外观圆滑，透亮而无斑点的为好。

保存 放在阴凉通风处，可保存10天左右。

实用小贴士

切西红柿时要依着纹路切下去，能使切口的子不与果肉分离，汁液也不会流失。

芙蓉西红柿

材 料 西红柿250克，鸡蛋清150克，核桃仁50克，洋葱末50克

调 料 盐3克，料酒3克，白糖3克，鸡精2克

做 法

1.将西红柿放入盆中用开水烫去表皮，切成丁；将蛋液加入盐、料酒搅拌均匀待用。2.净锅上火，倒油，至油温四成热时，倒入洋葱末炒出香味，再放入鸡蛋液炒散，加入西红柿丁、白糖、鸡精、盐翻炒均匀，撒入核桃仁，装盘即可。

西红柿烧鸡

材 料 鸡肉200克，西红柿150克，洋葱50克，柿子椒50克

调 料 料酒适量，番茄酱10克，盐3克，胡椒粉少许

做 法

1.鸡肉洗净切成小块；西红柿切块；洋葱、柿子椒切片备用。2.锅中放少量油加热，炒番茄酱，加入鸡块、料酒、胡椒粉炒片刻。3.再加入洋葱、柿子椒、西红柿和盐，继续烧10分钟左右即可。

专家点评 开胃消食

西红柿牛腩

材 料 牛腩、西红柿各300克

调 料 八角1粒、干辣椒20克，蒜10克，姜10克，盐5克，糖10克，胡椒粉适量

做 法

1.牛腩洗净切块，下油拌匀，加入八角及清水，煮至汁液浓时捞起；西红柿去蒂切块。2.油锅烧热，下干辣椒、蒜、姜炒匀，加入牛腩及西红柿拌炒。3.调匀其余调味料，拌入牛腩和西红柿中，出锅装盘即成。

西红柿焖冬瓜

材 料 冬瓜500克，西红柿2个

调 料 盐5克，味精3克，甘草粉适量，姜蓉5克

做 法

1.冬瓜去子、皮，洗净，切块；西红柿洗净去蒂，切块。2.炒锅入油，放入姜蓉炒香，再放入西红柿块翻炒半分钟。3.放入冬瓜、盐、味精和甘草粉，翻炒几下后加盖焖煮2分钟，再开盖翻炒至冬瓜熟透即可。

专家点评 养心润肺

肉片粉丝西红柿汤

材 料 鸡脯肉150克，西红柿1个，水发粉丝25克

调 料 盐少许，葱、姜各3克

做 法

1.鸡脯肉切片；西红柿洗净切片；水发粉丝洗净切段备用。2.净锅上火倒入水，下入鸡脯肉、西红柿、水发粉丝，调入盐、葱、姜至熟即可。

专家点评 降低血压

黄豆西红柿牛肉汤

材 料 酱牛肉250克，红薯125克，黄豆30克，西红柿1个

调 料 清汤适量，盐6克，葱花3克，香菜2克，香油4克

做 法

1.酱牛肉切丁；红薯去皮、洗净、切丁；黄豆洗净浸泡；西红柿洗净，切丁备用。2.净锅上火，倒入清汤，调入盐，下入酱牛肉、红薯、黄豆、西红柿煲至熟，撒入葱花、香菜，淋入香油即可。

土豆

功效

1.排毒瘦身：土豆具有低脂肪、多纤维的特点，食用土豆不仅能促进肠道蠕动，帮助消化，去积食，防便秘，还有预防大肠癌的功效，是肥胖者减肥的佳品。

2.增强免疫力：土豆中含有丰富的蛋白质，其中更有人体必需的8种氨基酸，它对于增加人体抵抗力，提高免疫力有着很好的作用。

3.降低血压：土豆含有丰富的钾，有降低血压的功效。

食用禁忌

- 土豆+香蕉=产生雀斑
  土豆与香蕉同食，面部会生雀斑。
- 土豆+西红柿=消化不良
  土豆与西红柿同食，会导致食欲不佳，消化不良。
- 孕妇慎食，以免增加妊娠风险。

营养黄金组合

- 土豆+茄子=预防高血压
  土豆与茄子同食，有延缓衰老，预防高血压的功效。
- 土豆+牛肉=保护胃黏膜
  土豆与牛肉同食，不但味道好，且土豆含有丰富的叶酸，起着保护胃黏膜的作用。

选购　应选表皮光滑、个体大小一致的。

保存　土豆可以放置在阴凉通风处保存2周左右。

实用小贴士

将新鲜的土豆放入一个干净的纸箱里，再放几个青苹果，这样可让土豆保存很长时间。

土豆小炒肉

材 料 土豆250克，猪肉100克

调 料 辣椒10克，盐、味精各4克，水淀粉10克，酱油15克

做 法

1.土豆洗净，去皮，切片；辣椒洗净，切菱形片。2.猪肉洗净，切片，加盐、水淀粉、酱油拌匀备用。3.油锅烧热，入辣椒炒香，放肉片煸炒至变色，放土豆炒熟，加入酱油、盐、味精调味即可。

专家点评　排毒瘦身

土豆烧排骨

材 料 排骨、土豆各250克，蒜苗适量

调 料 辣椒酱、盐、红油、料酒、酱油各适量

做 法

1.蒜苗洗净，切段；排骨洗净，汆水后捞出；土豆去皮洗净，切块，焯水后捞出。2.油锅烧热，放入辣椒酱、蒜苗炝锅，放入排骨充分翻炒，加入土豆续炒。3.加水淹过排骨，炖至汤干时调入盐、红油、酱油、料酒翻炒均匀即可。

专家点评　降低血脂

草菇焖土豆

材 料 土豆500克，草菇250克，西红柿适量

调 料 番茄酱30克，盐3克，胡椒粉少许

做 法

1.土豆、草菇洗净切片；西红柿切成滚刀块。2.锅中油烧热，加入土豆片、西红柿、草菇和番茄酱一起炒。3.加适量水焖至八成熟时放盐、胡椒粉，调好味焖熟即可。

专家点评 降低血压

茄子炖土豆

材 料 茄子150克，土豆200克，青椒、红椒各20克

调 料 葱5克，盐3克，高汤400克

做 法

1.土豆去皮切块；茄子切滚刀块；青椒、红椒切丁；葱切花。2.锅中油烧热后入葱花炒出香味，放入土豆、茄子翻炒，加盐，放高汤用大火煮30分钟。3.将土豆、茄子煮软后压成泥，出锅前撒入青、红椒丁即可。

专家点评 降低血糖

土豆芸豆煲鸡块

材 料 鸡腿肉250克，土豆75克，绿芸豆50克

调 料 盐5克，酱油少许

做 法

1.鸡腿肉洗净斩块汆水；土豆去皮洗净切块；绿芸豆择洗净切段备用。2.净锅上火倒入水，下入鸡块、土豆、绿芸豆，调入酱油、盐煲至熟即可。

专家点评 补血养颜

老鸭土豆煲

材 料 老鸭350克，土豆175克

调 料 盐、酱油各少许

做 法

1.将老鸭洗净斩块汆水，土豆去皮洗净切块备用。2.净锅上火倒入水，下入老鸭、土豆，调入酱油、盐煲至熟即可。

专家点评 保肝护肾

山药

功效

1.增强免疫力：山药中含有的薯蓣皂素，是人体制造激素的主要成分之一，是合成女性激素的先驱物质，能提升免疫力，预防老化。山药具有诱生干扰素，有抑制肿瘤细胞增殖的功效。

2.保肝护肾：山药含有多种营养素，有强健机体、滋肾益精的作用。

食用禁忌

山药+茶=容易发生肠胃不适

两者同食会产生不易溶解的物质，造成肠胃不适。

山药+山楂=容易发生便秘

两者同食会使便秘者加重症状。

大便燥结者不宜食用，糖尿病患者不可过量食用。

营养黄金组合

山药+绿豆=稳定血糖

绿豆能利水消肿、清热解毒，与山药同食，更是控制血糖的理想主食。

山药+鲫鱼=补虚养肾

山药与鲫鱼同食，有补虚养肾的功效。

选购 以洁净、无畸形或分枝、根须少的为好。

保存 将山药置于阴凉通风处可保存1周左右。

实用小贴士

区分真假山药可以看外观，真山药色泽白亮，手感细腻，质地较脆，带有清香味，而假冒货则反之。

橙汁山药

材 料 山药500克，橙汁100克，枸杞8克

调 料 糖30克，淀粉25克

做 法

1.山药洗净，去皮，切条，入沸水中煮熟，捞出，沥干水分；枸杞稍泡备用。2.橙汁加热，加糖，最后用水淀粉勾芡成汁。3.将加工的橙汁淋在山药上，腌渍入味，放上枸杞即可。

专家点评 开胃消食

玉米笋炒山药

材 料 山药80克，胡萝卜50克，秋葵60克，玉米笋40克，红枣5颗

调 料 味精2克，盐5克

做 法

1.山药、胡萝卜均削皮，切片；秋葵、玉米笋洗净，切斜段。2.山药、胡萝卜、秋葵、玉米笋入沸水焯熟，捞起备用；红枣洗净，去核，放入沸水中煮15分钟后捞起，沥干备用。3.起油锅，放入秋葵、玉米笋、胡萝卜拌炒，再加山药片、红枣，加调味料拌匀即可食用。

山药蒸鲫鱼

材 料 鲫鱼约350克，山药100克

调 料 盐、味精、黄酒、葱段、姜丝、枸杞各适量

做 法

1.鲫鱼洗净，用黄酒、盐腌15分钟。2.山药去皮，切片，铺于碗底，把鲫鱼置上。3.加葱段、姜丝、盐、味精和少许水，上笼蒸18分钟，蒸熟后拣去葱段、姜丝，撒上枸杞即可。

专家点评 降低血糖

山药养生泥

材 料 山药500克，山楂糕150克，蚕豆泥75克，枣泥50克，熟银杏仁50克

调 料 水淀粉、糖、糖桂花各适量

做 法

1.将山药洗净削皮，放入锅中煮熟，取出，捣烂成泥。2.锅内放油烧热，放入山药泥翻炒，再加入糖炒至黏稠，加少量糖桂花起锅装盘。3.将山楂糕、熟银杏仁、枣泥、蚕豆泥摆入盘中成好看的形状，用水淀粉勾薄芡即可。

枸杞山药牛肉汤

材 料 山药200克，牛肉125克，枸杞5克

调 料 盐6克，香菜末3克

做 法

1.山药去皮洗净切块；牛肉洗净切块汆水；枸杞洗净备用。2.净锅上火倒入水，调入盐，下入山药、牛肉、枸杞煲至熟，撒入香菜末即可。

专家点评 降低血脂

山药菌菇炖鸡

材 料 老鸡400克，菌菇150克，山药100克

调 料 盐少许，味精3克，高汤、葱、香菜各3克

做 法

1.老鸡洗净斩块汆水；菌菇浸泡洗净；山药洗净备用。2.炒锅上火倒入油，将葱爆香，加入高汤，下入老鸡、菌菇、山药，调入盐、味精，煲至熟，撒入香菜即可。

专家点评 养心润肺

芋头

功效

1.增强免疫力：芋头中有一种天然的多糖类高分子植物胶体，有很好的止泻作用，并能增强人体的免疫功能。同时还含有一种黏液蛋白，被人体吸收后能产生免疫球蛋白，可提高机体的抵抗力。

2.降低血压：芋头所含的钾比其他根茎类的番薯、马铃薯高，因此常吃芋头可以帮助身体排出多余的钠，并降低血压。

食用禁忌

- 芋头+香蕉=引起腹胀

  芋头与香蕉同食，会引起腹胀。

- 芋头+雀肉=对人体有害

  芋头与雀肉同食，对人体有害。

- 过敏性体质者、糖尿病患者应少食。

营养黄金组合

- 芋头+猪肉=预防糖尿病

  芋头和猪肉同食，对保健和预防糖尿病有较好的作用。

- 芋头+牛肉=防皮肤老化

  芋头和牛肉同食，对脾胃虚弱、食欲不振及便秘有防治的作用，还有防止皮肤老化的功效。

选购 须根少而粘有湿泥、带点湿气的最新鲜。

保存 将芋头擦干后用报纸包起来，放在通风的地方。

实用小贴士

剥洗芋头时宜戴上手套，其黏液中的化合物会令手部皮肤发痒，火上烤一烤可缓解。

芋头烧肉

材 料 五花肉250克，芋头150克，泡辣椒20克

调 料 豆瓣、胡椒粉各少许，料酒、糖、盐、花椒粒各适量，葱花5克，鲜汤适量

做 法

1.五花肉洗净，切成小块；芋头去皮洗净，切滚刀块。2.将五花肉和芋头过油，捞出。3.锅中油烧热，下豆瓣炒红，放入花椒粒、葱花略炒，掺鲜汤熬汁后去渣料，放进五花肉，调入胡椒粉、料酒、泡辣椒，肉熟时下芋头烧至熟软，下剩余调味料即可。

椰汁芋头滑鸡煲

材 料 鲜椰汁200克，芋头500克，鸡400克

调 料 青、红椒片各50克，盐3克，淀粉、淡奶各适量

做 法

1.鸡洗净，切块，用淀粉、盐腌渍，入热油锅，滑至半熟捞起。2.芋头去皮，洗净，切块，入热油锅，炸至呈黄色时捞起。3.油锅烧热，下入青、红椒炒香，再加鸡块、芋头同炒，调入盐、椰汁、淡奶煮滚即成。

芋头牛肉

材 料 牛肉500克，芋头400克

调 料 盐、胡椒粉、酱油、料酒、红油各适量

做 法

1.牛肉洗净，切块；芋头去皮洗净，切块。2.油锅烧热，下牛肉块略炒，入芋头同炒片刻，再加水同煮至肉烂。3.调入盐、胡椒粉、酱油、料酒，淋入红油即可。

专家点评 排毒瘦身

芋头蒸仔排

材 料 排骨300克，芋头100克，菜心30克，红椒少许

调 料 盐、酱油、料酒、蒜蓉、淀粉、香油、水淀粉各适量

做 法

1.排骨洗净，剁成块，氽水后捞出，加入所有调味料拌匀，腌渍入味。2.芋头去皮洗净，摆在排骨的四周；青菜洗净，入沸水中焯一下；红椒洗净，切圈。3.排骨和芋头一起入蒸锅中蒸25分钟至熟，取出，以青菜围边，再撒上红椒圈，淋上香油即可。

芋头排骨粉皮煲

材 料 排骨250克，芋头100克，粉皮50克

调 料 花生油30克，盐适量，味精、酱油、香菜、葱花各3克

做 法

1.排骨洗净、切块；芋头去皮、洗净切滚刀块；粉皮撕成小块备用。2.净锅上火倒入花生油，将葱爆香，烹入酱油，倒入水，调入盐、味精，下入排骨、芋头、粉皮煲至熟，撒入香菜即可。

专家点评 降低血压

芋头牛肉粉丝煲

材 料 牛肉250克，芋头150克，粉丝30克

调 料 盐少许，酱油2克，葱花4克

做 法

1.牛肉洗净、切块、氽水；芋头去皮、洗净、切块；粉丝泡透切段备用。2.净锅上火倒入水，下入牛肉、芋头，调入酱油、盐，煲至快熟时，下入粉丝再续煲至成熟，撒入葱花即可。

专家点评 增强免疫

玉 米

功效

1.增强免疫力：玉米含有丰富的不饱和脂肪酸，尤其是亚油酸的含量高达60%以上，对人体非常有益。同时，玉米能清除体内自由基，排除体内毒素、抗氧化、能有效地抑制过氧化脂质的产生，防止血凝块，清除胆固醇，增强人体免疫功能。

2.提神健脑：玉米中的维生素E能有效防止脑功能衰退，对改善记忆力有好处。

食用禁忌

- 玉米+红薯=引起肠胃不适
  玉米与红薯同食，会造成肠胃胀气，引起不适。
- 玉米+酒=影响维生素A的吸收
  玉米与酒同时食，会影响维生素A的吸收。
- 皮肤病患者忌食。

营养黄金组合

- 玉米+鸡蛋=防胆固醇过高
  玉米与鸡蛋同食，可预防胆固醇过高。
- 玉米+豆腐=增强营养
  玉米中硫氨酸含量丰富，豆腐富含赖氨酸和丝氨酸，两者同时食用可提高营养吸收率。

选购　玉米以整齐、饱满、色泽金黄者为佳。

保存　玉米可风干水分保存。

实用小贴士

在靠近柄的包皮处把菜刀插入外皮缝隙处，皮将很容易去掉。保存玉米时需将外皮及须去除，清洗干净后擦干，用保鲜膜包起来再放入冰箱中冷藏即可。

香油玉米

材　料　玉米粒300克，青、红椒各20克

调　料　盐3克，香油8克，味精2克

做　法

1.将青、红椒洗净去蒂、去子，切成粒状。2.锅上火，加水烧沸后，将玉米粒下入焯熟，捞出，盛入碗内。3.玉米碗内加入青、红椒粒和所有调味料一起拌匀即可。

专家点评　降低血脂

玉米炒蛋

材　料　玉米粒150克，鸡蛋3个，火腿片4片，青豆少许，胡萝卜半个

调　料　盐3克，水淀粉4克，葱2根

做　法

1.胡萝卜洗净，切粒，与玉米粒、青豆入锅煮熟，捞出，沥水。
2.蛋入碗中打散，加入盐和水淀粉调匀；火腿片切丁；葱切花。
3.热油，倒入蛋液，炒熟；锅内再放玉米粒、胡萝卜粒、青豆和火腿丁，炒香时再放入蛋块，并加盐调味，炒匀盛出时撒入葱花即可。

老北京丰收菜

材 料 五花肉、玉米、香菇、胡萝卜、豆角各适量

调 料 盐、酱油、糖、料酒、姜片各适量，清汤适量

做 法

1.所有材料洗净，豆角择成段，五花肉、胡萝卜、玉米切块，肉入开水氽烫，玉米用水煮好。2.油锅烧热，放肉翻炒，加盐、酱油、糖、料酒、姜片翻炒，加鲜汤煮开，放入五花肉、玉米、香菇、胡萝卜、豆角煮好即可。

专家点评 增强免疫

玉米青红椒炒鸡肉

材 料 鸡脯肉150克，玉米100克，青椒50克，红椒50克

调 料 盐5克，料酒5克，鸡精3克，姜5克

做 法

1.鸡脯肉剁成泥；青、红椒去蒂、去子，切丁。2.将鸡脯肉加盐、料酒、姜腌入味，于锅中滑炒后捞起待用。3.锅中入油烧热，炒香玉米、青椒、红椒，再入鸡泥炒入味，调入盐、鸡精，即可起锅。

专家点评 提神健脑

玉米棒排骨汤

材 料 玉米棒250克，猪排骨200克，胡萝卜30克

调 料 清汤适量，盐6克，姜片4克

做 法

1.将玉米棒洗净切条，猪排骨洗净斩块、氽水，胡萝卜去皮洗净切成粗条备用。2.净锅上火倒入清汤，调入盐、姜片，下入玉米棒、猪排骨、胡萝卜煲至熟即可。

专家点评 降低血压

猪胰山药玉米煲

材 料 玉米棒250克，山药50克，猪胰40克

调 料 色拉油20克，盐6克，鸡精3克，香油3克，高汤适量，葱8克，姜5克

做 法

1.将玉米棒斩段；山药洗净切滚刀块；猪胰洗净切片，氽水备用。2.净锅上火倒入色拉油，将葱、姜爆香，倒入高汤，调入盐、鸡精，下入玉米棒、山药、猪胰煲至熟，淋入香油即可。

专家点评 补血养颜

莲藕

功效

1.补血养颜：莲藕含有丰富的蛋白质、糖、钙、磷、铁和多种维生素，尤以维生素C为多，故具有滋补、美容养颜的功效，并可改善缺铁性贫血症状。
2.增强免疫力：莲藕富含铁、钙等微量元素，植物蛋白质、维生素以及淀粉含量也很丰富，有增强人体免疫力作用。
3.排毒瘦身：莲藕中的植物纤维能刺激肠道，治疗便秘，促进有害物质的排出。

食用禁忌

- 莲藕+菊花=腹泻
  莲藕与菊花都属于寒性食物，两者同食会引起腹泻。
- 莲藕+人参=药效相反
  莲藕与人参药效相反，同食起不到补益作用。
- 由于藕性偏凉，故产妇不宜过早食用。

营养黄金组合

- 莲藕+桂圆=补血养颜
  莲藕与桂圆均含丰富的铁质，对贫血之人、孕产妇颇为适宜。
- 莲藕+莲子=补肺益气
  莲藕有止血作用，莲子有滋阴除烦的功效，两者同食有补肺益气、除烦止血的作用。

选购 要挑选外皮呈黄褐色，肉肥厚而白的。

保存 用保鲜膜包好，放入冰箱冷藏室。

实用小贴士

莲藕切开之后马上放进醋里去除涩味可以防止变色，但长时间浸泡会流失维生素C和黏蛋白。

炝拌莲藕

材 料 莲藕400克，青椒、甜椒各25克

调 料 盐4克，糖20克，干辣椒10克，香油适量

做 法

1.莲藕洗净，去皮，切薄片；青椒、甜椒洗净，斜切圈备用。2.将藕片、青椒、甜椒放入开水中稍烫，捞出，沥干水分，放入容器中。3.把盐、糖、干辣椒放在莲藕上；香油烧开，倒在莲藕上，搅拌均匀，装盘即可。

专家点评 降低血压

橙子藕片

材 料 莲藕300克，橙子1个

调 料 橙汁20克

做 法

1.莲藕去皮后切成薄片；橙子洗净切成片。2.锅中加水烧沸，下入藕片煮熟后捞出。3.将莲藕与橙片拌匀，再加入橙汁即可。

专家点评 排毒瘦身

酸辣藕丁

材 料 莲藕400克，小米椒30克，泡椒30克

调 料 盐4克，鸡精1克，陈醋10克，香油5克

做 法

1.将莲藕清洗净泥沙，切成小丁后，放入沸水中稍烫，捞出沥水备用。2.将小米椒、泡椒切碎备用。3.锅上火，加入油烧热，放入小米椒、泡椒炒香，加入莲藕丁，调入调味料，炒匀入味即可。

专家点评 开胃消食

田园小炒

材 料 甜豆、黑木耳各100克，莲藕、胡萝卜各200克

调 料 生抽20克，盐、味精各5克，香油10克

做 法

1.甜豆洗净，切长条待用；莲藕洗净，切薄片；黑木耳洗净，水发；胡萝卜洗净，切小块。2.锅烧热加油，然后放进全部原料与生抽一起滑炒，快熟时下盐、味精，炒匀，淋上香油装盘即可。

专家点评 保肝护肾

黑豆红枣莲藕猪蹄汤

材 料 莲藕200克，猪蹄150克，黑豆25克，红枣8颗，当归3克

调 料 清汤适量，盐6克，姜片3克

做 法

1.莲藕洗净切成块；猪蹄洗净斩块；黑豆、红枣洗净浸泡20分钟备用。2.净锅上火倒入清汤，下入姜片、当归，调入盐烧开，下入猪蹄、莲藕、黑豆、红枣煲至熟即可。

专家点评 补血养颜

莲藕猪心煲莲子

材 料 猪心350克，莲藕100克，口蘑35克，火腿30克，莲子10克

调 料 色拉油10克，盐6克，葱、姜、蒜各3克

做 法

1.猪心洗净、切块、汆水；莲藕去皮、洗净、切块；口蘑洗净、切块；火腿切块；莲子洗净备用。2.煲锅上火倒入色拉油，将葱、姜、蒜爆香，下入猪心、莲藕、口蘑、火腿、莲子煸炒，倒入水，调入盐煲至熟即可。

茄子

功效

1.降低血压：茄子中的维生素P能增强人体细胞间的黏着力，降低胆固醇，可保持微血管的坚韧性，同时有降低高血压、防止微血管破裂的特殊功能。
2.增强免疫力：茄子含有丰富的维生素E、维生素P等营养成分，常吃可以增强人体的免疫力。

食用禁忌

- 茄子+蟹=导致腹泻
  蟹肉与茄子同食，有损肠胃，会导致腹泻。
- 茄子+墨鱼=损肠胃
  茄子与墨鱼同食，容易对人的肠胃产生危害。
- 肺结核、关节炎病人、体弱胃寒的人忌食。

营养黄金组合

- 茄子+青椒=清火祛毒
  茄子与青椒同食，有清火祛毒的作用。
- 茄子+豆腐=增强营养
  茄子有保护血管、防止出血的作用。豆腐有益气养血、健脾的作用，含有丰富的人体所需的营养素。两者同食，可通气、顺肠、平衡营养。

选购 新鲜的茄子为深紫色，有光泽，柄未干枯。

保存 用保鲜膜封好置于冰箱中可保存1周左右。

实用小贴士

茄子存放时要特别注意不能沾水，一旦沾了水，微生物乘机侵入茄子里面，会引起茄子肉的腐烂变质。

五味茄子

材 料 茄子500克，猪肉、胡萝卜丁各200克，米豆腐丁100克，豌豆50克

调 料 盐4克，味精2克，料酒、甜面酱各适量

做 法

1.茄子洗净，切条；猪肉洗净，切末；豌豆洗净备用。2.茄子入锅蒸熟，捞出，放碗里；油锅烧热，放入肉末、豌豆，加盐、料酒、甜面酱炒匀。3.七成熟时，加入胡萝卜丁、米豆腐丁炒匀，再放入味精炒匀，倒在茄子上，食用时搅拌均匀即可。

肉末茄子

材 料 茄子80克，肉馅20克

调 料 蒜末少许，盐少许

做 法

1.茄子洗净后，切块，过热油后沥油备用。2.将油放入锅中，开大火，待油热后将蒜末放入，至蒜香味溢出后放入肉馅、茄子拌炒，再加入盐调味即可。

专家点评 开胃消食

芝麻酱茄子

材 料 茄子2根

调 料 蒜头2瓣，芝麻酱50克，盐3克，味精2克，香油少许

做 法

1.蒜头拍碎，切成末。2.将芝麻酱、盐、味精、香油拌匀。3.茄子洗净，切条状，装入盘中，淋上拌匀的调料，入锅蒸8分钟即可。

专家点评 增强免疫

双椒蒸茄子

材 料 茄子300克，红椒、青椒各30克

调 料 盐3克，香油适量

做 法

1.茄子洗净，切条；青椒、红椒去蒂洗净，切条状。2.将切好的茄子、青椒、红椒加盐调味，摆好盘，入蒸锅蒸熟后取出，淋上香油即可。

专家点评 降低血压

旱蒸茄子

材 料 茄子400克

调 料 盐3克，葱、姜、蒜各5克，红椒10克，酱油、醋各适量

做 法

1.茄子去蒂洗净，切条状；葱洗净，切花；姜、蒜均去皮洗净，切末；红椒去蒂洗净，切圈。2.将茄子装盘，入蒸锅蒸熟后取出备用。3.锅下油烧热，入姜、蒜、红椒爆香，加盐、酱油、醋调味，入葱花略炒，淋在茄子上即可。

豆腐茄子苦瓜煲鸡

材 料 卤水豆腐100克，茄子75克，苦瓜45克，鸡脯肉30克

调 料 盐3克，高汤适量

做 法

1.豆腐洗净切块；茄子、苦瓜分别去皮洗净切块；鸡脯肉切小块。2.炒锅上火，倒入高汤，下入豆腐、茄子、苦瓜、鸡脯肉，调入盐煲至熟即可。

专家点评 养心润肺

洋葱

功效

1.降低血压：洋葱含有的前列腺素A能扩张血管、降低血液黏度，因而可以降血压、预防血栓形成。

2.防老抗衰：洋葱中所含的矿物质硒是一种很好的抗氧化剂，能增强细胞的活力和代谢功能，有助于抗衰老。

3.降低血糖：洋葱能帮助细胞更好地利用葡萄糖，同时降低血糖，供给脑细胞热能，是糖尿病、神志委顿患者的食疗佳蔬。

食用禁忌

- 洋葱+蜂蜜=会损伤眼睛

  洋葱和蜂蜜同食，会使眼睛不适，甚至会引起失明。

- 洋葱+黄豆=降低钙吸收

  两者同食，过量的磷会影响钙质的吸收。

- 患有眼疾、眼部充血者忌食，肺胃发炎者少食。

营养黄金组合

- 洋葱+鸡蛋=营养减肥

  鸡蛋有丰富的营养，洋葱能促进血液循环、新陈代谢，两者同食，是减肥的好伴侣。

- 洋葱+牛肉=防癌

  牛肉与洋葱同食，能提高机体抗病能力，协同洋葱所具有的防癌作用，可以加强防癌效果。

选购　以球体完整，没有裂开，表皮完整光滑的为佳。

保存　放置在阴凉通风处可保存1周左右。

实用小贴士

切洋葱时在菜板旁放一盆凉水，边蘸水边切，可有效地减轻辣味的散发，防止流泪。

洋葱拌豆干

材 料　豆干、熟花生米、洋葱各100克，青椒、红椒各少许

调 料　盐3克，醋6克，香菜、香油各适量

做 法

1.豆干洗净切条；洋葱、青椒、红椒洗净，切丝；香菜洗净。2.锅内注水烧沸，将豆干、洋葱、青椒、红椒焯熟，捞起沥干，再放入熟花生米、香菜，加盐、醋、香油拌匀即可。

专家点评　增强免疫

红油洋葱肚丝

材 料　猪肚250克，洋葱250克，红尖椒30克，红油10克

调 料　葱20克，蒜10克，香油10克，盐3克

做 法

1.将猪肚洗净，用盐腌去腥味，洗去盐分，入沸水汆熟，捞出沥干水分，切丝。2.洋葱洗净切丝，入沸水中焯熟；葱洗净切花；红尖椒切圈；蒜去衣剁成蒜蓉。3.将葱、蒜、红尖椒、红油、香油、盐拌匀，淋到猪肚丝、洋葱丝上即可。

专家点评　开胃消食

洋葱炒猪肝

材 料 猪肝150克，洋葱100克

调 料 盐、味精各3克，酱油、香油、葱、姜、辣椒各适量

做 法

1.猪肝洗净，切小块，加盐、味精、酱油腌15分钟；葱洗净，切段；姜、辣椒、洋葱洗净，切片。2.炒锅置火上，放油烧热，下入辣椒、姜片、葱炒香，放入猪肝炒熟，加洋葱炒香。3.下盐、味精、酱油、香油调味，炒匀即可。

洋葱鸡

材 料 鸡、小洋葱各适量

调 料 盐、味精、醋、老抽、香油、葱各适量

做 法

1.鸡洗净；葱洗净；小洋葱洗净；用盐、老抽调成汁，均匀地涂抹在鸡身上，腌渍5分钟后，将鸡放入蒸锅中蒸熟后拿出，切成块，并装入碗中，加入盐、味精、醋、老抽、香油拌匀。2.沥干入盘，食用时用小洋葱、葱搭配即可。

专家点评 增强免疫

洋葱排骨汤

材 料 洋葱150克，排骨200克

调 料 姜片10克，盐6克，味精3克

做 法

1.排骨洗净砍成小段；洋葱洗净切片。2.将排骨段下入沸水中稍汆后，捞出。3.锅中加水烧开，下入排骨、洋葱、姜片一起炖熟后，调入盐、味精即可。

专家点评 降低血压

猪头肉煲洋葱

材 料 熟猪头肉175克，茭白75克，洋葱45克，水发木耳5克

调 料 酱油少许

做 法

1.将熟猪头肉、茭白、洋葱均切方块，水发木耳洗净撕成小朵备用。2.净锅上火倒入水，调入酱油，下入熟猪头肉、茭白、洋葱、水发木耳，煲至熟即可。

专家点评 滋阴助阳

竹 笋

功效

1.排毒瘦身：竹笋的植物纤维可以增加肠道水分的储留量，促进胃肠蠕动，降低肠内压力，减少粪便黏度，使粪便变软，易于排出，促进代谢，有利于减肥。

2.增强免疫力：竹笋中植物蛋白、维生素及微量元素的含量均很高，有助于增强机体的免疫功能，提高防病抗病能力。

3.降低血压：竹笋具有低糖、低脂的特点，富含植物纤维，可减少体内多余脂肪，可预防高血压。

食用禁忌

- 竹笋+鹧鸪肉=发生头痛

  竹笋与鹧鸪肉同食，会发生头痛和咽喉脓肿。

- 竹笋+羊肝=易生结石

  竹笋与羊肝同食，容易使人产生结石。

- 患有胃溃疡、胃出血、低钙病人不宜多吃。

营养黄金组合

- 竹笋+鸡肉=益气补精

  竹笋性甘，鸡肉性温，二者同食具有暖胃、益气、补精的功效。

- 竹笋+粳米=润肠排毒

  竹笋与粳米煮成粥同食，有利于促进代谢，润肠排毒。

选购 选购竹笋首先看色泽，具有光泽的为上品。

保存 竹笋适宜在低温条件下保存1周左右。

实用小贴士

竹笋买回来如果不马上吃，可在笋的切面上涂抹一些盐，放入冰箱冷藏室，这样就可以保证其鲜嫩度及口感。

美味竹笋尖

材 料 竹笋尖200克

调 料 盐3克，味精1克，醋6克，生抽10克，香油12克，红椒适量，香菜少许

做 法

1.竹笋洗净，切成斜段；红椒洗净，切丝；香菜洗净。2.锅内注水烧沸，放入竹笋条、红椒丝焯熟后，捞起沥干装入盘中。3.加入盐、味精、醋、生抽、香油拌匀后，撒上香菜即可。

专家点评 降低血糖

浏阳脆笋

材 料 干笋300克

调 料 盐3克，味精1克，醋6克，生抽8克，红椒少许，芹菜梗适量

做 法

1.干笋洗净，泡发至回软，切成小段备用；红椒洗净，切丝；芹菜梗洗净，切段。2.锅内注水烧沸，放入竹笋、红椒、芹菜梗焯熟后，捞起沥干，将竹笋放入盘中。3.加入盐、味精、醋、生抽拌匀，撒上芹菜梗、红椒即可。

竹笋炒肉丝

材 料 竹笋150克，猪肉100克，红椒5克

调 料 葱5克，盐、味精各4克，酱油10克，水淀粉10克

做 法

1.竹笋去皮，洗净，切丝，入水焯一下；葱洗净，切段；红椒洗净，切丝。2.猪肉洗净，切丝，放盐、水淀粉腌约半个小时。3.油锅烧热，入红椒、肉丝爆香，放竹笋、葱段翻炒，入盐、味精、酱油调味后出锅即可。

专家点评 降低血脂

雪里蕻春笋

材 料 春笋300克，雪里蕻100克，毛豆80克

调 料 酱油15克，白糖10克，香油10克，盐3克

做 法

1.春笋去壳后切成丁；雪里蕻洗净切成细末；毛豆加热水煮熟捞出取粒。2.锅置火上，放油烧热，投入笋丁、雪里蕻末和毛豆粒炒约3分钟。3.加入酱油、盐翻炒匀，放入白糖调味后起锅，淋入香油即成。

专家点评 开胃消食

春笋丁

材 料 春笋150克，鸡蛋4个

调 料 葱段50克，香油5克，盐4克

做 法

1.春笋洗净切丁；鸡蛋打散。2.炒锅置火上，放油烧热，放入鸡蛋滑熟，盛出。3.另起锅，将忽段与笋丁下锅煸炒，再放入鸡蛋翻炒，加入盐和香油翻炒均匀，盛入盘内即成。

专家点评 降低血糖

笋干鱿鱼丝

材 料 鱿鱼干400克，笋干200克，芹菜少许

调 料 盐3克，味精1克，醋8克，酱油15克，青椒、红椒各少许

做 法

1.鱿鱼、笋干泡发，洗净，切丝；青椒、红椒洗净，切丝；芹菜洗净，切段。2.锅内注油烧热，放入鱿鱼丝翻炒至将熟，加入笋干、芹菜、青椒、红椒炒匀。3.炒熟后，加入盐、醋、酱油、味精调味，起锅装盘即可。

笋尖烧牛肉

材 料 牛肉250克，鲜笋200克，油菜250克

调 料 葱花25克，姜片、酱油、料酒各20克，盐5克

做 法

1.牛肉洗净切片；笋洗净切片。2.油菜洗净，焯熟装盘摆好。3.锅下油，旺火将油烧热，爆热姜片，放牛肉、料酒下锅翻炒，七成熟时加笋片、酱油、葱花、盐，继续翻炒至熟，出锅与油菜装盘即可。

专家点评 降低血压

干煸冬笋

材 料 嫩冬笋尖300克，红椒10克，青椒10克

调 料 盐、味精各适量

做 法

1.冬笋洗净，切成条。2.锅中放油烧热，投入冬笋条炸至出水后捞出；待油温上升时，再炸至焦黄，捞出沥干油。3.锅烧热，下少许油，入笋翻炒，加青椒、红椒、盐和味精炒熟即成。

专家点评 开胃消食

冬笋腊肉

材 料 冬笋150克，腊肉250克，蒜苗、红椒各50克

调 料 盐3克，香油、水淀粉各10克，红油20克

做 法

1.冬笋、腊肉洗净切成片；蒜苗洗净切成段；红椒洗净切成片。2.锅置炉上，将冬笋、腊肉汆水后分别捞起；锅内留油，下腊肉，将腊肉煸香，盛出待用。3.锅洗净，放油，下冬笋、红椒片，调入盐翻炒，下煸好的腊肉、蒜苗，用水淀粉勾少许芡，淋香油、红油，出锅装盘。

蛋丝冬笋汤

材 料 鸡蛋1个，冬笋300克

调 料 味精1克，食盐适量，葱花5克

做 法

1.鸡蛋打入碗内调匀；冬笋去皮，洗净，切成细丝放于盘中。2.炒锅上火，放入油烧热，倒鸡蛋液，做成蛋皮，出锅切成2厘米长的细丝。3.锅上火，加入适量清汤，加入葱花，开锅后倒入冬笋丝、蛋丝煮熟，撒入味精和盐调匀即可。

专家点评 补血养颜

香菇冬笋煲小鸡

材 料 小公鸡250克，鲜香菇100克，冬笋65克，油菜8棵

调 料 盐少许，味精5克，香油2克，葱、姜各3克

做 法

1.将小公鸡洗净，剁块汆水；香菇去根洗净；冬笋切片；油菜洗净备用。2.炒锅上火倒入油，将葱、姜爆香，倒入水，下入鸡肉、香菇、冬笋，调入盐、味精烧沸，放入油菜，淋入香油即可。

专家点评 增强免疫

冬笋煲肘子

材 料 猪肘子1个，冬笋75克，枸杞10克

调 料 盐6克，葱、姜片各3克

做 法

1.肘子洗净、汆水；冬笋洗净、切块；枸杞洗净备用。2.煲锅上火倒入水，下入肘子、冬笋、枸杞烧开，调入盐、葱、姜片煲至熟即可。

专家点评 增强免疫

干贝冬笋瘦肉羹

材 料 猪瘦肉200克，冬笋50克，干贝30克，鸡蛋1个，红椒丁适量

调 料 花生油20克，盐少许，味精、葱各3克，高汤适量

做 法

1.猪瘦肉洗净切末；冬笋切丁；干贝洗净备用。2.炒锅上火倒入花生油，将葱、红椒丁、瘦肉末炝香，倒入高汤，调入盐、味精，下入笋丁、干贝煲至熟，淋入蛋液即可。

冬笋鱼块煲

材 料 草鱼300克，清水冬笋100克

调 料 盐少许，鸡精2克，胡椒粉4克

做 法

1.草鱼洗净斩块；清水冬笋洗净切块备用。2.净锅上火倒入水，调入盐、鸡精，下入鱼块、清水冬笋煲至熟，调入胡椒粉即可。

专家点评 排毒瘦身

莴笋

功效

1.提高免疫力：莴笋中的维生素A和叶酸对提高机体免疫力有着很好的作用。

2.开胃消食：莴笋中特有的氟元素能改善消化系统，刺激消化液的分泌，能改善因久坐缺乏锻炼引起的食欲不振、消化不良等问题，从而促进食欲。

3.排毒瘦身：莴笋中富含的膳食纤维能加速肠道的蠕动，加快体内毒素排出体外，有效地预防便秘，美体瘦身。

食用禁忌

- 莴笋+胡萝卜=营养流失
  莴笋与胡萝卜同时食用，易导致营养的流失。
- 莴笋+蜂蜜=腹痛腹泻
  蜂蜜与莴笋两者同食，极易导致腹痛、腹泻。
- 视力弱者、眼疾、夜盲症患者忌食。

营养黄金组合

- 莴笋+蒜苗=防治高血压
  莴笋可清热解毒，蒜苗可解毒杀菌，二者同食可有效预防高血压。
- 莴笋+猪蹄=清热解毒
  莴笋与猪蹄同食，有清热解毒、补血通乳、利尿的功效。

选购 挑选叶绿、根茎粗壮、无腐烂疤痕的新鲜莴笋。

保存 建议现买现食，在冷藏条件下保存不宜超过1周。

实用小贴士

先将莴笋的叶和根都去掉，在自来水的冲淋下，莴笋的皮就很容易削下来了。

炝拌三丝

材料 莴笋500克，黄瓜250克，红辣椒50克

调料 葱花5克，姜末5克，花椒油25克，盐3克，醋10克

做法

1.莴笋削去皮，洗净，直刀切成细丝；黄瓜洗净，切丝；红辣椒洗净，切成丝。2.将全部调味料拌匀成味汁。3.将做法1中的三丝放入盘中，淋上味汁，拌匀即可。

专家点评 降低血压

甜蜜四宝

材料 红枣30克，莴笋、核桃仁、百合、板栗肉各50克

调料 生抽20克，盐5克，香油10克，味精5克

做法

1.莴笋去皮，洗净切丁；红枣、核桃仁、百合、板栗肉洗净。2.锅烧热放油，油炒热时加入所有备好的原料，炒熟，然后放生抽、盐、味精、香油炒匀，装盘即可。

专家点评 排毒瘦身

葱油莴笋鸡翅

材 料 鸡翅4个，莴笋200克，葱4根，鸡蛋1个

调 料 生抽5克，料酒5克，鸡精3克，白糖2克，盐5克，胡椒粉5克

做 法

1.鸡翅洗净切块；莴笋去皮切丁；葱切段。2.鸡蛋打入碗中搅匀后放入鸡块，调入盐、胡椒粉、鸡精拌匀，入油锅炸至金黄色后捞出。3.锅中留少许底油，下入鸡块、莴笋丁，调入生抽、料酒、盐、鸡精和白糖炒熟后，撒入葱段即可。

莴笋烧肚条

材 料 猪肚200克，莴笋150克

调 料 盐、料酒、红油、大蒜、青椒、红椒各适量

做 法

1.莴笋去皮，切条，焯熟后摆盘；猪肚洗净，汆水后捞出，切条；青椒、红椒均洗净，切条；大蒜去皮，切丁。2.油锅烧热，入青红椒、大蒜炒香，放入猪肚炒片刻，注入水烧开。3.续烧至肚条熟透、汤汁浓稠时，调入盐、料酒、红油拌匀，起锅置于莴笋条上即可。

莴笋猪蹄汤

材 料 猪蹄200克，莴笋100克，胡萝卜30克

调 料 盐、高汤各适量，味精3克

做 法

1.猪蹄斩块，汆水；莴笋去皮洗净切块；胡萝卜洗净切块备用。2.锅上火倒入高汤，放入猪蹄、莴笋、胡萝卜，调入盐、味精，煲至熟即可。

专家点评 提神健脑

老鸭莴笋枸杞煲

材 料 莴笋250克，老鸭150克，枸杞10克

调 料 盐少许，胡椒粉3克，葱、姜、蒜各2克

做 法

1.莴笋去皮洗净切块；老鸭洗净斩块汆水；枸杞洗净备用。2.煲锅上火倒入水，调入盐、葱、姜、蒜，下入莴笋、老鸭、枸杞煲至熟，调入胡椒粉即可。

专家点评 增强免疫

黄瓜

功效

1.排毒瘦身：黄瓜中含有丰富的食物纤维素，它对促进肠蠕动、加快排泄有一定的作用，从而十分有利于减肥。

2.降低血糖：黄瓜中所含的葡萄糖苷、果糖等不参与通常的糖代谢，故糖尿病人以黄瓜代替淀粉类食物充饥，血糖非但不会升高，反而会降低。

3.提神健脑：黄瓜含有维生素B_1，对改善大脑和神经系统功能有利，能安神定志，辅助治疗失眠症。

食用禁忌

- 黄瓜+芹菜=降低营养价值

  黄瓜与芹菜同食，会降低营养价值。
- 黄瓜+花生=导致腹泻

  黄瓜与花生同食，会导致腹泻。
- 脾胃虚、腹痛腹泻、肺寒咳嗽者应少吃。

营养黄金组合

- 黄瓜+泥鳅=滋补养颜

  黄瓜与泥鳅同食，有滋补养颜的功效。

选购　以鲜嫩、外表的刺粒未脱落、色泽绿的为佳。

保存　黄瓜用保鲜膜封好置于冰箱中可保存1周左右。

实用小贴士

在水里加些食盐，把黄瓜浸泡在里面，让容器底部喷出许多细小的气泡，增加水中的含氧量，就可维持黄瓜的呼吸，保持黄瓜新鲜。

蒜泥黄瓜片

材　料　黄瓜300克，蒜20克

调　料　盐3克，味精1克，醋6克，生抽10克，香油12克

做　法

1.黄瓜洗净，切成连刀片；蒜洗净，切末。2.将黄瓜放入盘中。3.用盐、味精、醋、生抽、香油与蒜末调成汁，浇在黄瓜上面即可。

专家点评　降低血压

糖醋黄瓜

材　料　黄瓜2根

调　料　醋50克，砂糖50克，盐5克

做　法

1.将黄瓜洗净，切片备用。2.在黄瓜片中加入盐腌渍入味。3.黄瓜片沥干水分，加入砂糖、醋拌匀即可食用。

专家点评　排毒瘦身

脆炒黄瓜

材 料 瘦肉100克，黄瓜300克，红椒少许

调 料 盐3克，味精1克，醋8克，老抽10克

做 法

1.瘦肉洗净，切成末；黄瓜洗净，取皮切块；红椒洗净，切碎块。2.锅内注油烧热，下肉末爆炒，调入盐、醋、老抽入味，再放黄瓜皮、红椒一起翻炒。3.加入味精调味，起锅装盘即可。

专家点评 降低血糖

老黄瓜炖泥鳅

材 料 泥鳅400克，老黄瓜100克

调 料 盐3克，醋10克，酱油15克，香菜少许

做 法

1.泥鳅洗净，切段；老黄瓜洗净，去皮，切块；香菜洗净。2.锅内注油烧热，放入泥鳅翻炒至变色，注入适量水，并放入黄瓜焖煮。3.煮至熟后，加入盐、醋、酱油调味，撒上香菜即可。

专家点评 保肝护肾

红豆黄瓜猪肉煲

材 料 猪肉300克，黄瓜100克，红豆50克，陈皮3克

调 料 色拉油30克，盐6克，葱5克，高汤适量

做 法

1.猪肉切块、洗净、汆水；黄瓜洗净改滚刀块；红豆、陈皮洗净备用。2.净锅上火倒入色拉油，将葱炝香，下入猪肉略煸，倒入高汤，调入盐，倒入黄瓜、红豆、陈皮，小火煲至熟即可。

专家点评 降低血脂

山药黄瓜煲鸭汤

材 料 鸭块300克，山药150克，黄瓜50克

调 料 花生油30克，盐少许，味精、香油各3克，葱、姜各5克

做 法

1.鸭块洗净；山药、黄瓜洗净切块备用。2.炒锅上火倒入花生油，将葱、姜爆香，倒入水，调入盐、味精，下入鸭块、山药、黄瓜煲至熟，淋入香油即可。

专家点评 增强免疫

冬瓜

功效

1.增强免疫力：冬瓜含有的维生素C，可增强机体对外界环境的抗应激能力和免疫力。

2.排毒瘦身：冬瓜含有的维生素B_1可促使体内的淀粉、糖转化为热能，而不变成脂肪，有助减肥，同时冬瓜也有利尿的功效，有助于把体内的毒素排出。

3.降低血压：冬瓜钾含量高，钠盐含量低，有降低血压的作用。

食用禁忌

- 冬瓜+鲫鱼=容易使人脱水

  冬瓜性凉，鲫鱼性温，同食容易使人脱水。

- 冬瓜+山药=降低滋补效果

  冬瓜与山药同食，会降低山药的滋补效果。

- 阴虚火旺、脾胃虚寒、易腹泻者慎食。

营养黄金组合

- 冬瓜+菠菜=减肥健体

  冬瓜与菠菜同食，具有补虚消肿、减肥健体的功效。

- 冬瓜+绿豆=清热利尿

  冬瓜能利尿，绿豆可清热毒，同食有清热利尿的功效。

选购　要选择外形完整、无虫蛀、无外伤的新鲜冬瓜。

保存　冬瓜放置在阴凉通风处可长时间保存。

实用小贴士

瓜皮呈深绿色，瓜瓤空间较大，并有少许成形瓜子的冬瓜为老瓜。冬瓜宜选老的，嫩冬瓜有潺滑感，不够爽脆鲜甜。

油焖冬瓜

材　料　冬瓜300克，青辣椒20克，红辣椒20克

调　料　葱10克，姜10克，盐3克，酱油3克，鸡精2克

做　法

1.冬瓜去皮、去子，洗净，切三角形厚块，面上划十字花刀；青、红辣椒切块。2.将切好的冬瓜入沸水中稍烫，捞出，沥干水分。3.起锅上油，下入冬瓜焖10分钟，加入辣椒块、所有调味料，炒匀即可。

专家点评　增强免疫

冬瓜双豆

材　料　冬瓜200克，青豆50克，黄豆50克，胡萝卜30克

调　料　盐4克，味精3克，酱油2克，鸡精2克

做　法

1.冬瓜去皮，洗净，切丁；胡萝卜切丁。2.将所有原材料入沸水中稍焯烫，捞出沥水。3.起锅上油，加入冬瓜、青豆、黄豆、胡萝卜和所有调味料一起炒匀即可。

专家点评　排毒瘦身

芝麻酱冬瓜

材 料 冬瓜400克，韭菜10克

调 料 芝麻酱25克，香油5克，盐3克，味精2克，葱10克，花椒油5克

做 法

1.将冬瓜去皮、瓤，切大片；芝麻酱用油、水和好；韭菜洗净，切成末。2.将切好的冬瓜片码入盘中，入锅蒸至熟软。3.锅上火，放入花椒油，下盐、味精，兑上香油，烧热后与和好的芝麻酱一起浇于冬瓜上，撒上韭菜末、葱段即可。

冬瓜红豆汤

材 料 红豆150克，冬瓜300克

调 料 盐5克

做 法

1.红豆洗净，以清水浸泡后沥干；冬瓜削皮去瓤，洗净，切块。2.锅中加水，放入红豆以大火煮开后，转小火续煮20分钟。3.冬瓜入锅转大火煮沸后，转中火煮至冬瓜变透明，加盐调味即成。

专家点评 补血养颜

材 料 冬瓜200克，猪排骨175克，鲜蘑50克

调 料 清汤适量，盐6克，姜片5克

做 法

1.将冬瓜去皮、子，洗净切片；猪排骨洗净斩块焯水；鲜蘑洗净备用。2.净锅上火倒入清汤，下入猪排骨、冬瓜、鲜蘑、姜片，调入盐煲至熟即可。

专家点评 降低血压

牛肉煲冬瓜

材 料 熟牛肉200克，冬瓜100克

调 料 色拉油25克，盐少许，味精、酱油、葱、姜各3克，香菜2克

做 法

1.熟牛肉切块；冬瓜去皮、子，洗净切成滚刀块备用。2.炒锅上火，倒入色拉油，将葱、姜炝香，倒入水，调入盐、味精、酱油，放入熟牛肉、冬瓜煲至成熟，撒入香菜即可。

专家点评 养心润肺

南瓜

功效

1.降低血糖：南瓜含有丰富的钴，是人体胰岛细胞所必需的微量元素，这一点是其他任何蔬菜都无法相比的。可与氨基酸一起促进胰岛素的分泌，对防治糖尿病、降低血糖有特殊的疗效。

2.增强免疫力：南瓜中所含的锌可促进蛋白质合成，与胡萝卜素一起作用，可提高机体的免疫能力。

食用禁忌

- 南瓜+蟹=腹泻、腹痛

  南瓜与蟹肉同食，极易导致腹泻、腹痛。
- 南瓜+虾=导致痢疾

  南瓜与虾同食，易导致痢疾。
- 脚气、黄疸患者忌食。

营养黄金组合

- 南瓜+猪肉=增加营养

  南瓜具有降血糖的作用，猪肉有较好的滋补作用，同食对身体更加有益。
- 南瓜+绿豆=清热解毒

  南瓜与绿豆都具有降低血糖的作用，同食还可起到清热解毒的作用。

选购 要选择个体结实、表皮无破损、无虫蛀的南瓜。

保存 置于阴凉通风处，可保存1个月左右。

实用小贴士

食用久贮南瓜时，要细心检查，散发酒精味或已腐烂的切勿食用。

脆炒南瓜丝

材 料 嫩南瓜250克

调 料 味精3克，盐2克，香油适量，蒜5克

做 法

1.嫩南瓜洗净切成丝；蒜去皮剁成米粒状。2.锅上火，加油烧热，下入蒜米爆香，再放南瓜丝炒至断生，加味精、盐、香油炒匀，起锅装盘即成。

专家点评 排毒瘦身

蜂蜜蒸老南瓜

材 料 南瓜500克，红枣300克，百合15克，葡萄干15克

调 料 蜂蜜20克

做 法

1.南瓜削去外皮，洗净切片；红枣、百合、葡萄干分别洗净。2.将南瓜片整齐地摆入碗中，旁边摆上红枣，上面撒上百合、葡萄干。3.淋上蜂蜜，入笼蒸25分钟至酥烂即可。

专家点评 开胃消食

八宝南瓜

材料 南瓜300克，糯米100克，蜜饯50克，葡萄干5克，细豆沙5克，莲子15克

调料 白糖50克，糖桂花适量，香油少许

做法

1.南瓜去皮，切块；糯米洗净，用开水煮至断生。2.将蜜饯、葡萄干、莲子、细豆沙、白糖与煮熟的糯米拌匀，装入摆在碗里的南瓜里，上蒸笼蒸至南瓜熟，取出。3.用白糖、糖桂花打汁，淋上少许香油拌匀，浇在成形的八宝南瓜上即可。

豉汁南瓜蒸排骨

材料 南瓜、猪排骨各200克，豆豉20克

调料 辣椒粒5克，盐2克，老抽、料酒、葱花、豉汁各适量

做法

1.猪排骨洗净，剁成块，加盐、料酒、豉汁腌渍入味；豆豉放入油锅内炒香后，去油汁待用；南瓜去皮、瓤，洗净，切成大块排于碗中。2.将排骨放入碗中，入蒸锅蒸半小时，至熟后取出。3.将盐、老抽、料酒、辣椒粒、葱花调成味汁，淋在排骨上即可。

南瓜排骨汤

材料 南瓜250克，排骨150克

调料 盐5克，葱段3克

做法

1.将南瓜洗净，去皮、子，切块；排骨洗净斩块，汆水备用。2.汤锅上火倒入水，调入盐、葱段，下入南瓜、排骨煲至熟即可。

专家点评 保肝护肾

南瓜牛肉汤

材料 南瓜200克，酱牛肉125克

调料 盐3克

做法

1.将南瓜去皮、子，洗净切方块；酱牛肉切块备用。2.净锅上火倒入水，调入盐烧开，下入南瓜、酱牛肉煲至熟即可。

专家点评 增强免疫

苦瓜

功效

1.开胃消食：苦瓜中的苦瓜苷和苦味素能增进食欲，起到开胃消食的功效。

2.增强免疫力：苦瓜中的蛋白质成分及大量维生素C能提高机体的免疫功能。

3.降低血糖：苦瓜的新鲜汁液，含有苦瓜苷和类似胰岛素的物质，具有良好的降血糖作用，是糖尿病患者的理想食品。

4.排毒瘦身：苦瓜中含有丰富的维生素B_1，它能控制脂肪的生产，达到排毒瘦身的目的。

食用禁忌

- 苦瓜+茶=伤胃

苦瓜性寒，与茶同食，茶碱会对胃有伤害。

- 苦瓜+滋补药=降低滋补效果

苦瓜与滋补药同食，会降低滋补效果。

- 孕妇忌食。脾胃虚寒者不宜食用。

营养黄金组合

- 苦瓜+鸡蛋=增强营养

鸡蛋营养丰富，与苦瓜同食可提供人体全面营养。

- 苦瓜+猪肝=增强免疫力

苦瓜与猪肝同食，可为人体提供丰富的营养成分，有清热解毒的功效，经常食用有利于增强免疫力。

选购　要选择颜色青翠、新鲜的苦瓜。

保存　苦瓜不宜冷藏，置于阴凉通风处可保存3天左右。

实用小贴士

苦瓜洗净切成条，然后用凉水漂洗，边洗边轻轻捏，如此反复漂洗三四次，可除苦味。

炝拌苦瓜

材　料　苦瓜500克

调　料　盐4克，味精2克，生抽8克，干辣椒、香油各适量

做　法

1.苦瓜洗净，剖开去瓤，切块备用。2.将苦瓜放入开水中稍烫，捞出，沥干水分，放入容器。3.苦瓜中加入盐、味精、生抽、干辣椒；香油烧开，淋在苦瓜上，搅拌均匀，装盘即可。

专家点评　开胃消食

苦瓜炒鸡蛋

材　料　苦瓜、鸡蛋各150克，红椒适量

调　料　盐3克，香油10克

做　法

1.鸡蛋磕入碗中，搅匀；苦瓜、红椒均洗净，切片。2.油锅烧热，倒入鸡蛋液炒熟后盛起；锅内留油烧热，下苦瓜、红椒翻炒片刻。3.再倒入鸡蛋同炒，调入盐炒匀，淋入香油即可。

专家点评　增强免疫

大刀苦瓜

材 料 苦瓜300克

调 料 盐、味精各3克，生抽、豆豉、红辣椒、蒜头各15克

做 法

1.苦瓜去瓤洗净，切成条状，入开水中焯至断生；红辣椒洗净，切圈；蒜头洗净，去皮，切蓉。2.锅置火上，放油烧至六成热，下入红辣椒、蒜头炒香，再下入苦瓜，翻炒均匀。3.加入盐、味精、生抽、豆豉调味，盛盘即可。

鸡蓉酿苦瓜

材 料 鸡脯肉200克，苦瓜250克，辣椒片适量

调 料 葱2根，姜1块，盐5克

做 法

1.苦瓜切成段，掏空；鸡脯肉洗净剁成蓉；葱、姜切末后加入鸡蓉中，调入盐拌匀。2.锅中水煮沸后放油和盐，入掏空的苦瓜过水焯烫后捞起，将调好味的鸡蓉灌入苦瓜圈中，再装入盘中。3.将盘放入锅中蒸约20分钟至熟，再摆好辣椒片作装饰即可。

苦瓜海带瘦肉汤

材 料 苦瓜150克，猪瘦肉75克，海带结50克

调 料 色拉油20克，盐6克，味精2克，姜末3克，香油5克，胡椒粉3克

做 法

1.苦瓜洗净去子切成片；猪瘦肉洗净切片；海带结洗净备用。2.净锅上火倒入色拉油，将姜末爆香，下入肉片煸炒，再下入苦瓜，倒入水，调入盐、味精烧沸，下入海带煲至熟，调入胡椒粉，淋入香油即可。

猪肚苦瓜汤

材 料 熟猪肚200克，苦瓜125克

调 料 高汤适量，盐3克，姜片4克

做 法

1.熟猪肚切块；苦瓜洗净，切条去子备用。2.汤锅上火倒入高汤，调入盐、姜片，下入熟猪肚、苦瓜煲至熟即可。

专家点评 增强免疫

蒜薹

功效

1.降血脂：蒜薹中含有丰富的维生素C，具有明显的降血脂及预防冠心病和动脉硬化的作用，并可防止血栓的形成。

2.排毒瘦身：蒜薹外皮含有丰富的纤维素，可刺激大肠排便，调治便秘，帮助排清身体的毒素，起到瘦体的功效。

食用禁忌

- 蒜薹+蜂蜜=引起腹泻

  蒜薹与蜂蜜同食，会引腹部不适，引起腹泻。

- 蒜薹+狗肉=刺激胃肠黏膜

  蒜薹与狗肉同食，会刺激胃肠黏膜。

- 消化功能不佳的人宜少吃。

营养黄金组合

- 蒜薹+牛肉=降血脂

  蒜薹与牛肉同食，不但清爽开胃，还可以降血脂。

- 蒜薹+木耳=增强免疫力

  蒜薹对于脾胃虚弱、泄泻不止有辅助治疗作用；木耳益气养肺、凉血止血。两者同食，其效大增。

选购 选购茎部嫩白，尾端不黄、不裂口的为佳。

保存 单独利用0℃的低温，可以贮藏两个月。

实用小贴士

将蒜薹放在室内阴凉潮湿处，用潮湿的黄沙盖上，可以保持7~10天不变色。但蒜薹不宜保存时间过长，否则会变老从而影响口感。

蒜薹腰花

材 料 猪腰2对，蒜薹50克，红椒20克

调 料 盐、味精、料酒、老抽各适量，葱花、姜末、蒜末各5克

做 法

1.猪腰去腰臊洗净，切麦穗花刀，下调味料腌入味，上浆备用；蒜薹洗净，切段；红椒洗净。2.猪腰入油锅中滑散。3.锅留底油，再下姜、蒜炝锅，下入红椒、蒜薹、腰花和调味料，翻炒至入味即可。

专家点评 养心润肺

牛柳炒蒜薹

材 料 牛柳250克，蒜薹250克，胡萝卜100克

调 料 料酒15克，淀粉20克，酱油20克，盐5克

做 法

1.牛柳洗净，切成丝，加入酱油、料酒、淀粉上浆。2.蒜薹洗净切段;胡萝卜洗净切丝。3.锅烧热入油，然后加入牛柳、蒜薹、胡萝卜丝翻炒至熟，加盐炒匀，出锅即可。

专家点评 降低血脂

扁豆

功效

1.开胃消食：扁豆含有的维生素B_5，具制造抗体功能，在增强食欲方面有好的效果。扁豆功在健脾和中，有利于暑湿邪气的祛除。可用于夏伤暑湿，脾胃不和所致的呕吐、泄泻。

2.排毒瘦身：扁豆富含的膳食纤维，有促进肠道蠕动、减少食物在肠道中停留时间的作用，可以排除体内的毒素。

食用禁忌

- 扁豆+帕吉林=升高血压

  扁豆与帕吉林同食，会降低药效、升高血压。
- 扁豆+火麻仁=功效相抵

  扁豆与火麻仁同食，会功效相抵。
- 尿路结石者忌食。

营养黄金组合

- 扁豆+猪肉=健脾化湿

  扁豆与猪肉同食，有健脾化湿、增强体质的功效。
- 扁豆+土豆=防治肠炎

  扁豆与土豆同食，可防治急性肠胃炎、呕吐腹泻。

选购 要选择完整、新鲜的扁豆食用。

保存 扁豆用保鲜膜封好，放入冰箱中，可长期保存。

实用小贴士

烹调前应将豆筋摘除，否则既影响口感，又不易消化。

椒丝扁豆

材 料 青、红椒共100克，扁豆200克

调 料 盐4克，味精3克，姜5克

做 法

1.将扁豆洗净切丝；姜、辣椒切丝。2.往锅中加水，烧沸，下入扁豆丝，焯水后，捞出。3.油烧热，下姜丝、扁豆、辣椒丝爆炒熟，调入盐、味精，炒匀即可。

专家点评 排毒瘦身

扁豆炖排骨

材 料 排骨500克，扁豆200克

调 料 盐3克，味精2克，醋8克，老抽15克，糖适量

做 法

1.扁豆洗净，切去头尾；排骨洗净，剁成块。2.油锅烧热，入排骨翻炒至金黄色时，调入盐，再放扁豆，并烹入醋、老抽、糖炖煮。3.至汤汁收浓时，加入味精调味，起锅装盘即可。

四季豆

功效

1.降低胆固醇：四季豆中含有可溶性纤维可降低胆固醇，且还富含维生素A和维生素C，可防止胆固醇增高。

2.增强免疫力：四季豆含有皂苷、尿毒酶和多种球蛋白等独特成分，具有提高人体自身的免疫力、增加抗病能力的功效。

3.排毒瘦身：四季豆中的皂苷类物质能降低脂肪吸收功能，促进脂肪代谢，起到排毒瘦身的功效。

食用禁忌

- 四季豆+咸鱼=影响钙质的吸收

  四季豆与咸鱼同食，会影响人体对钙的吸收。

- 四季豆+醋=破坏类胡萝卜素

  两者同食，会破坏类胡萝卜素，使得营养流失。

- 腹胀者不宜食用。

营养黄金组合

- 四季豆+鸡胗=开胃消食

  四季豆与鸡胗搭配同食，具有清凉利尿、消肿、助消化的作用，也能增强人体免疫功能。

- 四季豆+鸡蛋=增加营养

  鸡蛋含有丰富的蛋白质，四季豆与鸡蛋同食，可以为人体提供丰富的营养。

选购 以豆条粗细均匀、色泽鲜艳、子粒饱满的为佳。

保存 四季豆通常直接放在塑胶袋中冷藏。

实用小贴士

四季豆，特别是经过霜打的鲜四季豆，含有大量的皂苷和植物血球凝集素。食用时若没有熟透，则会发生中毒。

干煸四季豆

材 料 四季豆400克

调 料 盐3克，味精2克，鸡精2克，蚝油10克，花椒油15克，蒜3瓣，葱段10克，干辣椒20克

做 法

1.将四季豆择去头尾筋部后切段；干辣椒切段；蒜去皮切片。

2.锅上火，油烧热，放入四季豆，炸至焦干，捞出，沥油备用。

3.锅内留少许底油，放入干椒段、蒜片炒香，加入四季豆，调入所有调味料，放入葱段，炒匀入味即可。

红椒四季豆

材 料 四季豆400克，红椒2个

调 料 盐5克，鸡精2克，油10克，香油5克，蒜3瓣

做 法

1.四季豆去掉头尾的蒂；红椒切成丝；蒜切成片。2.锅内放水烧开后，放入油和四季豆，过水捞出，沥干水分。3.锅内油烧热后，放入红椒丝、蒜炒香，再将四季豆放入锅内一起翻炒，加入盐、鸡精炒匀后，淋入香油即可。

专家点评 排毒瘦身

四季豆炒竹笋

材 料 竹笋350克，四季豆150克，红辣椒3个

调 料 味精2克，盐3克，姜、蒜片15克，白糖3克，淀粉10克

做 法

1.竹笋洗净切片；四季豆去筋，洗净切段；红辣椒洗净切斜段。2.四季豆及竹笋入沸水焯一下，捞起。3.锅放油和盐后投入姜蒜片、红辣椒段、四季豆和笋片炒香，再将其余调料加入后炒匀至熟，勾芡即成。

金沙四季豆

材 料 四季豆300克，咸鸭蛋黄1个

调 料 味精、盐、香油各适量

做 法

1.将四季豆切成长短一致的条，放入沸水中焯熟，取出沥水。2.在四季豆中加味精、盐，再淋上香油少许，拌匀；咸鸭蛋黄切粒。3.四季豆装入盘中，再放上咸鸭蛋黄即可。

专家点评 开胃消食

四季豆鸭肚

材 料 四季豆60克，鸭肚50克

调 料 盐、味精各4克，生抽、香油各10克，辣椒、大葱各15克

做 法

1.四季豆洗净，去老筋，入开水中烫熟，捞起，盛盘；辣椒、鸭肚、大葱洗净，切丝。2.油锅烧热，下鸭肚煸炒，入辣椒、大葱炒香，加水焖3分钟。3.放盐、味精、生抽、香油调味，翻炒均匀，盛盘即可。

四季豆炒鸡蛋

材 料 四季豆200克，鸡蛋4个，红辣椒1个

调 料 盐5克，味精3克，香油适量

做 法

1.将四季豆去除头尾后，洗净，切成菱形块；红辣椒切菱形块；鸡蛋打入碗中，搅匀。2.锅中水烧开，放入四季豆焯烫至熟，捞起。3.锅中油烧热，将打好的鸡蛋汁入锅中，炒成鸡蛋花，再下入四季豆、红辣椒，调入盐、味精、香油，炒匀即可。

豆角

功效

1.增强免疫力：豆角提供了易于消化吸收的优质蛋白质，适量的碳水化合物及多种维生素、微量元素等，可补充机体的营养素，增强免疫能力。豆角中所含维生素C能促进抗体的合成，提高机体抗病毒的能力。

2.开胃消食：豆角所含B族维生素能维持正常的消化腺分泌，抑制胆碱酶活性，可帮助消化，增进食欲。

食用禁忌

- 豆角+桂圆=引起腹胀

  豆角与桂圆同食，会引起腹胀。
- 豆角+糖=影响糖的吸收

  豆角与糖同食，会影响糖的吸收。
- 豆角多食则性滞，故气滞便结者应慎食。

营养黄金组合

- 豆角+猪肉=营养丰富

  豆角与猪肉同食，不但营养丰富，还对动脉硬化、高血压、糖尿病、消化不良、便秘等患者有帮助。
- 豆角+蕹菜=有健脾利湿

  豆角与蕹菜同食，可以用于治疗湿热脾虚之带下。

选购 应选购那些表皮光滑，无破损，无黑斑点的。

保存 直接放在塑胶袋或保鲜袋中冷藏。

实用小贴士

豆角的颜色最能反映鲜嫩程度，绿色不要太绿太深，以刚刚呈现翠绿色为佳。

蒜香豆角

材 料 豆角500克，蒜30克，红辣椒30克

调 料 香油10克，盐3克，味精3克

做 法

1.豆角洗净，切成长段，打结，放开水中焯至断生，捞起沥干水，装盘。2.蒜去衣，剁成蒜泥；红辣椒洗净，切成椒圈。3.锅烧热下油，放红辣椒、蒜泥炝香，盛出，与其他调味料拌匀，淋在豆角上即可。

专家点评 降低血糖

姜汁豆角

材 料 豆角400克，老姜50克

调 料 醋5克，盐3克，香油5克，味精1克，糖少许

做 法

1.豆角过水晾凉后切成长段，盛入盘中。2.将老姜切细、捣烂，用纱布包好挤汁。3.将醋、盐、香油、味精、糖和姜汁调匀，浇在豆角上即可。

专家点评 排毒瘦身

大碗豆角

材 料 豆角200克，红椒、大蒜各20克

调 料 盐3克，味精1克，酱油8克，醋少许

做 法

1.豆角洗净，下入沸水锅中稍焯后，捞出沥水；红椒洗净，切圈；大蒜洗净，切小块。2.锅中注油烧热，放入豆角炒至变色，再放入红椒、大蒜同炒。3.炒至熟后，加入盐、味精、酱油、醋拌匀调味，起锅装盘即可。

专家点评 开胃消食

豆角炒肉末

材 料 豆角300克，瘦肉50克，红椒50克

调 料 盐5克，味精2克，姜末、蒜末各10克

做 法

1.将豆角择洗干净切碎；瘦肉洗净切末；红椒切碎备用。2.锅上火，油烧热，放入肉末炒香，加入红椒碎、姜末、蒜末一起炒出香味。3.放入鲜豆角碎，调入盐、味精，炒匀入味即可出锅。

专家点评 降低血糖

茄子炒豆角

材 料 茄子、豆角各200克

调 料 盐、味精3克，酱油、香油、辣椒各15克

做 法

1.茄子、辣椒洗净，切段；豆角洗净，撕去荚丝，切段。2.油锅烧热，放辣椒爆香，下入茄子、豆角，大火煸炒。3.下入盐、味精、酱油、香油调味，翻炒均匀即可。

专家点评 增强免疫

干豆角扣肉

材 料 干豆角500克，五花肉300克

调 料 八角2个，姜末5克，蒜末5克，味精3克

做 法

1.将干豆角洗净后切成细末；五花肉煮熟，捞起。2.锅中油烧热下五花肉炸至金黄色，捞出切片；锅中留油，放入八角、姜和蒜爆香，将干豆角放入锅中炒匀，调入味精，出锅装入碗中。3.在干豆角上摆好五花肉片，入蒸锅蒸约10分钟后取出，扣盘即可。

毛豆

功效

1.提神健脑：毛豆中的卵磷脂是大脑发育不可缺少的营养之一，有助于改善记忆力和智力水平。

2.排毒瘦身：毛豆中含有丰富的食物纤维，能改善便秘，排毒瘦体。

3.开胃消食：毛豆中的钾含量很高，可以缓解疲乏无力和食欲下降。

4.补血养颜：毛豆的铁含量比较高，也容易吸收，是预防贫血非常好的食物来源，有补血养颜之功效。

食用禁忌

毛豆+黄鱼=破坏维生素吸收

黄鱼与毛豆同食，会把毛豆中的维生素B_1破坏。

毛豆+牛肝=失去营养素功能

毛豆与牛肝同食，会失去营养素功能。

营养黄金组合

毛豆+牛肉=增强免疫力

毛豆中含有丰富的B族维生素，和牛肉同时食用可增强机体免疫力，改善微循环。

毛豆+莲藕=调中开胃

毛豆与莲藕同食，可以清肺利咽，调中开胃。

选购 应选购豆粒饱满、青翠欲滴的。

保存 放在塑胶袋中，放入冰箱冷藏就能保存5～7天。

实用小贴士

将毛豆洗干净，放入锅中焖煮几分钟，再倒入凉水中互相搓洗，这样就很容易剥掉皮了。

毛豆仁拌小白菜

材 料 小白菜200克，毛豆仁100克

调 料 盐3克，味精1克，醋6克，黄、红甜椒各适量

做 法

1.小白菜洗净，撕成片；毛豆仁洗净；黄、红椒洗净，切片，用沸水焯熟备用。2.锅内注水烧沸，分别放入毛豆仁与小白菜焯熟后，捞起装入盘中。3.加入盐、味精、醋拌匀，撒上黄、红椒片即可。

专家点评 排毒瘦身

毛豆仁炒河虾

材 料 河虾、毛豆仁各150克，红椒适量

调 料 盐、味精各3克，香油10克

做 法

1.河虾洗净；毛豆仁洗净，下入沸水锅中煮至八成熟时捞出；红椒洗净，切块。2.油锅烧热，下河虾爆炒，入毛豆仁炒熟，放红椒同炒片刻。3.调入盐、味精炒匀，淋入香油即可。

专家点评 降低血压

毛豆仁烩丝瓜

材 料 毛豆仁350克，丝瓜400克，青、红辣椒各15克

调 料 蒜、葱白各15克，高汤75克，盐3克

做 法

1.丝瓜削皮洗净，斜切成块；青、红辣椒洗净，切圈；葱白洗净，切成段；蒜去皮洗净；毛豆仁洗净。2.锅倒油烧至五成热，炒香葱白、蒜、辣椒，再放入毛豆仁、丝瓜炒熟。3.倒入适量高汤，烧至汤汁将干，加盐调味即可。

毛豆仁焖黄鱼

材 料 毛豆仁50克，黄鱼300克

调 料 盐、味精各3克，料酒、香油各10克，红椒适量

做 法

1.黄鱼洗净，剖成两半；毛豆仁洗净；红椒洗净，切片。2.油锅烧热，放入黄鱼煎至表面金黄，注入清水烧开。3.放入毛豆仁、红椒，盖上锅盖，焖煮20分钟，调入盐、味精、料酒拌匀，淋入香油即可。

专家点评 养心润肺

盐水毛豆瘦肉煲

材 料 鲜毛豆300克，猪瘦肉75克

调 料 盐6克，味精2克，葱、姜片各4克，八角2个

做 法

1.鲜毛豆取仁洗净；猪瘦肉洗净切块备用。2.净锅上火倒入水，调入盐、味精、葱、姜片、八角烧开，下入猪肉、鲜毛豆煲至熟即可。

专家点评 降低血脂

银杏毛豆仁羊肉汤

材 料 羊肉250克，银杏30克，毛豆仁10克

调 料 盐、高汤适量

做 法

1.羊肉洗净、切丁；银杏、毛豆仁洗净备用。2.炒锅上火倒入高汤，下入羊肉、银杏、毛豆仁烧沸，调入盐，煲至熟即可。

专家点评 补血养颜

豆 芽

功效

1.排毒瘦身：豆芽所含的丰富的纤维素可促进肠蠕动，具有通便的作用，这些特点决定了豆芽的减肥作用。

2.保肝护肾：豆芽中的维生素B_2能有效调节肾脏功能，可有效治疗尿频、性功能障碍。

3.增强免疫力：豆芽中含有丰富的维生素C，能促进抗体的形成，有效对抗感染和病毒，提高机体免疫能力。

食用禁忌

- 豆芽+猪肝=降低营养价值

  猪肝与豆芽同食，维生素C会氧化，失去营养价值。

- 豆芽+皮蛋=容易导致腹泻

  豆芽与皮蛋同食，容易导致腹泻。

- 脾胃虚寒者不宜多食。

营养黄金组合

- 豆芽+韭菜=解毒减脂

  豆芽与韭菜同食，能解毒、补虚、通肠利便，有利于肥胖者对脂肪的消耗，有助于减肥。

- 豆芽+鸡肉=降低发病率

  豆芽与鸡肉同食，可以降低心血管疾病及高血压病的发病率。

选购 要选择个体饱满、新鲜的豆芽食用。

保存 豆芽不宜保存，建议现买现食。

实用小贴士

豆芽装入有水的密封容器中，放在冰箱冷藏保存，可保持新鲜，但容器中的水要常换。

黄豆芽拌香菇

材 料 黄豆芽100克，鲜香菇80克

调 料 盐、味精各3克，葱白丝、红椒各30克，香菜末15克，红油适量

做 法

1.黄豆芽洗净焯熟；鲜香菇洗净，焯熟后切片；红椒洗净，焯熟后切丝。2.将黄豆芽、香菇、红椒、葱白丝、香菜末同拌，调入盐、味精拌匀，淋入红油即可。

专家点评 降低血压

绿豆芽拌豆腐

材 料 新鲜绿豆芽20克，豆腐70克，小葱少许

调 料 盐少许

做 法

1.将绿豆芽和小葱切成小段，在沸水中焯熟备用。2.将豆腐切块用开水烫一下，放入碗中，并用勺研成豆腐泥。3.将所有原料混合在一起加盐拌匀即可。

专家点评 排毒瘦身

黄豆芽炒粉条

材 料 黄豆芽、红薯粉各250克

调 料 葱段、干辣椒各30克，盐5克，生抽、醋各10克

做 法

1.黄豆芽洗净；红薯粉条用清水冲洗，再放凉水中浸泡一会儿。2.黄豆芽和红薯粉条均焯水沥干。3.油锅烧热，放干辣椒爆香，黄豆芽、红薯粉条和葱段一起入锅，下剩余调料炒匀，装盘即可。

专家点评 增强免疫

黄豆芽炒大肠

材 料 黄豆芽250克，红椒10克，卤大肠100克

调 料 干葱、蒜蓉、盐适量，鸡精3克，糖2克，XO酱8克，香油少许

做 法

1.卤大肠斜刀切件；红椒洗净，切丝；黄豆芽洗净，入锅中炒至八成熟备用。2.锅中下油，入卤大肠炸至金黄色，捞出控油。3.锅中爆香干葱、蒜蓉、红椒，下黄豆芽、大肠和所有调味料，炒香即可。

蘑菇绿豆芽肉汤

材 料 蘑菇120克，绿豆芽35克，猪瘦肉30克

调 料 花生油10克，盐5克，酱油少许，八角1个

做 法

1.蘑菇洗净切丝；绿豆芽洗净；猪瘦肉洗净切丝备用。2.汤锅上火倒入花生油，将八角爆香，下入肉丝煸炒，烹入酱油，下入蘑菇、绿豆芽略炒，倒入水，调入盐至熟即可。

专家点评 防癌抗癌

冬菇黄豆芽猪尾汤

材 料 猪尾220克，水发冬菇100克，胡萝卜35克，黄豆芽30克

调 料 盐6克

做 法

1.猪尾洗净、斩段、汆水；水发冬菇洗净、切片；胡萝卜去皮、洗净、切块；黄豆芽洗净备用。2.净锅上火倒入水，调入盐，下入猪尾、水发冬菇、胡萝卜、黄豆芽煲至熟即可。

专家点评 补血养颜

辣 椒

功效

1.开胃消食：辣椒中的辣椒素对口腔及胃肠有刺激作用，能增强肠胃蠕动，促进消化液分泌，可改善因感冒引起的食欲不振。
2.增强免疫力：辣椒中的胡萝卜素可提高人体的免疫力，可有效地预防感冒；维生素C和叶酸同样能提高机体的免疫能力，对感冒引起的疲乏无力大有裨益。
3.排毒瘦身：辣椒所含的辣椒素，能够促进脂肪的新陈代谢，有利于降脂减肥。

食用禁忌

- 辣椒+胡萝卜=降低营养价值
  辣椒与胡萝卜一起生吃会降低营养价值。
- 辣椒+酒=导致上火
  酒与辣椒两者共用会导致上火。
- 溃疡、食道炎、咳喘、咽喉肿痛患者应少食。

营养黄金组合

- 辣椒+黄鳝=降低血糖
  辣椒和黄鳝同时食用能起到降血糖的效果。
- 辣椒+苦瓜=增加营养
  辣椒中富含维生素C，苦瓜中含有多种生物活性物质，同食营养更全面，还可美容养颜。

选购　质量好的辣椒表皮有光泽，无破损，无皱缩。

保存　辣椒用保鲜膜封好置于冰箱中可保存1周左右。

实用小贴士

切辣椒时，在菜板旁放一盆凉水，刀边蘸水边切，可有效地减轻辣味的散发，使眼睛不受刺激。

辣椒圈拌花生米

材 料　花生米100克，青、红椒各50克

调 料　芥末、芥末油、香油各5克，盐3克，味精2克，白醋2克，熟芝麻5克

做 法

1.青、红椒均洗净，切圈，放入沸水锅中焯熟晾凉。2.花生米入沸水锅内焯水。3.将芥末、芥末油、香油、盐、味精、白醋、熟芝麻放入青、红椒圈和花生米中拌匀，装盘即成。

专家点评　开胃消食

辣椒拌豆皮

材 料　豆皮250克，鲜红辣椒4个

调 料　葱丝15克，盐3克，白糖少许，白醋、香油各5克

做 法

1.豆皮洗净切成丝，放入沸水中焯熟，捞出，晾凉后盛入盘。2.红辣椒去蒂、子，洗净，切丝，盛于豆皮丝上。3.加入葱丝、调味料，拌匀即可。

专家点评　排毒瘦身

虎皮尖椒

材 料 尖椒10个

调 料 姜丝5克，葱花5克，酱油、白糖、醋、盐、味精各适量

做 法

1.尖椒去柄洗净，切去头尾，使各尖椒长短一致，沥干水分待用。2.将酱油、姜丝、葱花、白糖、醋、盐倒入碗中搅匀待用。3.油锅烧热，入尖椒，煎至皮酥，将配好的调料倒入锅中，加盖焖煮约1分钟，再放入味精调味即可。

双椒爆羊肉

材 料 羊肉400克，青、红椒各50克

调 料 盐4克，味精2克，料酒10克，水淀粉25克，香油10克

做 法

1.羊肉洗净切片，加盐、水淀粉搅匀，上浆；青、红椒洗净斜切成圈备用。2.油锅烧热，放入羊肉滑散，加入料酒，放入青、红椒炒均匀。3.炒至羊肉八成熟时，以水淀粉勾芡，加入味精，炒匀，淋上香油即可。

青椒煸仔鸡

材 料 仔鸡半只，青椒300克

调 料 蒜片10克，香油15克，盐、味精、白糖各适量

做 法

1.仔鸡洗净，改成2厘米见方的块，用盐、味精、白糖码入味；青椒洗净切片待用。2.锅中放入油烧热，下鸡块炸透捞出。3.锅内留少许底油，将青椒、蒜片炒香，再倒入鸡块炒入味，淋香油装盘即可。

专家点评 防癌抗癌

青红椒炒虾仁

材 料 虾仁200克，青辣椒100克，红辣椒100克，鸡蛋1个

调 料 味精、盐、胡椒粉、淀粉各适量

做 法

1.青、红椒洗净切丁，备用。2.虾仁洗净，放入鸡蛋液、淀粉、盐码味后过油，捞起待用。3.锅内留油少许，下青、红椒炒香，再放入虾仁翻炒至入味，起锅前放入胡椒粉、味精、盐调味即可。

辣椒炒黄瓜

材 料 黄瓜200克，青辣椒100克，红辣椒20克

调 料 盐6克，味精3克

做 法

1.黄瓜洗净，切成斜刀片；青辣椒、红辣椒洗净，切成大片。2.锅中加水烧沸，下入黄瓜片、青辣椒片、红辣椒片焯水后捞出。3.将所有原材料下入油锅中，加入盐、味精调味，爆炒2分钟即可。

专家点评 排毒瘦身

杭椒肚条

材 料 牛肚500克，杭椒400克

调 料 料酒、酱油、盐、味精各适量

做 法

1.牛肚洗净，冷水入锅煮好，捞出，切条；杭椒洗净，切段。2.油锅烧热，放入牛肚，加料酒、酱油、盐翻炒均匀；另起油锅，放入杭椒煸软。3.加入牛肚翻炒均匀，加入盐、味精调味，装盘即可。

专家点评 增强免疫

虎皮杭椒

材 料 杭椒500克

调 料 酱油20克，盐、味精、糖各5克，醋10克

做 法

1.杭椒洗净去蒂，沥干水待用。2.油锅烧热，放入杭椒翻炒至表面稍微发白和有焦煳点时，加入酱油和盐翻炒。3.炒至将熟时加入醋、糖和味精，炒匀，转小火焖2分钟，收干汁水即可。

专家点评 开胃消食

红椒炒猪尾

材 料 猪尾400克，红椒100克

调 料 盐3克，老抽、料酒各10克，大葱少许

做 法

1.猪尾洗净切段，用老抽、料酒腌渍片刻；红椒洗净，沥干切斜段；大葱洗净，切段。2.油锅烧热，倒入猪尾炒至变色，加入红椒、大葱同炒至熟。3.加入盐、料酒，炒匀即可。

专家点评 保肝护肾

第二篇
菌豆类

食用菌和豆类食物既美味又营养，对人体大有裨益。如香菇、蘑菇、金针菇等含有增强人体抗癌能力的物质；而豆类食物则含有丰富的植物雌激素，常吃不仅增强营养，还能美容养颜。那么菌豆类食物应该如何搭配才能发挥出它们最大的营养功效呢？以下为你介绍的菜式的做法一点都不难，营养又好吃，希望你能做出美味又健康的佳肴。

香菇

功效

1.增强免疫力：香菇中的B族维生素和锌，可以增强机体的免疫功能。

2.降低血压：香菇含有维生素C，能起到降低胆固醇、降血压的作用，而且没有副作用。

3.排毒瘦身：香菇中所含的食物纤维能加强胃肠的蠕动，对预防便秘有显著的效果，可以排毒瘦身。

食用禁忌

- 香菇+蟹肉=容易引起结石

两者同食会造成钙质增加，长期食用易引起结石。

- 香菇+西红柿=降低营养价值

香菇会破坏西红柿的类胡萝卜素，降低营养。

- 脾胃寒湿气滞或皮肤瘙痒病患者忌食。

营养黄金组合

- 香菇+鸡肉=免疫力大增

香菇可以增强人体的免疫功能并有防癌作用，鸡肉本身也有提高免疫力的功能，可谓双效合一。

- 香菇+豆腐=美味营养

香菇对高血压、心脏病患者有益，豆腐营养丰富，两者同吃有利健康。

选购 以香味纯正的为上品。伞背以呈黄色或白色为佳。

保存 干香菇放在干燥、阴凉、通风处可以长期保存。

实用小贴士

将香菇放在阳光下暴晒至干燥，装入塑料袋内，滴几滴白酒或酒精，能使香菇长久不生虫，可随时食用。

香菇煨蹄筋

材 料 猪蹄筋250克，香菇、胡萝卜各100克，西兰花200克

调 料 香卤包1包，盐少许，蚝油20克，淀粉适量

做 法

1.西兰花掰成小朵，胡萝卜切丁，香菇洗净切块，均入锅煮熟备用。2.猪蹄筋煮熟捞起，另入锅加水、香卤包煮约40分钟后捞出。3.将淀粉、清水拌匀煮沸，放香菇炒匀，然后放蹄筋，加适量水炒至汁干，搭配西兰花和胡萝卜食用。

香菇烧牛肉

材 料 牛肉250克，香菇30克

调 料 葱、姜各25克，酱油35克，白糖10克，料酒5克，大葱油、淀粉各适量

做 法

1.牛肉、香菇洗净，切块；葱洗净，切段；姜洗净，拍碎。2.油烧热，爆香葱、姜，加牛肉炒，倒入酱油、料酒、白糖，加入香菇、适量水烧开，再慢火烧烂后用淀粉勾芡，淋上大葱油即可。

香菇瘦肉酿苦瓜

材 料 苦瓜250克，猪瘦肉200克，香菇末适量

调 料 盐、酱油、葱花、姜末、淀粉、高汤各适量

做 法

1.苦瓜洗净，切筒状，去瓤核，放入沸水焯透，捞出沥水。2.肉剁蓉，加香菇末、淀粉、盐、酱油、葱花、姜末调成馅；给苦瓜填馅。油烧热，放入苦瓜炸黄，再入笼蒸透，出笼后，高汤煮沸后加入淀粉勾芡，浇在苦瓜上即可。

专家点评 降低血压

干焖香菇

材 料 水发香菇250克

调 料 味精、糖各10克，香油20克，盐、料酒、酱油、葱末、姜末、高汤各适量

做 法

1.水发香菇洗净，用沸水焯一下，沥干水分。2.锅置火上，用葱、姜炝锅，加入酱油、糖、料酒、盐、味精、高汤和香菇，等汤汁收浓后淋香油起锅即可。

专家点评 排毒瘦身

枸杞香菇炖猪蹄

材 料 猪蹄1个，香菇125克，枸杞8克

调 料 盐6克

做 法

1.猪蹄洗净、切块、汆水；香菇洗净、切块；枸杞洗净备用。2.净锅上火倒入水，调入盐，下入猪蹄、香菇、枸杞炖熟即可。

专家点评 补血养颜

香菇鸡块煲冬瓜

材 料 肉鸡250克，冬瓜125克，香菇20克

调 料 盐4克，酱油少许

做 法

1.肉鸡洗净、斩块、汆水；冬瓜洗净去皮、子，切块；香菇洗净切块备用。2.净锅上火倒入水，调入盐、酱油，下入肉鸡、冬瓜、香菇煲至熟即可。

专家点评 增强免疫

金针菇

功效

1.提神健脑：金针菇中含有较丰富的赖氨酸，它可以改善失眠，提高记忆力。

2.增强免疫力：金针菇中有较多的锌，配合胡萝卜素以及赖氨酸的免疫作用，可以增强免疫力。

3.降低血压：金针菇高钾低钠，有很好的降低血压的功效，适宜于高血压病人食用。

食用禁忌

- 金针菇+驴肉=诱发心绞痛
  金针菇与驴肉同食会诱发心绞痛。
- 金针菇+猪肝=降低营养价值
  金针菇富含锌，猪肝富含铜，同吃影响人体吸收。
- 脾胃虚寒者不宜过多食用。

营养黄金组合

- 金针菇+鸡肉=益智补脑
  鸡肉有填精补髓的功效，金针菇富含蛋白质、胡萝卜素及氨基酸，两者搭配食用，益智效果更佳。
- 金针菇+瘦肉=健脾安神
  金针菇有增强机体的生物活性、促进体内新陈代谢的作用，与瘦肉同食，有健脾安神的功效。

选购 要选择新鲜无异味的金针菇。

保存 用保鲜膜封好放，在冰箱中可存放1周。

实用小贴士

金针菇可先用开水焯一下，按每次的食用量用保鲜膜包好，放入冰箱里冷藏保存。

炒金针菇

材 料 金针菇200克，黄花菜100克，红椒、青椒各30克

调 料 盐3克

做 法

1.将金针菇洗净；黄花菜泡发，洗净；红椒、青椒洗净，去子，切条。2.锅置火上，油烧热，放入红椒、青椒爆香。3.再放入金针菇、黄花菜，调入盐，炒熟即可。

专家点评 增强免疫

芥末金针菇

材 料 红椒35克，金针菇200克，芹菜少许

调 料 盐3克，味精5克，芥末粉15克，花椒油、香油、老抽各8克

做 法

1.金针菇用清水泡半个小时，洗净，放入开水中焯熟；红椒、芹菜洗净，切丝，放入水中焯一下。2.金针菇、红椒、芹菜装入盘中。3.将芥末粉加盐、味精、花椒油、香油、老抽和温水搅匀成糊，淋在盘中即可。

甜椒拌金针菇

材 料 金针菇500克，甜椒50克

调 料 盐4克，味精2克，香菜、酱油、香油各适量

做 法

1.金针菇洗净，去须根；甜椒洗净，切丝备用。2.将备好的原材料放入开水烫熟，捞出，沥干水分，放入容器中。3.往容器里加盐、味精、酱油、香油搅拌均匀，装盘，撒上香菜即可。

专家点评 降低血压

金针菇炒肉丝

材 料 猪肉250克，金针菇300克，鸡蛋清2个

调 料 葱丝、盐、料酒、淀粉、清汤、香油各适量

做 法

1.将猪肉切成丝，放入碗内，加蛋清、盐、料酒、淀粉拌匀；金针菇洗净，切去两头。2.油锅烧热，下入肉丝滑熟，放葱丝炒香，放少许清汤调好味。3.倒入金针菇拌匀，颠翻几下，淋上香油即可。

专家点评 提神健脑

金针菇瘦肉汤

材 料 猪瘦肉150克，金针菇100克

调 料 色拉油20克，盐6克，鸡精、香油各3克，葱、姜各5克，香菜10克，高汤适量

做 法

1.将猪瘦肉洗净、切丁，金针菇、香菜去根洗净切段备用。2.锅上火倒入色拉油，将葱、姜爆香，下入猪瘦肉煸炒，倒入金针菇、高汤，调入盐、鸡精，大火烧开，淋入香油，撒入香菜即可。

专家点评 保肝护肾

金针菇牛肉丸汤

材 料 精牛肉350克，金针菇120克

调 料 高汤适量，盐6克，香菜2克，酱油3克，葱、姜各5克，鸡蛋清3个

做 法

1.将精牛肉洗净剁成泥，调入盐、酱油、葱、姜、鸡蛋清搅匀制成丸子；金针菇洗净备用。2.净锅上火倒入高汤，下入丸子氽熟，再下入金针菇煲至熟，撒入香菜即可。

专家点评 增强免疫

草菇

功效

1.增强免疫力：草菇的维生素C含量高，同时含有丰富的蛋白质，能促进人体新陈代谢，提高机体免疫力。

2.排毒瘦身：草菇富含膳食纤维，能促进肠蠕动，消除便秘，有排毒瘦身的功效。

3.降低血糖：草菇丰富的膳食纤维，并可减缓人体对糖类的吸收，减少血糖的含量，对糖尿病病人有利。

食用禁忌

- 草菇+鹌鹑肉=面生黑斑

草菇富含蛋白质，但与鹌鹑同食，会面生黑斑。

- 草菇+蒜=对身体不利

草菇与蒜同食，会对身体不利。

- 草菇性凉，脾胃虚寒者不宜多食。

营养黄金组合

- 草菇+猪肉=有补脾益气的功效

草菇与猪肉同食，有补脾益气的功效，适用于慢性肾炎。

- 草菇+牛肉=增强免疫力

草菇与牛肉同食，可补充丰富的营养，增强人体的免疫能力。

选购 挑选菇身粗壮均匀、质嫩、菇伞开展小的为好。

保存 鲜草菇在14～16℃可保存1～4天。

实用小贴士

若想延长草菇的保鲜时间，应将其摊开存放，并用潮湿的纸巾覆盖。

草菇焖鸡

材料 鲜草菇150克，鸡肉100克

调料 鸡汤、花生油各适量，料酒、盐、生姜片、鸡精各少许

做法

1.草菇用清水浸泡，洗净切开；鸡肉洗净，切成小块。2.砂锅上火，放鸡汤，用大火烧沸，下鸡肉、草菇、料酒、姜片炖烂。3.再放花生油煮沸，用盐、鸡精调味即成。

专家点评 保肝护肾

草菇焖肉

材料 五花肉500克，草菇50克

调料 料酒10克，酱油25克，白糖3克，盐1克，葱结、姜片各5克

做法

1.草菇去蒂洗净，对切后沥干；五花肉刮洗干净，切成块。2.锅置火上，放入五花肉块煸炒，加入料酒、酱油、白糖、葱结、姜片略炒后倒入砂锅。3.再放入草菇，加适量水大火烧沸，改小火焖1小时，加盐再焖至五花肉块酥烂，拣去葱结、姜片即可。

西芹拌草菇

材 料 西芹、草菇各200克，甜椒适量

调 料 盐4克，酱油8克，鸡精2克，胡椒粉3克

做 法

1.西芹洗净，斜切段；甜椒洗净，切丝；草菇洗净，剖开备用。2.西芹、甜椒在开水中稍烫，捞出，沥干水分；草菇煮熟，捞出，沥干水分。3.西芹、甜椒、草菇放入一个容器，加盐、酱油、鸡精、胡椒粉搅拌均匀，装盘即可。

专家点评 降低血糖

草菇虾仁

材 料 虾仁300克，草菇150克，胡萝卜半根

调 料 葱2根，蛋白1个，盐3克，胡椒粉少许，淀粉3克，酒5克

做 法

1.虾仁挑净泥肠，洗净后拭干。2.草菇加盐，焯烫后捞出冲凉；胡萝卜去皮，切片；葱切段。3.油烧热，放入虾仁炸至变红时捞出，余油倒出；另用油炒葱段、胡萝卜片和草菇，然后将虾仁回锅，加入调味料同炒至匀，盛出即可。

草菇螺片汤

材 料 杏鲍菇100克，草菇100克，滑子菇50克，大海螺1个

调 料 盐少许，葱3克，高汤、味精、香油各2克

做 法

1.杏鲍菇洗净、切片；草菇、滑子菇浸泡、洗净；大海螺肉切大片备用。2.炒锅上火倒入油，将葱炒香，倒入高汤，调入盐、味精，加入各种菇、螺片煮熟，淋入香油即可。

专家点评 增强免疫

草菇鱼头汤

材 料 鲢鱼头半个，草菇75克

调 料 盐5克，葱段、姜片各2克，香菜末3克

做 法

1.将鲢鱼头洗净斩块；草菇去根洗净备用。2.净锅上火倒入水，调入盐、葱段、姜片，下入鲢鱼头、草菇煲至熟，撒入香菜末即可。

专家点评 增强免疫

茶树菇

功效

1.增强免疫力：茶树菇中的糖类化合物能增强免疫力，促进形成抗氧化成分。

2.降低血糖：茶树菇低脂低糖，且富含多种矿物元素，能有效降低血糖和血脂。

3.开胃消食：茶树菇烹饪后口感脆嫩、味道鲜美，有健脾开胃的功效，适合食欲不振、胃肠功能虚弱者食用。

食用禁忌

茶树菇+酒=易中毒

茶树菇与酒同食，其中的酒精会催发产生毒素，使人容易中毒。

茶树菇+鹌鹑肉=降低营养价值

茶树菇与鹌鹑肉同食，会降低二者的营养价值。

营养黄金组合

茶树菇+猪排骨=强身健体

茶树菇与猪排骨同食，对强健身体、提高人体免疫力有着非常好的作用。

茶树菇+鸡=味美营养

茶树菇与鸡同食，不但味道鲜美，而且营养丰富全面，实为不可多得的佳肴。

选购 以菇形完整、菌盖有弹性、菌柄脆嫩的为佳。

保存 剪去根部及杂质，烘干保存或速冻保鲜。

实用小贴士

茶树菇如不放入冰箱，也应密封放置于阴凉干燥处，避免阳光直射。

茶树菇炒肉丝

材料 茶树菇50克，猪肉200克，辣椒10克

调料 盐、味精各4克，水淀粉10克，酱油、老抽各10克

做法

1.茶树菇洗净，入水中焯一下；肉洗净，切成丝，放盐、水淀粉、酱油抓匀上浆；辣椒洗净，切丝。2.油锅烧热，放辣椒爆香，再放肉丝炒熟。3.倒入茶树菇炒熟，放盐、味精、老抽调味，装盘即可。

专家点评 降低血压

茶树菇炒鸡丝

材料 鸡脯肉400克，茶树菇100克，鸡蛋清适量

调料 盐、味精、黄酒、白砂糖、淀粉各适量

做法

1.鸡脯肉洗净，切丝；茶树菇泡透，切丝。2.将鸡肉丝与鸡蛋清、盐、淀粉抓散、拌匀；其他调味料加清水兑成汁。3.油锅烧热，倒入鸡肉丝滑锅；锅内留少量油上火，下入茶树菇略炒，再下入鸡肉丝，倒入兑好的汁搅匀即可。

专家点评 养心润肺

茶树菇炒肚丝

材 料 茶树菇300克，肚丝、西芹丝各100克

调 料 蚝油、淀粉各15克，盐、白糖各2克，葱白20克，姜丝、蒜蓉、椒丝各5克

做 法

1.将茶树菇洗净，下油锅稍炸，捞出沥油。2.将西芹丝和猪肚丝入沸水氽熟。3.油锅烧热，爆香葱白、姜丝、椒丝、蒜蓉，再放入茶树菇、肚丝、西芹丝，加入调味料炒匀入味，用淀粉勾芡即可。

云南小瓜炒茶树菇

材 料 云南小瓜250克，茶树菇50克

调 料 盐、味精各3克，香油、酱油、辣椒各10克

做 法

1.云南小瓜洗净，切条；茶树菇洗净，切段；辣椒洗净，切条。2.锅置火上，放油烧至六成热，放辣椒炒香，下入云南小瓜、茶树菇煸炒。3.放盐、味精、香油、酱油调味，盛盘即可。

专家点评 排毒瘦身

茶树菇炖老鸡

材 料 茶树菇50克，老鸡1只，猪瘦肉100克，胡萝卜20克

调 料 盐3克，胡椒粉2克，姜片10克

做 法

1.鸡洗净；茶树菇泡发洗净；猪瘦肉切块；胡萝卜切片。2.油锅烧热，爆香姜片，放水煮开，下老鸡煮去血水，捞起备用。3.净锅放入水、老鸡、茶树菇、猪瘦肉、胡萝卜、姜片，大火炖至熟烂入味，调入胡椒粉、盐，拌匀即可。

茶树菇鸭汤

材 料 鸭肉250克，茶树菇少许

调 料 鸡精、盐各适量

做 法

1.鸭肉斩成块，洗净后氽水。2.将所有原材料放入盅内蒸2小时。3.最后放入调味料调味即可。

专家点评 增强免疫

口蘑

功效

1.排毒瘦身：口蘑所含的大量植物纤维，可防止便秘和发胖。

2.降低血压：口蘑含有钾、磷、钙、铁等矿物质，以及多种氨基酸和大量维生素，长期食用能降血压。

3.增强免疫力：口蘑富含微量元素硒，它能够防止过氧化物损害机体，提高免疫力。

食用禁忌

- 口蘑+驴肉=腹泻

  口蘑与驴肉同食，会导致腹痛、腹泻。

- 口蘑+野鸡=引发痔疮

  口蘑与野鸡同食，会引发痔疮。

- 肾脏疾病患者忌食。

营养黄金组合

- 口蘑+草菇+平菇=滋补抗癌

  草菇能增强机体抗病能力，抑制癌细胞生长。平菇能增强人体免疫力、抑制细胞病毒。三者同食具有滋补、降压、降脂、抗癌的功效。

- 口蘑+冬瓜=降低血压

  口蘑与冬瓜同食，有降血压、利小便的功效。

选购 鲜口蘑应挑伞盖缘向内卷曲，菌柄粗短完整的。

保存 保存鲜口蘑时应先洗净擦干，可冷冻保存3天。

实用小贴士

口蘑尽量买新鲜的，颜色非常白的那种，最好不要买有可能是被化学药品加工过的。

尖椒拌口蘑

材 料 口蘑200克，青、红尖椒各30克

调 料 香油20克，盐5克，味精3克

做 法

1.将原材料洗净，改刀，入水中焯熟。2.将口蘑和青红尖椒、香油、盐、味精一起装盘，拌匀即可。

专家点评 排毒瘦身

口蘑拌花生

材 料 口蘑50克，花生250克，青、红椒5克

调 料 盐3克，味精2克，生抽10克

做 法

1.将原材料洗净，改刀，入水中焯熟。2.将盐、味精、生抽调匀，淋在口蘑、花生上，撒上青、红椒拌匀即可。

专家点评 降低血压

香菜拌口蘑

材 料 口蘑400克，香菜20克

调 料 盐3克，葱10克，香油适量

做 法

1.口蘑洗净，切块；葱洗净，切碎；香菜洗净，切段。2.烧沸适量清水，入口蘑焯至断生，捞起，盛碗中。3.放入葱，调入盐，拌匀；再倒入适量香油，最后撒上香菜，即可食用。

专家点评 养心润肺

蚝汁扒群菇

材 料 平菇、口蘑、滑子菇、金针菇各100克，蚝油15克，青椒、红椒各适量

调 料 盐3克，味精1克，生抽8克，料酒10克

做 法

1.平菇、口蘑、滑子菇、金针菇洗净，焯烫，捞起晾干；青椒、红椒洗净，切片。2.油锅烧热，下料酒，将平菇、口蘑、滑子菇、金针菇炒至快熟时，加盐、生抽、蚝油翻炒入味。3.汤汁快干时，加入青、红椒片稍炒后，加入味精调味即可。

口蘑雪里蕻牛肉汤

材 料 牛肉190克，口蘑75克，雪里蕻20克

调 料 高汤适量，酱油少许，料酒5克

做 法

1.牛肉洗净、切丁；口蘑洗净、切丁；雪里蕻洗净切碎备用。2.汤锅上火倒入高汤，调入酱油、料酒，下入牛肉、口蘑、雪里蕻煲至熟即可。

专家点评 增强免疫

口蘑灵芝鸭子煲

材 料 鸭子400克，口蘑125克，灵芝5克

调 料 盐6克

做 法

1.鸭子洗净斩块汆水；口蘑洗净切块；灵芝洗净浸泡备用。2.煲锅上火倒入水，下入鸭子、口蘑、灵芝，调入盐煲至熟即可。

专家点评 补血养颜

鸡腿菇

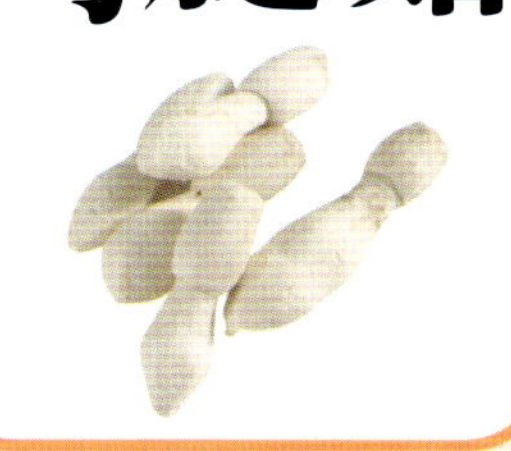

功效

1.降低血糖：鸡腿菇含有治疗糖尿病的有效成分，对降低血糖浓度有较好疗效。

2.增强免疫力：鸡腿菇富含微量元素和蛋白质、胡萝卜素、维生素C等营养成分，经常食用可增强机体免疫力。

3.开胃消食：鸡腿菇中含有多种生物活性酶，有帮助消化的作用。

4.养心润肺：鸡腿菇中所含的脂肪多为不饱和脂肪酸，可预防动脉硬化、心脏病及肥胖症等。

食用禁忌

鸡腿菇+酒=呕吐

鸡腿菇与酒同食，会使人产生恶心、呕吐。

痛风患者忌食。

营养黄金组合

鸡腿菇+牛肉=增强免疫力

鸡腿菇与牛肉同食，可补充丰富的营养，增强人体的免疫能力。

鸡腿菇+猪肉=增强营养

猪肉含有丰富的蛋白质，鸡腿菇与猪肉同食，可提供人体全面的营养。

选购 选择菇体肥大细嫩、肉质密实、不易开伞的。

保存 淡盐水浸泡后沥干，再装入塑料袋中，可保鲜。

实用小贴士

新鲜的鸡腿菇呈白色、光滑细嫩、极少色斑，色泽暗淡的最好不要买。但选购鸡腿菇也不要贪图外观更白、更亮，有可能是被漂白的。鸡腿菇要放在通风、透气、干燥、凉爽的地方，避免阳光长时间照射。

蚝油鸡腿菇

材 料 鸡腿菇400克，蚝油20克，青、红椒各适量

调 料 盐3克，老抽10克

做 法

1.鸡腿菇洗净，用水焯过后，晾干待用；青椒、红椒洗净，切成菱形片。2.炒锅置于火上，注油烧热，放入焯过的鸡腿菇翻炒，再放入盐、老抽、蚝油。3.炒至汤汁收浓时，再放入青、红椒片稍炒，起锅装盘即可。

专家点评 开胃消食

鲍汁扣三菇

材 料 鲍汁、鸡腿菇、滑子菇、香菇、西兰花各适量

调 料 盐、味精、蚝油、水淀粉、香油各适量

做 法

1.鸡腿菇、滑子菇、香菇洗净，切块；西兰花洗净，切朵。2.鸡腿菇、滑子菇、香菇烫熟，调入鲍汁、盐、蚝油，蒸40分钟。3.油锅烧热，下入蒸汁烧开，用水淀粉勾芡，淋入香油，浇在三菇上，旁边摆上焯烫过的西兰花即成。

专家点评 排毒瘦身

煎酿鸡腿菇

材 料 鸡腿菇、菜心各200克

调 料 蒜、姜、糖、蚝油、蘑菇汁各适量

做 法

1.鸡腿菇洗净掰成两半；菜心洗净，焯水摆盘；大蒜洗净切大块；姜洗净切末。2.起油锅，放入蒜末、姜末爆香，放入蘑菇汁、糖、蚝油熬汁。3.鸡腿菇下油锅煎熟，盖在菜心上，淋上味汁即可。

鸡腿菇烧牛蛙

材 料 牛蛙100克，鸡腿菇150克，红椒10克

调 料 葱10克，盐3克，胡椒粉2克，酱油4克，姜末8克，鸡精3克

做 法

1.牛蛙去皮，斩大块洗净，用酱油、胡椒粉稍腌；鸡腿菇对切；红椒切片；葱切段。2.牛蛙入油锅中滑散后捞出。3.锅置火上，加油烧热，下入牛蛙和鸡腿菇、红椒片，加入其他调味料炒匀即可。

专家点评 增强免疫

鸡腿菇烧排骨

材 料 排骨250克，鸡腿菇100克

调 料 葱5克，姜5克，盐3克，味精3克，鸡精2克，料酒8克，淀粉少许，酱油5克

做 法

1.排骨斩段，用料酒、酱油稍腌；鸡腿菇对切。2.排骨入砂锅，加入水及其他调味料煲熟，捞出装盘。3.保留砂锅里的汁水，下入鸡腿菇略煮，盛出铺入装有排骨的碗中即可。

专家点评 提神健脑

鸡腿菇鸡心汤

材 料 鸡腿菇200克，鸡心100克

调 料 枸杞10克，盐5克，味精3克，鸡精2克，姜片10克

做 法

1.鸡腿菇洗净切厚片；鸡心切掉多油的地方，洗净淤血。2.枸杞入冷水中泡发；鸡心入沸水中氽透，再入冷水中洗净。3.煲中水烧开，下入姜片、鸡心、枸杞煲20分钟，下入鸡腿菇，再煲10分钟，调入盐、味精即可。

木耳

功效

1.排毒瘦身：木耳促进胃肠蠕动，防止便秘，有排毒瘦身的功效。

2.提神健脑：木耳含有的卵磷脂，有抗氧化作用，可以增强记忆力与集中力。

3.补血养颜：木耳中铁的含量极为丰富，常吃能养血驻颜，并可防治缺铁性贫血。

4.养心润肺：常吃黑木耳可抑制血小板凝聚，降低血液中胆固醇的含量，对预防冠心病、动脉血管硬化、心脑血管病颇为有益。

食用禁忌

- 木耳+萝卜=导致皮炎

木耳与萝卜同食，有可能导致皮炎。

- 木耳+田螺=不利消化

木耳滑利，田螺性寒，两者同时食用不利于消化。

- 黑木耳活血抗凝，有出血性疾病的人不宜食用。

营养黄金组合

- 木耳+黄瓜=排毒瘦身

黄瓜中的丙醇二酸能抑制脂肪转化，木耳中的植物胶质可排毒清肠，同食可达到减肥排毒之功效。

- 木耳+包菜=多种功效

木耳与富含维生素C、维生素E的包菜同食，具有补肾壮骨、填精健脑、健胃通络的作用。

选购 木耳宜选用色泽黑褐、质地柔软者。

保存 晒干后可保存较长时间。

实用小贴士

干黑木耳，应采用无毒塑料袋装好，扎紧袋口，密封放置在木箱或木桶内，贮藏在干燥通风室内。

木耳黄瓜

材 料 黑木耳100克，核桃仁200克，黄瓜50克

调 料 盐3克，味精1克，醋6克，生抽10克，红椒少许

做 法

1.黑木耳洗净泡发；核桃仁洗净；黄瓜洗净，切斜片；红椒洗净，切片。2.锅内注水烧沸，放入黑木耳、红椒片焯熟后，捞起沥干并放入盘中，再放入黄瓜片、核桃仁。3.加入盐、味精、醋、生抽拌匀即可。

专家点评 保肝护肾

醋椒木耳

材 料 野生木耳300克，青红尖椒50克

调 料 盐、生抽、味精、香油、香醋各适量

做 法

1.木耳洗净，用盐轻轻搓一下，入沸水中焯透，装盘；青红尖椒切圈，用盐腌一下。2.用生抽、香油、味精、香醋调成味汁，淋在木耳上，撒上辣椒圈即可。

专家点评 排毒瘦身

木耳炒鸡蛋

材 料 鸡蛋4个，水发木耳20克

调 料 香葱5克，盐3克

做 法

1.鸡蛋打入碗中，加少许盐搅拌均匀；水发木耳洗净，撕成小片；葱洗净，切花。2.锅中加油烧热，下入鸡蛋液炒至凝固后，盛出；原锅再加油烧热，下入木耳炒熟后，加盐调味，再倒入鸡蛋炒匀，撒上葱花即可。

专家点评 提神健脑

凉拌木耳

材 料 黑木耳50克，青、红椒各适量

调 料 盐2克，香油10克，醋8克，香菜叶少许

做 法

1.黑木耳泡发洗净，撕成小朵备用；青、红椒洗净，切丁；香菜叶洗净。2.锅内加清水煮沸，放入黑木耳焯熟，捞出沥水，装盘。3.加入青、红椒丁及盐、醋拌匀，淋上香油，将香菜叶点缀其上即可。

专家点评 排毒瘦身

木耳煲双脆

材 料 牛百叶300克，海蜇150克，木耳100克

调 料 盐适量，味精3克，葱、姜各3克，香油2克

做 法

1.牛百叶洗净、切片；海蜇泡去盐分洗净；木耳洗净撕成小块备用。2.炒锅上火倒入花生油，将葱、姜爆香，倒入水，调入盐、味精，下入牛百叶、海蜇、木耳，大火煲熟，淋入香油即可。

专家点评 养心润肺

黑木耳水蛇汤

材 料 水蛇200克，黑木耳100克

调 料 清汤适量，盐5克，鸡精4克，香菜末3克，香油2克

做 法

1.将水蛇洗净斩块；黑木耳洗净泡发备用。2.锅上火倒入清汤，加入盐、鸡精，下入水蛇、黑木耳煲至熟，淋入香油，撒上香菜即可。

银耳

功效

1.保肝护肾：银耳能提高肝脏解毒能力，起到保肝的作用。

2.增强免疫力：银耳中的酸性多糖物质，能显著增强人体的免疫力，补充人体能量所需。银耳富含硒等微量元素，可增强机体抗肿瘤的免疫力。

3.排毒瘦身：银耳中的膳食纤维可助胃肠蠕动，减少脂肪吸收和排出身体的毒素，从而达到减肥的效果。

食用禁忌

- 银耳+菠菜=产生有害物质

银耳与菠菜同食，容易产生对人体有害的物质。

- 银耳+蛋黄=降低营养价值

银耳与蛋黄同食，会降低其营养价值。

- 外感风寒者不宜食用。

营养黄金组合

- 银耳+莲子=强健骨骼

银耳和莲子都富含钙和磷，两者同食会形成磷酸钙，能强健骨骼和牙齿。

- 银耳+茉莉花=防病健身

银耳与茉莉花同食，有助于人体防病健身，对于贫血、疲倦乏力、虚火者尤其适用。

选购 好的银耳大而松散，肉肥厚，色泽呈白色。

保存 干品置于阴凉通风处可长期保存，要注意防蛀。

实用小贴士

保存银耳要注意防潮，银耳发霉后，由于霉菌有很强的致癌性，因此千万不可食用。

银耳莲子冰糖饮

材 料 水发银耳150克，水发莲子30克，水发百合25克

调 料 冰糖适量

做 法

1.将水发银耳择洗净，撕成小朵；水发莲子、水发百合洗净备用。2.净锅上火倒入纯净水，调入冰糖，下入水发银耳、水发莲子、百合煮熟即可。

专家点评 增强免疫

菠萝银耳红枣甜汤

材 料 菠萝125克，水发银耳20克，红枣8颗

调 料 白糖10克

做 法

1.菠萝去皮洗净切块；水发银耳洗净摘成小朵；红枣洗净备用。2.汤锅上火倒入水，下入菠萝、水发银耳、红枣煮熟，调入白糖搅匀即可。

专家点评 补血养颜

银耳瘦肉汤

材 料 猪瘦肉300克，银耳100克，红枣10克

调 料 色拉油15克，盐适量，鸡精2克，葱、香菜各3克

做 法

1.将猪瘦肉洗净、切丁、汆水备用。2.银耳用温水浸泡撕成小块，红枣洗净。3.净锅上火倒入色拉油，将葱爆香，倒入水，调入盐、鸡精，下入猪瘦肉、银耳、红枣小火煲至入味，撒入香菜即可。

专家点评 保肝护肾

银耳红枣煲猪排

材 料 猪排200克，水发银耳45克，红枣6颗

调 料 盐5克，白糖3克

做 法

1.猪排洗净、切块、汆水；水发银耳洗净撕成小朵；红枣洗净备用。 2.净锅上火倒入水，调入盐，下入猪排、水发银耳、红枣煲至熟，调入白糖即可。

专家点评 增强免疫

猪肺雪梨银耳汤

材 料 熟猪肺200克，木瓜30克，雪梨15克，水发银耳10克

调 料 盐4克，白糖5克

做 法

1.将熟猪肺切方丁；木瓜、雪梨洗净切方丁；水发银耳洗净，撕成小朵备用。2.净锅上火倒入水，调入盐，下入熟猪肺、木瓜、雪梨、水发银耳煲至熟，调入白糖搅匀即可。

专家点评 养心润肺

银耳羊肉莲藕汤

材 料 羊肉250克，莲藕100克，胡萝卜15克，水发银耳6克

调 料 色拉油10克，盐少许，葱花5克

做 法

1.羊肉洗净、切块；莲藕、胡萝卜去皮洗净均切成块；水发银耳洗净撕成小朵备用。2.汤锅上火倒入色拉油，将葱花炝香，倒入水，下入羊肉、莲藕、胡萝卜、水发银耳，调入盐煲至熟，撒入葱花即可。

专家点评 排毒瘦身

豆腐

功效

1.增强免疫力：豆腐蛋白属完全蛋白，营养价值较高，常吃能够增强免疫力。
2.提神健脑：豆腐富含大豆卵磷脂，有益于神经、血管、大脑的发育。
3.补血养颜：豆腐在造血功能中可增加血液中铁的含量，有补血的功效，其含有的植物雌激素又有很好的养颜功效。
4.降低血脂：大豆蛋白能恰到好处地保护血管细胞，预防心血管疾病。

食用禁忌

- 豆腐+菠菜=不利于吸收钙

  菠菜中的草酸与豆腐中的钙形成草酸钙，无法吸收。
- 豆腐+蜂蜜=导致腹泻

  豆腐与蜂蜜同食，容易使人产生腹泻。
- 豆腐含嘌呤，痛风及血尿酸浓度高的患者慎食。

营养黄金组合

- 豆腐+鱼=营养价值高

  豆腐中的蛋氨酸含量较少，而鱼肉蛋氨酸的含量则非常丰富，两者同食，可提高营养价值。
- 豆腐+萝卜=健美抗衰老

  豆腐与萝卜同食，满足人体对各种维生素的最大需要，具有一定的健美和抗衰老作用。

选购 豆腐的颜色略带微黄，如果色泽过白则不佳。

保存 浸泡于水中，并放入冰箱冷藏，烹调前再取出。

实用小贴士

要使豆腐2～3天不坏，可将没有吃完的豆腐放入烧开、经冷却后的盐水中浸泡，随吃随取。

香椿拌豆腐

材料 豆腐150克，香椿80克，熟花生米30克

调料 盐3克，酱油、香油各8克

做法

1.豆腐洗净，切成薄片，放入盐水中焯透，取出，沥干水分，装盘。2.香椿洗净，用开水焯一下，捞出，沥干水分，切成碎末，撒上盐、酱油，和豆腐拌匀。3.淋上香油，撒上花生米即可。

专家点评 排毒瘦身

小葱拌豆腐

材料 小葱50克，水豆腐1块

调料 生豆油15克，盐、味精各适量

做法

1.葱择洗干净，用刀切成罗圈丝。2.水豆腐切成小丁，用开水烫一下，再加凉水透凉。3.豆腐丁控净水分，装在盘中，撒上盐、味精，再放上葱花，浇上豆油即好。

专家点评 养心润肺

烧虎皮豆腐

材 料 豆腐250克，菜心100克

调 料 葱丝、姜丝、酱油、盐、味精、胡椒粉、上汤、水淀粉各适量

做 法

1.将豆腐切条；菜心洗净。2.油锅烧热，下入豆腐条炸至金黄，捞出沥油，并用热油淋菜心。3.锅中留油，爆香葱丝、姜丝，加入胡椒粉煸炒，溢出香味后加入上汤、酱油、盐、味精、豆腐条、菜心烧制，用水淀粉勾芡后，淋入少许油出锅即可。

肉丝豆腐

材 料 豆腐400克，猪肉150克，红椒30克

调 料 盐4克，味精2克，酱油、香油、葱花、熟芝麻各适量

做 法

1.猪肉洗净，切丝；红椒洗净，切圈；豆腐洗净，切块备用。2.豆腐入开水稍烫，捞出，沥干水分，装盘；酱油、盐、味精、香油调成味汁，淋在豆腐上。3.油锅烧热，放入猪肉，加盐、味精、红椒、葱花炒好，放在豆腐上，撒上熟芝麻即可。

青蒜烧豆腐

材 料 豆腐250克，青蒜50克

调 料 红油、盐、鸡精、酱油、红辣椒、淀粉各适量

做 法

1.把豆腐洗净，切成丁；青蒜、红辣椒洗净，切碎；淀粉加水调成糊待用。2.油锅烧热，放入豆腐丁翻炒2分钟。3.加入红油、盐、鸡精、酱油，翻炒1分钟，然后淋入淀粉糊，再煮2分钟，撒入青蒜和红辣椒，装盘即可。

家乡豆腐

材 料 水豆腐250克，青椒、红椒、洋葱、瘦肉、豆豉各10克

调 料 料酒5克，味精、盐各3克

做 法

1.水豆腐切三角形状；青、红椒切菱形角；洋葱切丝；瘦肉切丝。2.水豆腐下锅内炸至金黄色后捞起待用。3.锅留少许油，下瘦肉、青红椒、洋葱、姜片煸炒，放料酒、少许水，调味，后把豆腐、豆豉倒入，1～2分钟后勾芡即好。

三鲜酿豆腐

材 料 老豆腐300克，鸡脯肉末100克，鸡蛋1个，香菇、青豆、胡萝卜、火腿各50克

调 料 姜、葱、胡椒粉、盐、生抽、水淀粉各适量

做 法

1.豆腐洗净后切成长方块，掏空中间部分。2.将鸡脯肉、香菇、青豆、胡萝卜、火腿、姜、葱切好，加入盐、胡椒粉、生抽调入味，填入豆腐块中。3.然后入平底锅中煎熟，摆入盘中，用少许盐、水淀粉勾芡，淋在豆腐块上即可。

脆皮豆腐

材 料 石膏豆腐250克，生菜20克

调 料 西红柿汁20克，白糖5克，红醋少许，干淀粉10克，水淀粉3克

做 法

1.豆腐洗净切成长条，均匀裹上干淀粉；生菜洗净垫入盘底。2.锅上火，注入油烧热，放入豆腐条炸至金黄色，捞出沥油后，放入垫有生菜的盘中。3.锅中留少许油，放入西红柿汁炒香，加入少许水、红醋、白糖，用水淀粉勾芡后，淋在豆腐上即可。

肥牛豆腐

材 料 豆腐、牛里脊肉各200克

调 料 葱20克，姜、豆瓣各10克，蒜、盐各5克，料酒4克

做 法

1.牛里脊肉切粒；豆腐上笼蒸热；葱切段，姜切末，蒜切末。2.锅中注油烧热，放入牛里脊肉粒爆炒，加入豆瓣、姜末、蒜末，烹入料酒，加入盐、葱段炒熟，浇在豆腐上即可。

专家点评 增强免疫

口水豆腐

材 料 内酯豆腐1盒

调 料 老干妈、香辣酱各2克，花生米20克，榨菜5克，芝麻2克，盐3克，味精2克，红油、葱花各5克

做 法

1.豆腐洗净后入锅蒸15分钟，取出倒扣在盘中切成块。2.将调味料入锅炒香，制成口水汁，浇在豆腐上面，撒上葱花即可。

专家点评 提神健脑

黄瓜鱼块豆腐煲

材 料 草鱼250克，南豆腐150克，黄瓜100克

调 料 色拉油20克，盐5克，胡椒粉3克，葱段、姜片各2克

做 法

1.草鱼洗净斩块；南豆腐洗净切块；黄瓜洗净切块备用。2.煲锅上火倒入色拉油，将葱、姜炝香，下入鱼块煎炒，倒入水，调入盐，下入南豆腐、黄瓜煲至熟，调入胡椒粉搅匀即可。

专家点评 增强免疫

西红柿豆腐鲫鱼汤

材 料 鲫鱼1尾，豆腐50克，西红柿40克

调 料 盐6克，葱段、姜片各3克，香油5克

做 法

1.鲫鱼洗净，豆腐切块；西红柿洗净切块备用。2.净锅上火倒入水，调入盐、葱段、姜片，下入鲫鱼、豆腐、西红柿煲至熟，淋入香油即可。

专家点评 增强免疫

豆腐红枣泥鳅汤

材 料 泥鳅300克，豆腐200克，红枣50克

调 料 盐少许，味精3克，高汤适量

做 法

1.泥鳅洗净备用；豆腐切小块；红枣洗净。2.锅上火倒入高汤，调入盐、味精，加入泥鳅、豆腐、红枣煲至熟即可。

专家点评 补血养颜

豆腐韭香虾仁汤

材 料 鲜虾仁150克，豆腐100克，韭菜15克，鸡蛋1个

调 料 清汤适量，盐少许

做 法

1.鲜虾仁洗净；豆腐洗净切丁；韭菜择洗净切段；鸡蛋打入盛器搅匀备用。2.净锅上火倒入清汤，下入鲜虾仁、豆腐、韭菜，调入盐烧开，打入鸡蛋煮熟即可。

专家点评 养心润肺

豆腐皮

功效

1.养心润肺：豆腐皮含有的大量卵磷脂，能够起到一定的防止血管硬化的作用，保护心脏、滋润肺部。

2.增强免疫力：豆腐皮营养丰富，蛋白质、氨基酸含量高，还有铁、钙、钼等人体所必需的18种微量元素，常吃能提高免疫能力。

3.提神健脑：豆腐皮含有的大豆卵磷脂，有益大脑的发育生长。

食用禁忌

- 豆腐皮+菠菜=阻碍钙的吸收

  菠菜中草酸与豆腐皮的钙形成草酸钙，无法吸收。

- 豆腐皮+四环素=降低药效

  豆腐皮与四环素同食，会降低四环素的药效。

- 小儿及老弱病者不宜食用。

营养黄金组合

- 豆腐皮+辣椒=开胃消食

  豆腐皮与辣椒同食，可开胃消食，增强人体的免疫力。

- 豆腐皮+香菜梗=健脾胃

  豆腐皮与香菜梗同食，可以健胃，驱风寒。

选购 好的豆腐皮应皮薄透明，折而不断，泡后不黏。

保存 一般可放入冰箱，能保存2～3天。

实用小贴士

优质的豆腐皮外观呈白色或淡黄色，颜色和厚度均匀一致，表面有光泽，质地紧密细腻，用手轻轻拉一拉，会感到富有韧性、软硬适度，表面不黏手，闻起来有着豆腐皮特有的清香味，尝起来微带一点咸味。

香油豆腐皮

材 料 红椒少许，豆腐皮150克

调 料 盐3克，香油、生抽、香菜各5克，葱适量

做 法

1.豆腐皮用水洗净，切成小块；红椒洗净，切成丝；葱洗净，切成段；香菜洗净。2.以上材料分别焯熟，沥干装盘，调入调味料，拌匀即可。

专家点评 降低血脂

红椒丝拌豆腐皮

材 料 豆腐皮150克，香椿苗、红椒丝各30克

调 料 盐、味精各3克，香油、葱花各适量

做 法

1.豆腐皮洗净，切丝；香椿苗洗净。2.将豆腐皮丝、香椿苗、红椒丝分别入开水锅中焯烫后取出沥干。3.将备好的材料调入盐、味精、香油拌匀，撒上葱花即可。

专家点评 增强免疫

豆腐皮拌黄瓜

材 料 豆腐皮100克，黄瓜80克

调 料 葱、糖各5克，辣椒油10克，盐3克，醋6克，味精1克

做 法

1.豆腐皮洗净，焯水后切丝装盘；黄瓜洗净，切成细丝；葱洗净切段。2.将豆腐皮丝与黄瓜丝一起装盘，淋入辣椒油拌匀。3.再加入葱段、盐、味精、糖、醋一起拌至入味即可。

专家点评 增强免疫

千层豆腐皮

材 料 豆腐皮500克

调 料 盐4克，味精2克，酱油10克，熟芝麻、红油、葱花各适量

做 法

1.豆腐皮洗净切块，放入开水中稍烫，捞出，沥干水分备用。2.用盐、味精、酱油、熟芝麻、红油调成味汁，豆腐皮泡在味汁中；将豆腐皮一层一层叠好放盘中，最后撒上葱花即可。

专家点评 提神健脑

麻辣豆腐皮

材 料 豆腐皮400克，熟芝麻少许

调 料 盐3克，味精1克，醋6克，老抽10克，红油15克，葱少许

做 法

1.豆腐皮洗净，切正方形片；葱洗净切花；豆腐皮入水焯熟；调味料调成汁，浇在每片豆腐皮上。2.再将豆腐皮叠起，撒上葱花，斜切开装盘即可。

专家点评 开胃消食

上汤豆腐皮

材 料 腊肉、虾仁各100克，豆腐皮200克，萝卜20克，土豆30克，红椒、青椒各10克

调 料 盐5克，料酒10克，鸡精2克，香菜少许

做 法

1.所有原材料洗净切好。2.热锅入油，放腊肉炒至出油，放入豆腐皮、萝卜丝、土豆丝、青椒、红椒、虾仁，稍翻炒，烹入料酒、鸡精、盐，加适量水煮熟，撒上香菜即可。

专家点评 增强免疫

腐竹

功效

1.补血养颜：腐竹中含有丰富的铁，是制造血红素和肌血球素的主要物质，有补血养颜的功效。
2.增强免疫力：腐竹含有丰富的蛋白质，能充分满足人体所需，有增强机体免疫的作用。
3.养心润肺：腐竹含有的卵磷脂可除去附在血管壁上的胆固醇，保护心脏。
4.提神健脑：腐竹中谷氨酸具有良好的健脑作用，能预防老年痴呆症的发生。

食用禁忌

- 腐竹+菠菜=降低营养价值
  腐竹与菠菜同食，会降低营养价值。
- 糖尿病、酸中毒病人以及痛风患者应慎食。

营养黄金组合

- 腐竹+蘑菇=增强营养吸收
  腐竹与蘑菇同食，利于蛋白质吸收，增强营养。
- 腐竹+黑木耳=补气健胃
  腐竹与黑木耳同食，具有补气健胃、润燥、利水消肿的功效。

选购 好的腐竹呈淡黄色，略有光泽。

保存 密封保存，可保存相当长一段时间。

实用小贴士

腐竹要用凉水泡发，这样可以使腐竹整洁美观，如果用热水泡容易碎。腐竹适于久放，但应放在干燥通风之处。过伏天的腐竹，要经阳光晒、凉风吹数次即可。

腐竹烧肉

材 料 猪肉500克，腐竹150克

调 料 姜片10克，葱段15克，盐7克，料酒10克，八角15克，淀粉10克，酱油10克

做 法

1.猪肉洗净切成块，加少许酱油、淀粉腌2分钟；腐竹泡透，切成段。2.油锅烧热，放肉块炸至金黄，捞出沥油。3.将肉放入锅内，加入适量水、酱油、盐、料酒、八角、葱段、姜片，待煮开后转微火，焖至肉八成熟时加腐竹同烧入味即可。

炝腐竹

材 料 腐竹150克，胡萝卜50克，青椒25克

调 料 鲜姜5克，花椒7克，豆油40克，盐3克，味精3克，花椒油5克

做 法

1.胡萝卜和青椒洗净后切片；鲜姜切丝。2.锅内加水烧开后将胡萝卜片和青椒片烫熟；将腐竹切成段后用热水浸泡发透。3.将切好的腐竹、胡萝卜片、青椒放在一起，加入姜丝、盐、味精拌匀，加入豆油和炸好的花椒油拌匀即可。

素焖腐竹

材 料 腐竹100克，香菇3朵，胡萝卜1根，西芹1根

调 料 盐5克，胡椒粉2克，香油10毫升，生粉10克

做 法

1.腐竹切成寸段，入清水中泡软；香菇泡软切片；西芹切段；胡萝卜切片。2.锅中注油烧热，放入香菇片炒香，再放入腐竹、胡萝卜片拌炒片刻，加入盐、胡椒粉和水烧开，转小火焖煮至腐竹软嫩。3.放入西芹翻炒一下，勾薄芡，淋入香油即可。

专家点评 保肝护肾

腐竹百合羹

材 料 鸡蛋1个，腐竹、百合、白果仁各20克

调 料 姜10克，盐3克

做 法

1.白果仁和百合洗净切碎；姜切末；腐竹用冷水泡发；蛋取蛋清。2.锅上火，注入适量清水，待水开，放入白果仁、百合、腐竹焯烫后，沥水；锅中加油，倒入水，待水开放焯过的材料，调入盐、姜末，淋蛋清即可。

专家点评 保肝护肾

腐竹荸荠甜汤

材 料 红枣6颗，腐竹15克，荸荠75克

调 料 冰糖10克

做 法

1.红枣洗净，去核泡软；腐竹用水泡软，再换水将腐竹漂白，捞起后沥干水分。2.荸荠洗净，削去外皮，备用。3.将红枣、荸荠及700毫升水放入锅中，用大火煮开，转小火熬煮20分钟，放入腐竹续煮5分钟，最后放入冰糖煮至溶化即可。

专家点评 健脑益智

腐竹木耳瘦肉汤

材 料 猪瘦肉100克，腐竹50克，木耳30克

调 料 花生油20克，盐、酱油适量，味精、香油各3克，葱5克

做 法

1.猪瘦肉切丝、汆水；腐竹用温水泡开切小段；木耳撕成小块备用。2.净锅上火倒入花生油，将葱爆香，倒入水，下入肉丝、腐竹、木耳，调入盐、味精、酱油烧沸，淋香油即可。

专家点评 降压降糖

豆腐干

功效

1.提神健脑：豆腐干含有丰富的大豆卵磷脂，有益于神经、血管、大脑的发育生长，有很好的健脑功效。

2.增强免疫力：豆腐干中的蛋白属完全蛋白，营养价值较高，可增强免疫力。

3.降低血压：豆腐干中的大豆蛋白经酶水解后产生的多肽，具有抗氧化、降血压的作用。

食用禁忌

- 豆腐干+蜂蜜=引致耳聋

  豆腐干与蜂蜜同食，会引起耳聋。

- 豆腐干+菠菜=不利钙的吸收

  豆腐干与菠菜同食，会形成草酸钙，不利吸收。

- 糖尿病、肾脏病、高血脂患者忌食。

营养黄金组合

- 豆腐干+芹菜=增强人体抵抗力

  豆腐干含有丰富的蛋白质，芹菜能及时吸收和补充人体的营养成分，同食对增强人体抵抗力有益。

- 豆腐干+猪肉=延缓衰老

  豆腐干中的植物雌激素与猪肉中营养物质结合，有滋补养颜、延缓衰老的作用。

选购 豆腐干表面光泽、有弹性，挤压后无液体渗出。

保存 豆腐干较难保存，最好即买即吃。

实用小贴士

豆腐干要在开水中浸泡或蒸后方可加工食用，这样能起到杀菌消毒作用。

麻辣豆腐干

材 料 豆腐干250克，红辣椒30克

调 料 大葱30克，香油、辣椒油各10克，花椒粉5克，盐、味精各3克

做 法

1.豆腐干洗净，切片，入锅焯烫，装盘晾凉。2.大葱、红辣椒洗净；大葱切成花，红辣椒切成圈。3.锅下油烧热，爆香葱花、辣椒圈，盛出与其他调味料拌匀，均匀淋在豆腐干片上即可。

专家点评 增强免疫

甘泉豆腐干

材 料 绿豆腐干250克，胡萝卜20克

调 料 味精2克，香醋、红油各5克，香油10克

做 法

1.将绿豆腐干切成大小均匀的细丝；胡萝卜洗净切丝备用。2.锅上火，加入水烧开，放入豆腐干，汆熟，取出晾凉。3.将晾凉的豆腐干和胡萝卜丝装入碗中，调入调味料，拌匀即可。

专家点评 提神健脑

第三篇
畜肉类

畜肉是人们喜爱的食物之一。它不仅味美，而且能耐饥，还可以帮助你使身体变得更为强壮。常食畜肉类食物，能补充人体必需的蛋白质，让人精力充沛。那么这些畜肉类的食物应该怎样烹调才美味又营养呢？以下为你挑选的这些菜式和汤水，非常适合家庭制作，做法简单，既营养又好吃，满足营养美味双重要求。

牛肉

功效

1.增强免疫力：牛肉含有的维生素B_6，可以帮助人体增强免疫力，促进蛋白质的新陈代谢和合成。

2.提神健脑：牛肉富含锌、B族维生素、酪氨酸，有助于改善记忆力衰退的问题，有增强记忆力的功效。

3.补血养颜：牛肉富含的铁，能改善贫血的状况，起到补血养颜的功效。

食用禁忌

- 牛肉+板栗=降低营养价值

牛肉和板栗搭配食用，会起反应，降低营养。

- 牛肉+菠菜=妨碍钙的吸收

牛肉和菠菜搭配大量食用会降低钙的吸收。

- 过敏、湿疹、肾炎、痔疮者不宜食用。

营养黄金组合

- 牛肉+土豆=保护胃黏膜

牛肉纤维粗，有时会影响胃黏膜。土豆含有丰富的叶酸，起着保护胃黏膜的作用。

- 牛肉+牛蒡=改善便秘

牛蒡中含有丰富的膳食纤维，牛肉也是粗纤维的肉类，两者搭配食用能刺激胃肠蠕动，改善便秘。

选购 新鲜牛肉有光泽，肌肉红色均匀；表面不黏手。

保存 在1%的醋酸钠溶液中泡一小时，可存放三天。

实用小贴士

可将牛肉的表面涂抹一层色拉油，然后装进密封容器中，这样可让牛肉保鲜很久。

五香牛肉

材 料 牛肉500克

调 料 香油10克，盐5克，味精3克，五香粉5克

做 法

1.牛肉洗净，放入沸水锅内，放入适量盐，煮至牛肉入味。2.将牛肉捞起，晾凉，切成片待用。3.将牛肉倒入盛器内，调入味精、盐、五香粉拌匀，装盘，再淋上香油即可。

专家点评 提神健脑

松子牛肉

材 料 牛肉300克，豌豆、松子、玉米各200克

调 料 姜20克，盐、味精各5克，料酒适量

做 法

1.牛肉洗净切粒；豌豆、玉米、松子分别洗净；姜洗净切片。2.豌豆、玉米、松子煮至八成熟，盛起备用。3.油锅烧热，爆热姜片，下牛肉、料酒炒熟，放入豌豆、玉米、松子，调入盐，炒匀盛出。

专家点评 补血养颜

芥蓝牛肉

材 料 牛肉200克，芥蓝150克

调 料 盐、味精各3克，水淀粉、酱油、豆瓣酱各10克

做 法

1.牛肉洗净，切块，放盐、味精、水淀粉腌15分钟。2.芥蓝洗净，入开水中烫熟，沥干水分，盛盘。3.油锅烧热，入牛肉滑熟，下酱油、豆瓣酱炒香，出锅，倒在芥蓝上即可。

专家点评 提神健脑

香芹炒牛肉

材 料 牛肉、香芹各350克

调 料 红辣椒20克，酱油30克，淀粉、盐各5克

做 法

1.将牛肉洗净，切成片，用淀粉、酱油、花生油拌匀腌渍15分钟；红辣椒洗净切成椒圈。2.锅烧热放油，放入牛肉片炒至变色，捞出沥干油。3.锅内留油，放进辣椒圈炒香，再将牛肉和香芹放入一起炒匀，放入盐，炒匀装盘即可。

专家点评 补血养颜

苦瓜炒牛肉

材 料 苦瓜250克，牛肉100克

调 料 姜5克，盐5克，味精3克，生粉少许

做 法

1.苦瓜洗净，剖开去瓤，切片；牛肉洗净切片，用生粉、盐稍腌；姜去皮，切片。2.将苦瓜片和牛肉片一起放入沸水中稍焯后捞出，沥干水分。3.锅上火，加油烧热，下入牛肉炒开后，加入苦瓜、姜片、调味料炒匀。

子姜炒牛肉

材 料 子姜40克，牛肉300克

调 料 盐3克，味精2克，酱油、干辣椒各适量

做 法

1.子姜洗净，切片；牛肉洗净，切块；干辣椒洗净，切圈。2.油锅烧热，下干辣椒炒香，放入牛肉翻炒至发白，再加入子姜一起炒匀。3.炒至熟后，加入盐、味精、酱油炒匀调味，起锅装盘即可。

专家点评 增强免疫

回锅牛腱

材 料 牛腱300克

调 料 盐、味精、醋、酱油、红油、红椒、蒜苗各适量

做 法

1.牛腱洗净，切片；红椒洗净，切圈；蒜苗洗净，切片。2.锅内注油烧热，下牛腱翻炒至变色时，加入红椒、蒜苗。3.再放入盐、醋、酱油、红油一起翻炒，炒至熟时，加入味精调味即可。

专家点评 增强免疫

炒

口口香牛柳

材 料 牛柳500克，洋葱丝50克，芝麻10克

调 料 青、红椒丝各适量，料酒、淀粉、香油各10克，盐5克，姜汁、松肉粉各适量

做 法

1.牛柳肉洗净、切片，加入姜汁、松肉粉、淀粉上浆。2.锅烧热入油，然后加入牛柳、椒丝、洋葱丝、香油翻炒，下料酒，加盐，撒上芝麻，出锅装盘。

专家点评 增强免疫

咖喱牛腩煲

材 料 牛腩400克，咖喱粉、洋葱片、青、红椒片各适量

调 料 盐、料酒、老抽、淀粉各少许

做 法

1.牛腩洗净，切块，加盐、料酒、老抽、淀粉腌渍；咖喱粉加水调匀。2.油锅烧热，下牛腩快速翻炒，盛盘。另起油锅，入洋葱、青红椒同炒，倒入牛腩炒熟，淋上咖喱水炒匀即可。

专家点评 提神健脑

蒜烧土豆肥牛

材 料 肥牛180克，土豆150克，蒜薹80克

调 料 辣椒片、盐、味精、酱油各适量

做 法

1.肥牛、土豆洗净，切块；蒜薹洗净，切段。2.油锅烧热，入肥牛肉煸炒，至肉变色捞出。3.锅内留油，加土豆炒熟，入肥牛肉、蒜苗炒香，下盐、味精、酱油调味，盛盘即可。

滋补牛肉汤

材 料 牛肉175克，黄芪12克

调 料 色拉油50克，盐6克，味精3克，葱段5克，香菜4克

做 法

1.将牛肉洗净、切块，黄芪洗净浸泡备用。2.净锅上火，倒入色拉油烧热，爆香葱段，下入牛肉煸炒2分钟，倒入适量水烧沸，下入黄芪，调入盐、味精煮至熟，撒入香菜即可。

专家点评 增强免疫

理气牛肉汤

材 料 精牛肉300克

调 料 盐6克，胡椒8粒，小茴香12粒，香菜2克

做 法

1.将精牛肉洗净、切块备用。2.净锅上火倒入水，调入盐、胡椒、小茴香烧开，再下入精牛肉煲至熟，撒入香菜即可。

专家点评 增强免疫

花生煲牛肉

材 料 牛肉250克，花生120克，胡萝卜75克

调 料 花生油20克，盐少许，味精、香菜各3克，葱5克

做 法

1.将牛肉去筋切块、汆水；花生洗净；胡萝卜洗净、切块备用。2.锅上火倒入花生油，将葱炝香，倒入高汤下入牛肉、花生、胡萝卜，调入盐、味精煲至熟，撒入香菜即可。

专家点评 补血养颜

西红柿牛腩煲

材 料 牛腩250克，西红柿100克，鸡蛋1个

调 料 花生油25克，盐适量，味精3克，葱6克，淀粉10克

做 法

1.将牛腩、西红柿切丁，鸡蛋打入碗内搅匀备用。2.净锅上火倒入花生油，将葱炝香，下入西红柿略炒，加入水，放入牛腩，调入盐、味精，再调入水、淀粉勾芡，打入鸡蛋，煲至熟即可。

专家点评 补血养颜

牛肚

功效

1.补血养颜：牛肚具有补益脾胃、补气养血的功效。
2.开胃消食：牛肚含有蛋白质、碳水化合物等，可开胃消食。
3.增强免疫力：牛肚含硒元素，可增强人体免疫力。

食用禁忌

牛肚+芦荟=不利吸收
二者同食不利营养吸收。
牙齿不好的人不宜食用。

营养黄金组合

牛肚+黄芪=补气血、增强免疫力
二者搭配食用，可起到补气血、增强心肌功能、提升免疫力的作用。
牛肚+粳米=补益脾胃、滋阳益气
二者同食可以起到补脾益气的作用。

选购 好的牛肚组织坚实、有弹性、黏液较多、色泽略带浅黄。

保存 洗净低温存储。

实用小贴士
清洗牛肚的方法：先在牛肚上加盐和醋，用双手反复揉搓，直到黏液凝固脱离，翻面重复上述操作；将牛肚分切成小块，投入冷水锅里，边加热边用小刀刮洗，待水烧沸，牛肚变软，取出，用水冲洗干净即可。

豆角拌牛肚

材 料 豆角200克，牛肚250克

调 料 红椒、生抽、香油各10克，盐、味精各3克

做 法

1.豆角洗净，切段，入开水中烫熟；牛肚洗净切丝，入锅中煮熟，下入开水中汆一下。2.油锅烧热，入红椒爆香，下盐、味精、生抽调成味汁。3.豆角、牛肚盛盘，淋上味汁、香油即可。

专家点评 补血养颜

干拌牛肚

材 料 牛肚300克，香菜适量

调 料 盐3克，味精1克，醋8克，老抽10克，香油12克，辣椒油15克

做 法

1.牛肚洗净，切片；香菜洗净，切段。2.锅内注水烧沸，放入牛肚汆熟后，捞起晾干并装入盘中。3.将盐、味精、醋、老抽、香油、辣椒油调成汁，浇在牛肚上，撒上香菜即可。

专家点评 增强免疫

荷兰豆拌牛肚

材 料 牛肚500克，荷兰豆块、红椒块、蒜头各80克

调 料 醋、盐、生抽各适量

做 法

1.牛肚洗净，煮熟后捞出，切片；蒜头去皮捣成泥。2.荷兰豆、红椒入开水稍烫，捞出；蒜泥、醋、盐、生抽调成味汁。3.将备好的原材料入容器，淋入味汁，搅拌均匀，装盘即可。

专家点评 补血养颜

翠绿银杏炒肚尖

材 料 牛肚80克，银杏仁50克，芦笋60克，百合15克

调 料 辣椒片、盐各5克，生抽、香油各10克

做 法

1.牛肚洗净，汆水后，切片；银杏仁洗净；芦笋洗净，切段；百合洗净，掰小片；银杏仁、芦笋、百合、辣椒分别入水烫熟。2.将所有备好的材料下入油锅中炒熟，加盐、生抽、香油调味即可。

专家点评 增强免疫

香辣牛肚

材 料 牛肚500克，莲藕300克

调 料 料酒、糖、酱油、盐、鸡精、红油各适量

做 法

1.牛肚洗净，入冷水锅中煮好，捞出，切丝；莲藕洗净，去皮，切片，入开水稍煮备用。2.油锅烧热，放入牛肚，加料酒、糖、酱油、红油、盐翻炒均匀，加入莲藕翻炒均匀。3.加入鸡精炒匀，装盘即可。

专家点评 开胃消食

豆豉牛肚

材 料 牛肚800克

调 料 盐4克，白糖15克，酱油8克，料酒、葱段、姜块、葱白、甜椒、红油、豆豉各适量

做 法

1.葱白、甜椒洗净切丝。2.把牛肚、料酒、葱段、姜块同放至开水中稍煮，捞出切片；油锅烧热，放豆豉，加盐、白糖、酱油、红油炒好，淋在牛肚上，撒上葱白和甜椒即可。

专家点评 增强免疫

辣椒炒牛肚

材 料 牛肚300克，青椒、红椒各50克

调 料 盐2克，味精1克，酱油12克，大蒜适量

做 法

1.牛肚洗净，切丝；青椒、红椒洗净，切丝；大蒜洗净，切片。2.油锅烧热，放入青椒、红椒、大蒜一起炒匀，再加入牛肚翻炒至变色。3.炒至熟后，加入盐、味精、酱油调味，起锅装盘即可。

专家点评 开胃消食

油面筋炒牛肚

材 料 油面筋、香菇各50克，牛肚100克

调 料 红椒1个，姜片6克，蒜片、葱段、盐各5克，鸡精2克

做 法

1.油面筋对切；香菇洗净，切片；牛肚洗净，煲烂，切片；红椒洗净，切片。2.锅加油烧热，将牛肚入油锅中滑熟。3.锅置火上，加油烧热，爆香姜片、蒜片、葱段、红椒片，放入油面筋、牛肚、香菇，加入盐、鸡精炒熟即可。

芡实莲子牛肚煲

材 料 牛肚400克，芡实100克，莲子50克

调 料 花生油30克，盐少许，味精3克，葱5克

做 法

1.将牛肚洗净、切片、汆水；芡实洗净；莲子浸泡洗净。2.炒锅上火倒入花生油，将葱爆香，倒入水，下入牛肚、芡实、莲子，调入盐、味精，小火煲至熟即可。

专家点评 补血养颜

滋补牛肚汤

材 料 牛肚200克，百合50克，枸杞10克

调 料 盐少许，高汤适量

做 法

1.将牛肚洗净、汆水，百合、枸杞洗净。2.净锅上火倒入高汤，调入盐，下入牛肚、百合、枸杞，煲至熟即可。

专家点评 增强免疫

猪肉

功效

1.补血养颜：猪肉中含有的半胱氨酸，能促进铁的吸收，改善缺铁性贫血。
2.保肝护肾：猪肉中的蛋白质对肝脏组织具有很好的保护作用，可以保肝护肾。
3.增强免疫力：猪肉中含有的锌，能促进身体、智力和视力的发育，提高身体的免疫力。
4.提神健脑：猪肉中的维生素B_1和锌能促进和提高智力发育，还具有养胃和促进视力发育的作用。

食用禁忌

- 猪肉+菠菜=影响营养吸收
  猪瘦肉含锌，菠菜含铜，同食不利于营养的吸收。
- 猪肉+茶=导致便秘
  猪肉中的蛋白质与茶中的鞣酸易造成便秘。
- 肥胖、高血脂、心血管疾病患者不宜多吃。

营养黄金组合

- 猪肉+大蒜=多种功效
  猪肉含维生素B_1，与大蒜同食对促进血液循环、消除身体疲劳、增强体质都有重要的作用。
- 猪肉+山药=补肺益气
  猪肉营养丰富，而山药则能补脾气而益胃阴，补肺益肾。两者同食，有很好的补气益肺功效。

选购 鲜猪肉的表面微干或湿润，不黏手，气味正常。

保存 鲜猪肉洗净，用保鲜膜包好，贮入冰箱冷藏柜。

实用小贴士

猪肉在2～5℃条件下冷藏，可保存一个星期。猪肉要斜切，这样既不会碎散，吃的时候也不会塞牙。

糖醋里脊

材 料 猪里脊300克

调 料 鸡蛋清1个，水淀粉、豆油各50克，料酒、白糖、醋、香油、盐各适量

做 法

1.猪里脊洗净，切条，加鸡蛋清、水淀粉、盐搅匀上浆；取碗放盐、白糖、醋、料酒、水淀粉调成糖醋汁。2.油锅烧热，下里脊炸至金黄，倒出沥油。3.原锅烧热，放入豆油，倒入糖醋汁，打成薄芡，投入里脊条翻炒，淋上香油即可出锅。

鱼香肉丝

材 料 猪瘦肉150克，青椒丝30克，水发木耳、胡萝卜丝各50克

调 料 白糖、盐、酱油、醋、水淀粉各适量

做 法

1.瘦肉、水发木耳分别洗净，切丝。2.将瘦肉丝加入盐和水淀粉，抓匀；适量水淀粉与白糖、酱油、醋调成汁备用。3.油锅烧热，先炒肉丝，再放青椒丝、胡萝卜丝、木耳，快炒至肉丝熟，立即倒入调好的淀粉汁勾芡，炒匀即可。

家乡回锅肉

材 料 五花肉300克，盐菜80克，青椒、红椒各30克

调 料 蒜苗20克，豆豉酱10克，盐2克，生抽、姜片各适量

做 法

1.五花肉洗净；盐菜洗净切碎；青椒、红椒均去蒂洗净，切圈；蒜苗洗净，切段。2.锅内注入水，放入姜片，入五花肉煮熟后，捞出沥干，待凉切片。3.起油锅，入肉片翻炒片刻，再放入盐菜、青椒、红椒同炒，加盐、豆豉酱、生抽调味，待熟放入蒜苗略炒，盛盘即可。

橄榄菜炒肉块

材 料 橄榄菜、猪肉、四季豆、花生、红椒块各适量

调 料 盐4克，鸡精2克

做 法

1.猪肉洗净，切块；四季豆洗净，去茎，切段；花生炸好，去皮。2.油锅烧热，放入猪肉，加盐滑熟，捞出；另起油锅，放入四季豆，加盐炒匀。3.炒至七成熟时，放入肉、花生、红椒、橄榄菜翻炒均匀，加入鸡精炒匀即可。

专家点评 增强免疫

油豆腐烧肉

材 料 五花肉350克，油豆腐、青红椒各适量

调 料 盐、味精各2克，八角、老抽各5克，料酒15克，大葱、蒜少许

做 法

1.五花肉洗净切块，汆水；油豆腐洗净；青、红椒洗净，切圈；大葱洗净，切段；蒜去皮拍碎。2.油锅烧热，倒入五花肉煸炒至出油，加八角、老抽、料酒、大葱、蒜翻炒。3.锅中注入适量开水，加入油豆腐及青、红椒烧熟，调入盐、味精收汁即可。

荷香圆笼蒸肉

材 料 五花肉150克，糯米200克，荷叶1张

调 料 盐3克，生抽、白糖各5克，料酒适量

做 法

1.五花肉洗净汆水，加盐、生抽、白糖、料酒煮开，捞出切片；糯米洗净，用清水浸泡30分钟后沥干；荷叶洗净备用。2.油锅烧热，放入糯米炒透；荷叶铺在盘底，将糯米盛入盘中，五花肉放在上面摆好。3.上笼蒸20分钟，即可食用。

专家点评 补血养颜

家常小炒肉

材 料 猪肉400克

调 料 盐3克，酱油10克，蒜片、干辣椒、姜片各适量

做 法

1.猪肉洗净，切成小片，用温水氽过后备用；干辣椒洗净，切段。2.炒锅内注油，用旺火烧热后，加入干辣椒、生姜爆炒，放入肉片炒至肉片表面呈金黄色时，再放入切好的蒜片稍微翻炒，出锅时加盐、酱油调味即可。

专家点评 补血养颜

赛狮子头

材 料 猪肉1200克，烫好的西兰花、粉皮、粉丝各200克

调 料 盐、姜末、料酒、淀粉、糖、酱油各适量

做 法

1.烫好的粉丝铺盘底；猪肉剁碎，加姜末、水、盐、料酒、淀粉搅拌揉成圆团，入油锅稍炸，加热水没过肉团，慢火炖好，捞出装盘。2.粉皮放碗里，再放西兰花，倒扣于盘中 。3.油锅烧热，放入糖、酱油、盐、水淀粉调成味汁，淋在盘内即可。

板栗红烧肉

材 料 板栗250克，猪五花肉300克

调 料 酱油、料酒、白糖、葱段、姜片各适量

做 法

1.五花肉洗净切块，氽水后捞出沥干；板栗煮熟，去壳取肉备用。2.油锅烧热，投入姜片、葱段爆香，加肉块，烹入料酒煸炒，再加入酱油、白糖、清水烧沸，撇去浮沫，炖至肉块酥烂，倒入板栗，待汤汁浓稠，拣去葱、姜，即可起锅装盘。

专家点评 增强免疫

米粉肉

材 料 五花肉400克，南瓜、蒸肉粉各适量

调 料 酒、酱油、甜面酱、辣豆瓣酱、糖、蒜末各适量

做 法

1.五花肉洗净、去皮，切厚片，加所有调味料调匀，腌半小时。2.南瓜洗净、去皮，并将瓜瓤刮净后切厚片，铺在蒸碗内垫底。3.将蒸肉粉拌入五花肉中，裹上一层后，铺在南瓜上，入锅蒸半小时，取出淋上熟油即可。

专家点评 增强免疫

山药猪肉汤

材 料 猪肉200克，山药25克

调 料 盐5克

做 法

1.猪肉洗净、切丁、汆水；山药去皮、洗净、切丁备用。2.净锅上火倒入水，调入盐，下入猪肉、山药煲至熟即可。

专家点评 养心润肺

双杏煲猪肉

材 料 猪瘦肉200克，木瓜75克，银杏仁10颗，杏仁5克

调 料 高汤适量，盐5克

做 法

1.猪瘦肉洗净、切块；木瓜洗净去皮、籽，切块；银杏仁、杏仁洗净备用。2.净锅上火倒入水和高汤，调入盐，下入猪瘦肉、木瓜、银杏仁、杏仁煲至熟即可。

专家点评 养心润肺

杜仲巴戟瘦肉汤

材 料 猪瘦肉250克，巴戟30克，杜仲6克

调 料 盐6克，姜片2克

做 法

1.猪瘦肉洗净、切片；巴戟、杜仲洗净稍泡备用。2.净锅上火倒入水，调入盐、姜片烧开，下入猪瘦肉、巴戟、杜仲煲至熟即可。

专家点评 保肝护肾

灵芝红枣瘦肉汤

材 料 猪瘦肉300克，灵芝4克，红枣4颗

调 料 盐6克

做 法

1.猪瘦肉洗净、切片，灵芝、红枣洗净备用。2.净锅上火倒入水，调入盐，下入猪瘦肉烧开，打去浮沫，下入灵芝、红枣煲至熟即可。

专家点评 补血养颜

猪排骨

功效

1.增强免疫力：排骨除含蛋白质、脂肪、维生素外，还含有大量磷酸钙、骨胶原、骨黏蛋白等，可增强免疫力。

2.补血养颜：猪排骨富含血红素和促进铁吸收的半胱氨酸，能改善缺铁性贫血。

3.提神健脑：排骨富含维生素B_1、锌等，有促进智力提高的功效。

4.开胃消食：排骨的浸出物可促进食欲并增加消化液的分泌，利于消化吸收。

食用禁忌

- 猪排骨+甘草=中毒

猪排骨与甘草同食，容易引起中毒。

- 猪排骨+苦瓜=妨碍钙的吸收

猪排骨与苦瓜同食，会妨碍钙的吸收。

- 湿热痰滞内蕴者及肥胖、高血脂者不宜多食。

营养黄金组合

- 排骨+西洋参=滋养生津

排骨含有丰富的营养物质，西洋参具有补气提神、消除疲劳的功效，两者同食可滋养生津。

- 排骨+洋葱=抗衰老

排骨与洋葱同食，有降脂、抗衰老的功效。

选购 应挑选富有弹性，其肉呈红色的新鲜猪排骨。

保存 新鲜猪排骨洗净，包好保鲜膜，贮入冰箱冷藏。

实用小贴士

选择排骨应挑选肋骨，切出一块块的小排最好，肉要新鲜的。一般较新鲜的肉没异味、样子也较好、肉质较鲜嫩、红润。排骨分扁排和圆排，就是看排骨的骨头是呈圆的还是扁的，扁排会好吃很多。

排骨蒸菜心

材 料 菜心300克，排骨200克，豆豉适量

调 料 葱、红椒各5克，盐2克，酱油10克

做 法

1.排骨洗净，剁成小块，用盐、豆豉腌至入味；菜心择好洗净；葱、红椒分别洗净切碎。2.将菜心整齐地码入盘中，上面铺排骨。3.放入蒸锅蒸20分钟，至熟后取出，淋上酱油，撒上葱花、红椒碎即可。

专家点评 补脾健胃

香炖排骨

材 料 排骨800克，生菜80克

调 料 盐、糖、姜片、花椒、八角、葱结、淀粉各适量

做 法 

1.生菜洗净，装盘里；排骨洗净，剁块，汆水后，捞出。2.锅内倒油，待油还冷时放糖，将糖炒化，倒入排骨炒匀，放姜片、花椒、八角翻炒出香味后放清水、盐、葱结烧开，炖好，除去葱和香料，勾芡装盘。

专家点评 提神健脑

干烧排骨

材 料 排骨800克，洋葱200克

调 料 盐4克，酱油、料酒、糖各适量

做 法

1.排骨洗净，剁成块；洋葱洗净，切丝，入油锅，加盐炒熟后，捞出盛入盘中。2.油锅烧热，入排骨翻炒，等肉发白后，加酱油、料酒、糖，加适量清水烧至水干，加盐调味，起锅倒在洋葱上即可。

专家点评 增强免疫

椒盐小排

材 料 排骨500克，干红椒20克

调 料 葱、姜、蒜、盐、料酒、杏仁粉、淀粉、椒盐、香油、胡椒粉各适量，鸡蛋3个

做 法

1.将排骨剁成6厘米长的段，洗净，用盐、料酒、蛋清腌渍，上浆备用。2.炒锅置火上，下油烧至五成热，放入排骨炸至金黄色，捞出沥油。3.排骨重入炒锅，放入葱、姜、蒜和其他调味料，撒上椒盐，炒匀即可。

家乡酱排骨

材 料 排骨500克

调 料 盐、老抽、料酒、红油、葱末、红辣椒各适量，熟芝麻5克

做 法

1.排骨洗净剁块；红辣椒洗净，切成小丁。2.锅内注水，大火烧开后，将剁好的排骨放入锅内煮约半小时至完全熟后，捞出装盘。3.油锅烧热，炒香葱末，再放盐、老抽、料酒、红油拌炒，取汤汁浇在排骨上，撒上熟芝麻、红辣椒丁即可。

芳香排骨

材 料 排骨400克

调 料 红椒、青椒、葱各5克，盐3克，酱油3克，糖、白醋各2克，香油少量

做 法

1.将排骨洗净，剁成长条；红椒、青椒、葱分别洗净切碎。2.排骨抹上盐、糖、酱油和白醋腌至入味，撒上红椒、青椒和葱末，放入蒸锅蒸约25分钟至熟。3.出锅淋上香油即可。

专家点评 补血养颜

排骨扒香茄

材 料 茄子300克，排骨250克

调 料 盐3克，青椒、红椒、葱白各10克，酱油、红油各适量

做 法

1.茄子去蒂洗净切长条，焯烫，捞出摆盘；排骨洗净剁成大块，氽水后放在茄子上；青椒、红椒、葱白均洗净切丝。2.起油锅，用盐、酱油、红油调成味汁，均匀地淋在排骨和茄子上，入蒸锅蒸熟。用青椒丝、红椒丝、葱白丝点缀即可。

糖醋排骨

材 料 猪排骨300克，鸡蛋1个

调 料 生粉、盐、醋、白糖、番茄酱各适量，葱10克，姜3克

做 法

1.猪排骨洗净斩成小段；葱切圈；姜切末。2.将猪排装入碗内，加入生粉和鸡蛋液一起拌匀，入油锅中炸至金黄色后捞出。3.锅置火上加油烧热，下入番茄酱炒香后，下水、糖、醋、盐、葱、姜、生粉勾芡，下入排骨拌匀即可。

排骨苦瓜汤

材 料 苦瓜200克，排骨175克，陈皮5克

调 料 葱花、姜丝各2克，盐6克，胡椒粉5克

做 法

1.将苦瓜洗净去籽切块；排骨洗干净斩块焯水；陈皮洗净备用。2.煲锅上火倒入水，调入盐、葱花、姜丝，下入排骨、苦瓜、陈皮煲至熟，调入胡椒粉即可。

专家点评 保肝护肾

排骨丝瓜汤

材 料 西红柿150克，卤排骨100克，丝瓜200克

调 料 高汤适量，白糖2克，盐3克，料酒4克

做 法

1.将西红柿洗净切块；丝瓜去皮洗净切滚刀块。2.汤锅上火倒入高汤，调入盐、白糖、料酒，下入西红柿、丝瓜、卤排骨煲至熟即可。

专家点评 补血养颜

菌菇排骨汤

材料 多种菌菇100克，排骨200克

调料 盐少许，酱油3克，葱、姜各5克，香油3克

做法

1.将排骨洗净剁块；多种菌菇洗净备用。2.炒锅上火倒入油，将葱、姜爆香，倒入水，调入盐、酱油，放入排骨、多种菌菇煲至成熟，淋入香油即可。

专家点评 补血养颜

西洋参排骨滋补汤

材料 猪排骨350克，青菜20克，西洋参5克

调料 盐6克，葱、姜片各4克

做法

1.将猪排骨洗净、切块、汆水；青菜洗净；西洋参洗净备用。2.净锅上火倒入水，调入盐、葱、姜片，下入猪排骨、西洋参煲至成熟，撒入青菜即可。

专家点评 提神健脑

板栗玉米煲排骨

材料 猪排骨350克，玉米棒200克，板栗50克

调料 盐、味精各3克，葱、姜各5克，高汤适量

做法

1.将猪排骨洗净、汆水；玉米棒切块；板栗洗净备用。2.净锅上火倒入花生油，将葱、姜爆香，下入高汤、猪排骨、玉米棒、板栗，调入盐、味精煲至成熟即可。

专家点评 补血养颜

土豆海带煲排骨

材料 猪排骨250克，土豆、海带结各50克

调料 盐适量，葱、姜片各2克，酱油少许

做法

1.将猪排骨洗净、切块、汆水；土豆去皮、洗净、切块；海带结洗净备用。2.净锅上火倒入水，调入盐、葱、姜片、酱油，下入猪排骨、土豆、海带煲至熟即可。

专家点评 增强免疫

猪蹄

功效

1.增强免疫力：猪蹄中的营养成分可有效地改善全身的微循环，提高免疫力。
2.养心润肺：猪蹄含丰富的胶原蛋白，可使冠心病和脑血管病得到改善。
3.延缓衰老：猪蹄含有丰富的胶原蛋白，影响某些特定组织的生理机能，有延缓衰老的功效。
4.补血养颜：猪蹄中的胶原蛋白能有效改善机体生理功能和皮肤组织细胞的储水功能，防止皮肤过早褶皱，延缓衰老。

食用禁忌

- 猪蹄+黄豆=影响营养物质的吸收

两者的营养成分会合成螯合物,干扰营养的吸收。

- 猪蹄+甘草=引起中毒

猪蹄与甘草同食会引起中毒，不过可以用绿豆解。

- 慢性肝炎、胆囊炎、动脉硬化及高血压患者忌食。

营养黄金组合

- 猪蹄+章鱼=加强补益作用

猪蹄含有大量的胶原蛋白，和章鱼搭配食用，可加强补益作用。

- 猪蹄+木瓜=丰胸养颜

猪蹄含有丰富的胶原蛋白，木瓜中的木瓜酶有很好的丰胸效果，两者同食，有丰胸养颜的效果。

选购 选肉色红润均匀、洁白有光泽、肉质紧密的。

保存 猪蹄应放于冰箱低温保存。

实用小贴士

洗净猪蹄，用开水煮到皮发胀，然后取出用指甲钳将毛拔除，省力省时。

开胃猪蹄

材 料 猪蹄450克，泡椒、青椒、红椒各40克

调 料 味精、盐各5克，香油8克，花椒油15克

做 法

1.青椒、红椒均洗净，切圈。2.猪蹄洗净，入沸水氽去血水，捞出控干水分，然后入蒸笼大火蒸烂，取出剁块装盘。3.起锅放入鲜汤，加入味精、盐调味，放入泡椒、青椒、红椒、香油、花椒油烧开，淋在猪蹄上即可。

蒸

红枣焖猪蹄

材 料 猪蹄150克，红枣50克

调 料 盐3克，酱油、五香粉、香油、辣椒油各适量

做 法

1.猪蹄洗净，切块，氽水沥干；红枣洗净。2.油锅烧热，下猪蹄翻炒2分钟，淋入酱油着色，继续翻炒至肉熟。3.最后在锅中加适量的水，并将红枣倒入拌匀；待煮沸，调入盐、五香粉，淋香油及辣椒油，继续煮至香味散发、猪蹄酥软，起锅即可。

专家点评 补血养颜

花生蒸猪蹄

材 料 猪蹄500克，花生米100克，红椒10克

调 料 盐5克，酱油5克

做 法

1.猪蹄洗净，砍成段；花生米洗净；红椒切片。2.将猪蹄入油锅中炸至金黄色后捞出，盛入碗内，加入花生米，用酱油、盐、红椒拌匀。3.再上笼蒸1小时至猪蹄肉烂骨离即可。

专家点评 养心润肺

京华卤猪蹄

材 料 猪蹄1000克

调 料 盐、料酒、酱油、冰糖、花椒、八角、桂皮、高汤各适量

做 法

1.猪蹄洗净，剁成块，入开水汆烫，捞出备用。2.油锅烧热，放入冰糖、花椒、八角、桂皮炒一下。3.加高汤、酱油、盐、料酒煮开，放入猪蹄，煮好，捞出装盘即可。

专家点评 增强免疫

养颜美容蹄

材 料 猪蹄500克，西兰花100克

调 料 盐3克，酱油20克，糖30克，红辣椒丁、蒜苗各适量

做 法

1.猪蹄洗净，剁成块，汆水待用；西兰花洗净，掰成块，放入沸盐水中煮熟后捞出置于盘中；蒜苗洗净，切段。2.锅内注油烧热，放入猪蹄块翻炒，加入盐、酱油、糖，注水焖煮至汤汁快干，放入红辣椒、蒜苗拌炒，再放入味精调味，即可起锅。

口味猪蹄

材 料 猪蹄400克

调 料 盐4克，鸡精2克，老抽、料酒、白糖、八角、桂皮、花椒、干红椒各适量

做 法

1.猪蹄洗净，切块，汆水，捞出沥干；干红椒洗净，沥干切段。2.锅中注油烧热，下干红椒爆香，加入猪蹄，调入老抽和料酒炒至变色，加适量清水、八角、桂皮和花椒，焖至熟。3.加盐、鸡精和白糖调味，焖至汁浓肉烂时起锅装盘即可。

美容猪蹄汤

材 料 猪蹄1个，薏米35克

调 料 盐少许

做 法

1.将猪蹄洗净、切块、汆水，薏米淘洗净备用。2.净锅上火，倒入水，调入盐烧沸，下入猪蹄、薏米，小火煲65分钟即可。

专家点评 补血养颜

双红猪蹄汤

材 料 猪蹄250克，豆角50克，红枣、红豆各20克

调 料 盐适量

做 法

1.将猪蹄洗净剁成小块；豆角洗净切段；红枣、红豆洗净备用。2.净锅上火，倒入水，调入盐，下入猪蹄、红枣、红豆、豆角煲至熟即可。

专家点评 增强免疫

苦瓜猪蹄汤

材 料 猪蹄250克，苦瓜100克，红枣10克

调 料 盐少许，味精3克，高汤适量

做 法

1.将苦瓜洗净去籽切块；猪蹄切块、汆水；红枣洗净备用。2.净锅上火倒入高汤，调入盐、味精，加入猪蹄、苦瓜、红枣煲至熟即可。

专家点评 增强免疫

佛手瓜煲猪蹄

材 料 佛手瓜200克，猪蹄半只

调 料 盐5克，鸡精3克

做 法

1.将佛手瓜洗净切块；猪蹄洗净斩块、汆水洗净备用。2.净锅上火倒入水，调入盐，下入猪蹄煲至快熟时，下入佛手瓜续煲至熟，调入鸡精即可。

专家点评 增强免疫

百合猪蹄汤

材 料 水发百合125克，西芹100克，猪蹄175克

调 料 清汤适量，盐5克，葱、姜各5克

做 法

1.将水发百合洗净；西芹洗净切段；猪蹄洗净斩块备用。2.净锅上火倒入清汤，调入盐，下入葱、姜、猪蹄烧开，打去浮沫，再下入水发百合、西芹煲至熟即可。

专家点评 补血养颜

猪蹄灵芝汤

材 料 猪蹄1个，黄瓜35克，灵芝8克

调 料 盐6克

做 法

1.将猪蹄洗净、切块、氽水；黄瓜去皮、籽洗净，切滚刀块备用。2.汤锅上火倒入水，下入猪蹄，调入盐、灵芝烧开，煲至快熟时，下入黄瓜即可。

专家点评 养心润肺

红枣海带煲猪蹄

材 料 猪蹄1个，海带片75克，红枣4颗

调 料 盐6克

做 法

1.将猪蹄洗净、切块、氽水；海带片洗净；红枣洗净备用。2.净锅上火倒入水，调入盐，下入猪蹄、海带片、红枣煲至熟即可。

专家点评 增强免疫

木瓜猪蹄汤

材 料 猪蹄1个，木瓜175克

调 料 盐6克

做 法

1.将猪蹄洗净、切块、氽水；木瓜洗净、切块备用。2.净锅上火倒入水，调入盐，下入猪蹄煲至快熟时，再下入木瓜煲至熟即可。

专家点评 补血养颜

猪肝

功效

1.增强免疫力：猪肝中含有的维生素C和微量元素硒，能增强人体的免疫力。猪肝含有的维生素C，能抵御自由基对细胞的伤害。

2.补血养颜：猪肝含丰富的蛋白质及动物性铁质，对女性贫血有很好的改善作用，有很好的补血养颜的作用。

3.排毒瘦身：猪肝含有的维生素B_2，对身体有去毒的作用，有排毒的功效。

食用禁忌

- 猪肝+蛋=容易造成血管硬化

  猪肝和蛋胆固醇都较高，同食易造成血管硬化。

- 猪肝+豆芽=降低营养价值

  猪肝中含铜，会加速豆芽中维生素C的氧化。

- 高血压、冠心病、肥胖症及血脂高的人忌食猪肝。

营养黄金组合

- 猪肝+菠菜=预防贫血

  猪肝与菠菜两者搭配食用，可很好地保存各自的维生素C和维生素K的含量，预防贫血。

- 猪肝+韭菜花=减少胆固醇的吸收

  猪肝中的胆固醇很高，韭菜花中的膳食纤维很高，两者搭配食用，可以减少肠道对胆固醇的吸收。

选购 新鲜猪肝有弹性，有光泽，无异味。

保存 可用豆油涂抹搅拌，放入冰箱内延长保鲜期。

实用小贴士

刚买回的鲜肝不要急于烹调，应放在自来水龙头下冲洗10分钟，然后放在水中浸泡30分钟。

凉拌猪肝

材 料 卤猪肝400克，凉粉150克，黄瓜50克，红椒20克

调 料 盐4克，味精2克，酱油8克，料酒10克

做 法

1.卤猪肝切薄片，装盘；凉粉洗净切条；黄瓜、红椒洗净切丝；将凉粉、红椒分别焯水，凉粉装盘。2.油锅放入盐、味精、酱油、料酒调汁，浇在猪肝上拌匀，放在凉粉上，撒上黄瓜丝和红椒即可。

专家点评 保肝护肾

腰花炒肝片

材 料 猪腰200克，猪肝200克，洋葱40克，青椒、红椒各适量

调 料 盐3克，味精2克，酱油12克，料酒少许

做 法

1.猪腰洗净，切成腰花；猪肝洗净切片；洋葱洗净，切片；青、红椒洗净切片。2.炒锅注油烧热，放入腰花、猪肝一起翻炒，再放入青椒、红椒、洋葱一起炒匀。3.倒入酱油、料酒炒至熟后，加盐、味精入味，起锅装盘即可。

麻辣猪肝

材 料 猪肝200克，花生100克，姜适量，花椒适量，葱适量

调 料 盐5克，味精3克，干椒10克，水淀粉、姜、花椒、葱适量

做 法

1.猪肝入清水中浸泡半小时，捞出切成薄片；葱洗净切成葱花。
2.将干椒、花生、花椒入油锅炸出香味，下入猪肝片炒熟，加入盐、味精、葱花，用水淀粉调味即可。

专家点评 增强免疫

双仁菠菜猪肝汤

材 料 猪肝200克，菠菜100克，酸枣仁10克，柏子仁10克

调 料 盐3克

做 法

1.将酸枣仁、柏子仁装在棉布袋内，扎紧袋口。2.猪肝洗净切片；菠菜去根，洗净切段。3.将布袋入锅加4碗水熬高汤，熬至约剩3碗水。4.猪肝汆烫后捞出，和菠菜加入高汤中，待水一开即熄火，加盐调味即成。

专家点评 保肝护肾

党参枸杞猪肝汤

材 料 猪肝200克，党参8克，枸杞2克

调 料 盐6克

做 法

1.将猪肝洗净切片，焯水洗净，党参、枸杞用温水洗净备用。
2.净锅上火倒入水，调入盐，下入猪肝、党参、枸杞煲至熟即可。

专家点评 补血养颜

天麻猪肝汤

材 料 猪肝250克，天麻100克

调 料 盐少许，味精3克，高汤适量

做 法

1.将猪肝洗净切片焯水；天麻切片洗净备用。2.净锅上火倒入高汤，下入猪肝、天麻，调入盐、味精烧沸至入味即可。

专家点评 保肝护肾

猪腰

功效

1.保肝护肾：猪腰含有丰富的蛋白质、钙、磷、铁和维生素等，有健肾补腰、和肾理气的功效。

2.补血养颜：猪腰含有丰富的磷和铁，对贫血者有补血的作用，常吃可以红润肌肤，美容养颜。

3.增强免疫力：猪腰含有丰富蛋白质和碳水化合物，可以增强机体的免疫能力。

食用禁忌

- 猪腰+茶树菇=影响营养吸收

  猪腰与茶树菇同食，影响营养的吸收。

- 血脂偏高者、高胆固醇者忌食。

营养黄金组合

- 猪腰+豆芽=滋肾润燥

  猪腰和豆芽同食，可以滋肾润燥，益气生津。

- 猪腰+竹笋=补肾利尿

  猪腰与竹笋同食，具有滋补肾脏和利尿的功效。

选购 鲜的猪腰呈浅红色，表面有光泽，柔润有弹性。

保存 猪腰可放入冰箱内低温储存，延长保鲜期。

实用小贴士

1.将猪腰剥去薄膜，剖开，剔除污物筋络，切成所需的片或花状，先用清水漂洗一遍，捞出沥干，用500克白酒拌和捏挤，然后用水漂洗2～3遍，再用开水烫一遍，捞起后便可烹制。

2.不新鲜的猪腰呈淡绿色或灰白色，无光泽，组织松弛，无弹性，有异味，不宜选购。

炝拌腰片

拌

材 料 猪腰400克，黄瓜80克

调 料 盐4克，味精2克，胡椒粉、酱油、熟芝麻、葱花、料酒、干辣椒段各适量

做 法

1.猪腰洗净，剖开，除去腰臊，再切成片；黄瓜洗净，切成片。2.将猪腰用料酒腌渍片刻，倒入开水锅中汆熟，捞出装盘。3.油锅烧热，下干辣椒段，加入所有调味料，淋在腰片上拌匀，装盘，黄瓜围边，撒上葱花和熟芝麻即可。

海派腰花

材 料 猪腰600克

调 料 盐4克，味精2克，姜末、葱丝、辣椒、糖各适量

做 法

1.猪腰洗净，切花刀；辣椒洗净，一部分切丝，一部分切粒备用。2.油锅烧热，下入腰花，加盐滑熟，捞出，放碗里。3.另起油锅，加入姜末、葱丝、辣椒、味精、盐、糖炒好，淋在腰花上即可。

专家点评 增强免疫

香爆腰花

材 料 猪腰400克

调 料 青、红椒各50克，盐3克，酱油5克，胡椒粉2克，料酒15克，香油5克，豆豉适量

做 法

1.青、红椒均洗净，切菱形片；猪腰洗净，剞麦穗花刀，放入碗内，加入酱油、料酒、盐腌渍。2.油锅烧热，下青椒、红椒、豆豉爆香，再放入腰花爆炒。3.加入盐、胡椒粉炒匀，淋入香油即可。

专家点评 增强免疫

醋辣腰花

材 料 猪腰300克，红椒40克，陈醋150克

调 料 味精2克，香油、花椒、葱花各10克，酱油3克，盐3克

做 法

1.猪腰洗净，剞麦穗花刀，氽熟。2.葱花、盐、酱油、陈醋、味精、香油调成味汁。3.花椒、红椒、味汁入油锅爆香，淋于猪腰上即可。

专家点评 补血养颜

豆芽腰片汤

材 料 猪腰200克，黄豆芽100克

调 料 盐5克，胡椒粉4克

做 法

1.将猪腰洗净，去除腰臊切片焯水；黄豆芽洗净备用。2.净锅上火倒入水，调入盐，下入黄豆芽、猪腰煲至熟，调入胡椒粉即可。

专家点评 补血养颜

猪腰补肾汤

材 料 枸杞100克，鲜猪腰90克，党参片4克

调 料 清汤适量，盐6克，姜片3克

做 法

1.枸杞冲洗干净；鲜猪腰片去腰臊，洗净切条备用。2.净锅上火倒入清汤，调入盐、姜片、党参烧开，下入枸杞、鲜猪腰烧沸，打去浮沫，煲至成熟即可。

专家点评 保肝护肾

新编精选
家常菜
下卷

陈志田 主编

長江出版傳媒 湖北科学技术出版社

猪血

功效

1.排毒瘦身：猪血中含有的蛋白质，有消毒和润肠的作用，能让有害物质随排泄排出体外。

2.补血养颜：猪血中含铁量较高，而且以血红素铁的形式存在，易于吸收利用，经常食用，可起到补血养颜的作用。

3.增强免疫力：猪血含锌、铜等微量元素，具有提高免疫功能及抗衰老的作用。

食用禁忌

- 猪血+黄豆=消化不良

  猪血与黄豆同食，容易引起消化不良。
- 猪血+海带=便秘

  猪血与海带同食，会导致便秘。
- 高胆固醇、肝病、高血压、冠心病者应少食。

营养黄金组合

- 猪血+菠菜=调理肠道

  猪血与菠菜同食能调理肠道，达到排毒的效果。
- 猪血+韭菜=清肺健胃

  猪血与韭菜同食，有清肺健胃的功效。

选购 有腥味和孔洞，较硬且易碎的是真猪血。

保存 宜放在冰箱冷冻保存。

实用小贴士

1.假猪血由于搀了色素或血红，颜色非常鲜艳，而真猪血颜色则呈深红色。

2.猪血切开后，如果切面粗糙，有不规则小孔说明是真猪血。真正的猪血，有股淡淡的腥味。

猪血汤

材 料 猪血300克，酸菜50克，猪肉100克

调 料 洋葱30克，姜10克，葱15克，盐6克，味精2克，胡椒粉3克，高汤500毫升

做 法

1.酸菜洗净切段；猪血洗净切块入沸水中稍烫；猪肉切丁；洋葱切丝；葱切花；姜切片。2.锅上火，注油烧热，放入洋葱、酸菜、猪肉丁爆香。3.加入高汤煮滚，再放入猪血、葱、姜和盐、味精、胡椒粉，煮至入味即可。

韭菜花烧猪血

材 料 韭菜花100克，猪血150克

调 料 盐5克，味精2克，上汤200毫升，红椒1个，辣椒酱30克，豆瓣酱20克

做 法

1.猪血切块；韭菜花切段；红椒切块。2.锅中水烧开，放入猪血焯烫，捞出沥水。3.油烧热，爆香红椒，加入猪血、上汤及调味料煮入味，再加入韭菜花煮熟即可。

专家点评 补血养颜

韭香豆芽猪血汤

材 料 猪血150克，黄豆芽45克，韭菜10克

调 料 色拉油30克，盐6克，味精2克，香油3克

做 法

1.将猪血洗净切条，黄豆芽洗净，韭菜择洗净切成段备用。2.净锅上火倒入水，下入猪血焯水，捞起冲净待用。3.净锅上火倒入色拉油，下入黄豆芽煸炒出香，倒入水，下入猪血，调入盐、味精烧沸煲至熟，淋入香油，撒上韭菜即可。

专家点评 补血养颜

西洋参猪血煲

材 料 猪血200克，黄豆芽100克，西洋参8克

调 料 高汤适量，盐6克

做 法

1.将猪血洗净切块，黄豆芽洗净，西洋参洗净浸泡备用。2.净锅上火倒入高汤，调入盐，下入猪血、黄豆芽、西洋参煲至熟即可。

专家点评 养心润肺

韭菜猪血汤

材 料 猪血200克，韭菜100克，枸杞10克

调 料 花生油20克，盐适量，鸡精3克，葱3克

做 法

1.将猪血切小丁焯水，韭菜洗净切末，枸杞洗净备用。2.炒锅上火倒入花生油，将葱炝香，倒入水，调入盐、鸡精，下入猪血、枸杞煲至入味，撒入韭菜末即可。

专家点评 排毒瘦身

双色豆腐汤

材 料 豆腐、猪血各100克，豆苗30克

调 料 黄豆油20克，盐4克，鸡精1克，葱、姜各2克

做 法

1.将豆腐、猪血洗净切块，豆苗择洗净备用。2.净锅上火倒入黄豆油，将葱、姜爆香，倒入水，调入盐、鸡精，下入豆腐、猪血、豆苗煲至熟即可。

专家点评 增强免疫

猪肚

功效

1.开胃消食：猪肚含有多种营养物质，具有补虚损、健脾胃的功效，适用于气血虚损、身体瘦弱者食用。

2.补血养颜：猪肚含有丰富的钙、磷、铁等，适用于气血虚损、身体瘦弱者食用，对女性有补血养颜的作用。

3.增强免疫力：猪肚含有丰富蛋白质和碳水化合物，可以增强机体的免疫能力。

食用禁忌

- 猪肚+芦荟=对身体不利

  猪肚与芦荟功效不同，同食会影响功效。

- 猪肚+豆腐=对身体不利

  猪肚与豆腐两者同食，属温凉相加，对身体不利。

- 温热内蕴、肥胖、便秘、高脂血症患者少吃。

营养黄金组合

- 猪肚+银杏+腐竹=健脾开胃

  猪肚与银杏、腐竹同食，有健脾开胃、滋阴补肾、祛湿消肿的功效。

- 猪肚+胡萝卜+黄芪+山药=补虚养颜

  猪肚、黄芪有补脾益气的作用，与健胃的山药、胡萝卜同食，可增加营养、补虚弱，丰满肌肉。

选购 选购猪肚时挑表面呈粉嫩肉色，无坏死组织的。

保存 猪肚洗净煮熟后用保鲜膜包紧放入冰箱冷冻。

实用小贴士

新鲜猪肚是黄白色，手摸劲挺黏液多，肚内无块和硬粒，弹性较足。

凉拌猪肚

材 料 猪肚150克，红椒5克

调 料 大葱5克，盐、味精各3克，生抽、香油各10克，香菜少许

做 法

1.猪肚洗净，切成丝，放入开水中氽熟；红椒、大葱洗净，切成丝；香菜洗净。2.油锅烧热，入红椒爆香，下大葱、盐、味精、生抽、香油调成味汁。3.将味汁淋在猪肚上，拌匀，撒上香菜即可。

专家点评 增强免疫

冷水猪肚

材 料 猪肚400克

调 料 味精3克，盐4克，胡椒粉2克，香油12克，料酒、淀粉、苏打粉、大葱各50克

做 法

1.大葱洗净，切丝；猪肚洗净，用淀粉抓洗，加入苏打粉拌匀，并腌渍2小时，入沸水锅中，加料酒氽熟后切条装入碗。2.加入香油、胡椒粉、味精、盐调匀，摆上大葱丝即成。

专家点评 开胃消食

小炒猪肚

材 料 猪肚400克，蒜薹50克，红椒20克

调 料 盐3克，味精1克，酱油12克，醋少许

做 法

1.猪肚洗净，切丝；蒜薹洗净，切段；红椒洗净，切圈。2.炒锅注油烧热，放入猪肚炒至变色，再放入蒜薹、红椒一起翻炒。3.倒入酱油、醋炒至熟后，调入盐、味精拌匀，起锅装盘即可。

专家点评 开胃消食

银杏腐竹猪肚煲

材 料 银杏仁50克，腐竹10克，猪肚1个

调 料 姜片10克，葱段5克，盐4克，胡椒粒5克

做 法

1.腐竹泡发切片；银杏仁洗净。2.锅中倒入水和姜片，待水沸后放入猪肚煮约10分钟，捞出晾凉，冲洗干净后切成片。3.锅复置火上，再注入清水适量，放入葱段，待水沸后放入猪肚、腐竹、银杏仁、胡椒粒，用大火炖开后，转小火煲约2小时，调入盐即可。

桂圆煲猪肚

材 料 猪肚300克，玉米须100克，桂圆50克

调 料 盐、高汤适量，葱、姜段各10克

做 法

1.将猪肚洗净备用；玉米须洗净；桂圆去外壳洗净。2.炒锅上火倒入高汤，下入猪肚、葱、姜段、玉米须、桂圆，调入盐，煲至成熟即可。

专家点评 补血养颜

鸡骨草猪肚汤

材 料 猪肚250克，鸡骨草100克，枸杞10克

调 料 味精3克，盐、高汤适量

做 法

1.将猪肚洗净、切条，鸡骨草、枸杞洗净备用。2.净锅上火倒入高汤，调入盐、味精，下入猪肚、鸡骨草、枸杞，煲至成熟即可。

专家点评 补血养颜

猪肠

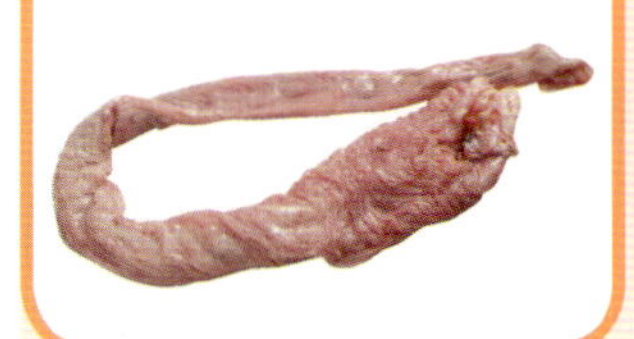

功效

1.开胃消食：猪肠有帮助吸收的功效，对于食欲不振的人士很有疗效。

2.补血养颜：猪肠含有的钙、磷、铁，能补虚、止渴止血，有补血养颜的作用。

3.增强免疫力：猪肠中含有大量维生素E和硒元素，有促进人体新陈代谢，延缓衰老，增强免疫力的功效。

4.补虚去燥：猪肠含有多种营养物质，对预防体虚肠燥有一定的效果。

食用禁忌

- 猪肠+甘草=中毒
  猪肠与甘草同食，会引起中毒。
- 感冒期间忌食，因其性寒，脾虚便溏（大便不成形，形似溏泥）者亦忌。

营养黄金组合

- 猪肠+香菜=增强免疫力
  香菜与猪大肠同食，可增强免疫力。
- 猪肠+豆腐=健脾开胃
  猪肠与豆腐同食，有健脾开胃的作用。

选购 质量好的猪肠，颜色呈白色，黏液多，异味轻。

保存 放入冰箱冷藏即可。

实用小贴士

1.不新鲜的猪肠呈淡绿色或灰绿色，组织软、无韧性、易断裂、有恶臭味，不宜购买。

2.市售的猪肠常分为已处理过及未处理的，若买已处理过的猪肠，需选购不具特殊异味、外表没有黏液的为好；若买未经处理的，通常外表光滑，微具肉色为好。

傻儿肥肠

材料 猪大肠400克，菜心200克，蚕豆少许

调料 盐3克，味精2克，酱油15克，料酒少许

做法

1.猪大肠剪开洗净，切片；菜心洗净，切段，用沸水焯熟后装入盘中；蚕豆去壳洗净。2.炒锅注油烧热，放入猪大肠炒至变色，再放入蚕豆一起翻炒。3.炒至熟时，倒入酱油、料酒拌匀，加入盐、味精调味，起锅倒在盘中的菜心上即可。

专家点评 开胃消食

豆腐烧肥肠

材料 豆腐400克，肥肠100克

调料 葱花6克，姜末、蒜末各5克，盐3克，鸡精、料酒各2克，豆瓣酱10克

做法

1.豆腐洗净切丁；肥肠洗净，切细块。2.锅上火，将水烧开，下豆腐焯一下，捞出；净锅上火，油烧热，下姜、蒜、豆瓣酱炒香，放入肥肠炒熟，加少许清水煮沸。3.加入豆腐丁，烧开后放入盐、鸡精、料酒、葱花炒匀即可。

黑椒猪大肠

材 料 猪肠100克，黑胡椒粉10克，咸菜20克

调 料 盐3克，味精2克，糖3克，香油3克，蚝油8克，米酒适量

做 法

1.将猪肠洗净，蒸熟，切成小段；咸菜切段备用。2.将蒸熟的猪肠与调味料、黑胡椒粉调拌匀。3.咸菜倒入碟底，倒入猪肠，上笼蒸3分钟即可。

专家点评 开胃消食

草头圈子

材 料 草头500克，猪大肠1根（约400克）

调 料 姜1块，小葱1根，老抽、白糖各50克，料酒、白酒各20克，盐2克，淀粉少许

做 法

1.将猪大肠洗净后汆水，切段；草头洗净备用。2.大肠内放入调味料，焖约半小时；草头煸炒后装盘。3.将焖好的大肠放于草头上即可。

专家点评 开胃消食

薏米煲猪肠

材 料 猪肠200克，薏米30克

调 料 盐6克

做 法

1.将猪肠洗净切块焯水；薏米淘洗净备用。2.净锅上火倒入水，下入猪肠、薏米煲至熟，加盐调味即可。

专家点评 补血养颜

猪肠海带煲豆腐

材 料 猪大肠200克，海带75克，豆腐50克

调 料 高汤适量，盐5克

做 法

1.将猪大肠洗净切块焯水；海带洗净切块；豆腐洗净切块备用。2.净锅上火倒入高汤，下入猪大肠、海带、豆腐，调入盐煲至熟即可。

专家点评 增强免疫

羊肉

功效

1.开胃消食：羊肉中的烟酸能维持消化系统健康，B族维生素亦能促进食欲。
2.增强免疫力：羊肉中含有丰富的蛋白质，经常食用，能提高免疫力，增加对抗病毒的能力。
3.补血养颜：羊肉含有丰富的铁能预防和治疗贫血，使皮肤恢复良好的血色。
4.帮助消化：羊肉还可以增加消化酶，保护胃壁，帮助消化。

食用禁忌

- 羊肉+南瓜=易得脚气病
  不宜同时吃南瓜，以防发生黄疸和脚气病。
- 羊肉+食醋=降低营养
  羊肉与食醋搭配会削弱两者的食疗作用。
- 肝炎病人忌食。

营养黄金组合

- 羊肉+山药=健脾止泻
  羊肉与山药同食，有健脾止泻、补肺的作用。
- 羊肉+香菜=多种功效
  羊肉与香菜同时食用，既可去除腥味，还可补益气力、固肾壮阳。

选购 绵羊肉细嫩、膻味小；山羊肉较粗糙、膻味重。

保存 羊肉放少许盐腌渍两天，即可保存十天左右。

实用小贴士

1.羊肉中的黏膜较多，切丝前应将其剔除。
2.冬天用45℃的温水，夏天用凉水，漂洗30分钟可除去膻味。

葱拌羊肉

材 料 羊肉300克，大葱适量，红椒少许

调 料 盐3克，味精1克，醋6克，老抽15克

做 法

1.将羊肉洗净改刀，入水氽熟，装碗；大葱切段；红椒切丝备用。2.向碗中加入盐、味精，醋、老抽拌匀，并腌渍20分钟后倒入盘中，撒上大葱段、红椒丝即可。

专家点评 增强免疫

葱丝羊肉

材 料 羊肉250克，黄瓜、葱白丝、红椒丝各适量

调 料 盐、料酒、酱油、红油、香菜段各少许

做 法

1.羊肉洗净，切片；黄瓜洗净，切片，摆盘。2.油锅烧热，下羊肉煸炒，调入酱油炒至上色，放红椒丝、葱白丝同炒片刻。3.调入盐、料酒炒匀，淋入红油，撒上香菜，装入摆有黄瓜的盘中即可。

专家点评 增强免疫

川香羊排

材料 羊排650克，烟笋80克，熟芝麻少许

调料 辣椒段、豆瓣酱、八角、桂皮、料酒、酱油、大葱段、盐、味精各适量

做法

1.羊排洗净，砍成小块，入汤锅，加水、八角、桂皮，煮烂，捞出；烟笋泡发后，切成小条。2.油锅烧热，下豆瓣酱、辣椒段、烟笋略炒，再加入羊排，烹入料酒炒香。3.加盐、味精、酱油、大葱段炒匀，撒上芝麻，出锅即可。

羊肉烩菜

材料 羊肉500克，冻豆腐块200克，胡萝卜块100克，粉丝150克

调料 盐5克，花椒4克，酱油8克，葱花、香菜段、芹菜段各10克

做法

1.羊肉洗净，切块，氽水后捞出；粉丝泡发。2.油锅烧热，下羊肉，加盐、花椒、酱油，翻炒均匀。3.另起锅入汤，加冻豆腐、胡萝卜、羊肉炖煮，加盐、粉丝，撒上葱花、香菜、芹菜。

蒜香羊头肉

材料 蒜20克，羊头肉250克

调料 盐6克，香油10克，花椒5克，丁香5克，砂仁5克

做法

1.羊头肉洗净，放开水中氽熟，捞起沥水；蒜剁成泥。2.锅下油烧热，将蒜泥、盐、花椒及丁香、砂仁爆香，下羊肉滑熟，盛出晾凉，切片待用；将羊头肉片装盘，淋香油即可。

姜汁羊肉

材料 羊肉400克

调料 姜50克，葱20克，盐3克，醋、料酒、酱油、鲜汤、味精各适量

做法

1.姜、葱均洗净，切末。2.用部分姜末、醋、盐、味精、酱油加适量鲜汤调成汁。3.羊肉洗净，放入清水锅中，加入料酒、剩余姜、葱末，煮熟，晾冷切片，摆入碗中，浇上汤汁即可。

虾酱羊肉

材 料 羊肉400克，虾酱40克，油菜100克

调 料 盐3克，味精1克，醋8克，生抽10克，香油15克

做 法

1.羊肉洗净，切长块；油菜洗净，用热水焯熟，排于盘中。2.锅内注水，下羊肉煮至熟后，捞起装入排有油菜的盘中。3.用盐、味精、醋、生抽、虾酱、香油调成酱料，食用时蘸酱即可。

专家点评 增强免疫

白切羊肉

材 料 羊肉500克，黄瓜100克

调 料 盐5克，桂皮、八角各10克，姜5克，料酒10克

做 法

1.整块羊肉入水浸泡1小时，去除血水；黄瓜洗净切条，焯水待用。2.羊肉捞出放入锅内，加适量清水，以大火烧开。3.下盐、桂皮、八角、姜、料酒，焖烧2～3小时，捞出冷却后切成薄片；将黄瓜条放进盘底，上面铺上羊肉片即可。

青椒焖羊肉

材 料 羊肉400克，青椒50克

调 料 盐3克，味精1克，酱油10克，胡椒粉少许

做 法

1.羊肉洗净，切片；青椒洗净，切片。2.锅中注油烧热，放入羊肉翻炒至变色，再加入青椒炒匀。3.注入少许清水，焖煮至汤汁收干时，加入盐、味精、酱油、胡椒粉调味，起锅装盘即可。

专家点评 开胃消食

手抓羊肉

材 料 羊肉500克，生菜适量

调 料 盐、酱油、香油、辣椒酱、葱末、蒜蓉、葱白丝、红椒丝、香菜段各适量

做 法

1.生菜洗净，入盘垫底；羊肉洗净，剁成大块，入沸水锅中煮熟，置生菜上，撒上葱白、红椒丝、香菜。2.辣椒酱与葱末、蒜蓉放入碗中，加入盐、酱油、香油调匀，做成味汁。3.带味汁上桌即可。

枸杞羊肉香菜汤

材 料 羊肉175克，香菜45克，枸杞4克

调 料 盐6克，胡椒粉3克

做 法

1.将羊肉洗净、切片；香菜择洗净切段；枸杞洗净备用。2.净锅上火倒入水，调入盐，下入羊肉烧开，打去浮沫，下入枸杞，煮熟后撒入香菜即可。

专家点评 增强免疫

羊肉粉条山药煲

材 料 羊肉220克，山药75克，水发粉条20克

调 料 盐少许，胡椒粉2克，香菜3克，葱花1克

做 法

1.将羊肉洗净、切块、汆水；山药去皮、洗净、切块；水发粉条洗净切段备用。2.净锅上火倒入水，下入羊肉、山药，调入盐煲至快熟时，下入水发粉条，调入胡椒粉，撒入香菜、葱花即可。

红枣羊排首乌汤

材 料 羊排200克，红枣10颗，首乌12克

调 料 盐6克

做 法

1.将羊排洗净、切块、汆水；红枣、首乌洗净备用。2.汤锅上火倒入水，下入羊排、红枣、首乌，调入盐煲熟即可。

专家点评 补血养颜

山药枸杞羊排煲

材 料 羊排250克，山药100克，枸杞5克

调 料 花生油20克，盐少许，葱6克，香菜5克

做 法

1.将羊排洗净、切块、汆水；山药去皮切块；枸杞洗净备用。2.炒锅上火倒入花生油，将葱爆香，加入水，下入羊排、山药、枸杞，调入盐，煲至熟时撒入香菜即可。

专家点评 增强免疫

兔肉

功效

1.养心润肺：兔肉中含有丰富的卵磷脂，可增进血液循环，清除过氧化物，保护心脑血管。

2.提神健脑：兔肉中含有的不饱和脂肪酸，能提高脑细胞的活性、增强记忆力和思维能力。

3.增强免疫力：兔肉中含较多人体最易缺乏的赖氨酸、色氨酸，以及多种营养素，能增强免疫力。

食用禁忌

兔肉+橘子=导致腹泻

兔肉与橘子同食，会引起肠胃功能紊乱，腹泻。

兔肉+小白菜=腹泻呕吐

兔肉与小白菜同食，容易引起腹泻和呕吐。

孕妇及阳虚者忌食。

营养黄金组合

兔肉+红枣=红润肌肤

兔肉与红枣同食，有补血养颜、红润肌肤的功效。

兔肉+葱=降脂美容

兔肉与葱同食，味道鲜美，还有降血脂、美容的功效。

选购 鲜兔肉肌肉有光泽、颜色均匀、脂肪洁白。

保存 鲜兔肉放于冰箱冷藏，腊兔肉挂在通风处保存。

实用小贴士

1.兔肉很细嫩，肉中几乎没有筋络，必须顺着纤维纹路切。2.宰杀好的兔子应先将其尾部去净，放入清水浸泡后再用于烹调。

兔肉薏米煲

材 料 兔腿200克，薏米100克，红枣50克

调 料 盐少许，葱、姜各6克

做 法

1.将兔腿洗净剁块，薏米洗净，红枣去外壳备用。2.炒锅上火倒入水，下入兔腿肉汆水冲净备用。3.净锅上火倒入油，将葱、姜爆香，倒入水，调入盐，下入兔腿、薏米、红枣，小火煲至入味即可。

专家点评 降低血压

桂圆兔腿枸杞汤

材 料 兔腿肉350克，桂圆10颗，枸杞3克

调 料 盐少许

做 法

1.将兔腿肉斩块汆水；桂圆、枸杞洗净备用。2.净锅上火倒入水，调入盐，下入兔腿肉、桂圆、枸杞煮熟即可。

专家点评 提神健脑

辣椒炒兔丝

材 料 兔肉200克，辣椒150克

调 料 姜丝、葱丝各10克，盐3克，鸡精2克

做 法

1.兔肉洗净，切成细丝；辣椒洗净切成细丝。2.将兔肉丝与辣椒丝一起入油锅中过油后捞出。3.锅上火，加油烧热，下姜丝、葱丝爆香，加入兔肉与辣椒丝一起炒匀后，加入盐、鸡精，调好味即可。

专家点评 提神健脑

宫廷兔肉

材 料 兔肉500克

调 料 花椒20克，红油10毫升，料酒25克，辣椒酱、豆瓣酱各20克，姜片、葱少许，蒜蓉30克，高汤适量

做 法

1.将兔洗净，切成小方丁，入沸水锅里汆水，捞起备用。2.锅中留少许底油，下入蒜蓉、姜、葱、红油、花椒煸香，再下入兔肉煸炒出香味，下入料酒、辣椒酱、豆瓣酱，放入高汤，焖至入味即可。

青豆烧兔肉

材 料 兔肉200克，青豆150克

调 料 姜末、盐各5克，葱花、鸡精各3克

做 法

1.兔肉洗净，切成大块。2.将切好的兔肉入沸水中汆去血水。3.锅上火，加油烧热，下入兔肉、青豆炒熟后，加调味料调味即可。

专家点评 降低血糖

手撕兔肉

材 料 兔肉700克，红椒适量

调 料 盐5克，葱、姜、八角、桂皮、料酒、红油、熟芝麻各适量

做 法

1.兔肉洗净，入水汆烫；红椒洗净切圈；香葱洗净切段。2.兔肉入高压锅，加盐、姜、八角、桂皮、料酒、清水，上火压至软烂，取肉撕成丝，加葱段、红油、熟芝麻，搅拌均匀即可。

专家点评 排毒瘦身

第四篇 禽蛋类

对于吃肉，有一种说法是“四条腿的不如两条腿的”。禽肉的蛋白质含量较高，而且都属于完全蛋白质，富含人体必需的各种氨基酸，易于被人体吸收。而蛋类则含有丰富的蛋白质和卵磷脂，是食物中最理想的优质蛋白质来源。常吃禽蛋类食物对于老人、病人和孕妇都大有好处。以下是一些禽蛋类的美味菜式，做法简单，总有一款合你口味。

鸡肉

功效

1.增强免疫力：鸡肉中含有牛磺酸，可以增加人体免疫细胞，帮助免疫系统识别体内和外来的有害物质。鸡肉营养丰富，能提高人体的抗疲劳能力，增强机体的免疫功能。

2.提神健脑：鸡肉含有的牛磺酸可发挥抗氧化和解毒作用，促进智力发育。

3.补血养颜：鸡肉含有钙、磷、铁及丰富的维生素等，有助于补血养颜。

食用禁忌

- 鸡肉+李子=容易助火热

  李子性热，鸡肉温补，二者同食助火热。

- 鸡肉+兔肉 =容易发生腹泻

  鸡肉性温热，兔肉性凉，二者同食易导致腹泻。

- 高血压、冠心病、胆结石、胆囊炎患者忌食。

营养黄金组合

- 鸡肉+百合+粳米=补气益脾

  鸡肉益阴血、补气益脾；百合久蒸能益脾养心；粳米益胃气。三者同食，用于产后虚羸少气、心悸、头昏、少食等效果颇佳。

选购　优质鸡肉色白里透红、发亮、手感光滑。

保存　鸡肉较易变质，购买之后要马上放进冰箱里。

实用小贴士

不要挑选肉和皮的表面比较干，或者含水较多、脂肪稀松的鸡肉。鸡肉最嫩，只有顺着肌纤维的纹路切才能保持其形状。

广东白切鸡

材　料　鸡肉500克，青、红椒丝各适量

调　料　葱末、香油各30克，姜末、生抽、料酒各20克，盐3克，味精2克

做　法

1.鸡肉洗净，氽熟，切块，拌上料酒；辣椒丝焯水。2.辣椒丝与鸡肉装入盘中。3.将其余调味料做成调味汁，淋在鸡肉、辣椒丝上即可。

专家点评　增强免疫

香糟鸡

材　料　鸡500克

调　料　酒糟、高粱酒、盐各适量

做　法

1.鸡洗净，用盐涂擦鸡身和内腔，腌1小时，入沸水锅中氽熟，取出切块。2.将酒糟、高粱酒、盐同入碗内搅匀，入锅隔水蒸后，取出，淋在鸡上即可。

专家点评　提神健脑

豉油皇鸡

材 料 鸡肉450克，丝瓜100克，洋葱20克

调 料 盐、味精各3克，酱油、豆豉、辣椒各10克

做 法

1.鸡肉洗净，切丁；辣椒、洋葱洗净，切丝；丝瓜洗净，去皮，切段，入加了盐的沸水中烫熟。2.油锅烧热，入辣椒炸香，入鸡肉滑炒，加洋葱炒匀。3.用盐、味精、酱油、豆豉调味，盛盘，摆上丝瓜即可。

专家点评 增强免疫

西芹鸡柳

材 料 西芹、鸡脯肉各300克，胡萝卜1个

调 料 酒、淀粉、香油、胡椒粉、姜片、蒜片、盐各适量

做 法

1.鸡脯肉切条，加入酒和少许盐拌匀，腌15分钟备用。2.西芹去筋，切菱形，用油、盐略炒，盛出；胡萝卜切片。3.锅烧热，下油爆香姜片、蒜片、胡萝卜片，加入鸡肉条、酒、香油、胡椒粉，放入西芹，用淀粉勾芡，炒匀即可。

腰果鸡丁

材 料 鸡肉300克，腰果80克

调 料 淀粉、料酒、盐、葱末、姜末、鸡汤、蒜末各适量

做 法

1.鸡肉洗净切丁，用淀粉上浆。2.油锅烧热，放鸡丁滑熟盛出；腰果入油锅炸至金黄色后，捞出沥油。3.另起锅加油烧热，下葱、姜和蒜爆锅，加入鸡汤、盐、料酒，烧开后放入鸡丁和腰果，勾芡，装盘即可。

专家点评 提神健脑

油淋土鸡

材 料 鸡450克，辣椒丝10克

调 料 卤水200克，香菜段、酱油、香油、花椒各10克

做 法

1.鸡洗净，汆水后沥干待用。2.煮锅加卤水烧开，放入整鸡，大火煮10分钟，熄火后再焖15分钟，捞出待凉后，斩块装盘。3.油锅烧热，爆香花椒、辣椒丝，加酱油、香油炒匀，出锅淋在鸡块上，再撒上香菜即可。

专家点评 增强免疫

板栗煨鸡

材 料 带骨鸡肉750克，板栗肉150克

调 料 葱段、姜片、酱油、料酒、盐、淀粉、香油各适量，肉清汤750克

做 法

1.鸡肉洗净剁成块；油锅烧热，入板栗炸呈金黄色，倒入漏勺沥油。2.再热油锅，下鸡块煸炒，烹入料酒，放姜片、盐、酱油、肉清汤，焖3分钟，加板栗肉，续煨至软烂，加葱段，用淀粉勾芡，淋入香油，出锅装盘即成。

蒸

太白鸡

材 料 鸡1只，鲜花椒30克，泡椒20克

调 料 红油15克，盐、蒜、味精各5克，姜片、料酒、豆瓣酱、糍粑辣椒各10克，淀粉少许

做 法

1.鸡宰杀，清洗干净，去内脏，用盐腌渍入味，入锅卤至熟待用。2.锅中下入红油、糍粑辣椒、泡椒、鲜花椒，加汤、淀粉以外其他调味料与鸡一起入蒸锅中蒸至熟烂。3.倒出原汁，勾芡，浇在鸡身上即可。

客家盐焗鸡

材 料 鸡700克

调 料 粗盐250克，香油10克

做 法

1.鸡洗净，晾干，用盐涂抹鸡身内外，用锡纸包住。2.煲中铺上锡纸，放入粗盐，然后放鸡，再盖上盐，盖上盖子，慢火6分钟，翻过鸡身，再6分钟，最后熄火12分钟。3.将鸡取出，斩块，淋上香油即可。

专家点评 增强免疫

宅门鸡

材 料 鸡500克，花生米30克，熟芝麻10克

调 料 盐、香油、红油、葱花各适量

做 法

1.水锅烧开，加盐、香油、红油调匀成味汁；鸡洗净，入沸水锅中煮熟后捞出，切块；花生米洗净去皮，入油锅炸熟后置于鸡块上。2.将味汁淋在鸡块上，撒上葱花、熟芝麻即可。

专家点评 增强免疫

鸡肉丝瓜汤

材 料 鸡脯肉200克，丝瓜175克

调 料 清汤适量，盐2克

做 法

1.将鸡脯肉洗净切片；丝瓜洗净切片备用。2.汤锅上火倒入清汤，下入鸡脯肉、丝瓜，调入盐煲至熟即可。

专家点评 增强免疫

鸡肉蘑菇粉条汤

材 料 鸡肉175克，蘑菇80克，水发粉条20克

调 料 高汤适量，盐4克，酱油2克

做 法

1.将鸡肉洗净切块，蘑菇洗净；水发粉条洗净切段备用。2.净锅上火倒入高汤，下入鸡肉烧开，打去浮沫，下入蘑菇、水发粉条，调入盐、酱油，煲至熟即可。

专家点评 补血养颜

冬菇粉条炖鸡

材 料 鸡腿肉250克，水发冬菇75克，水发粉条35克

调 料 盐5克，酱油少许，葱段、姜片各2克

做 法

1.将鸡腿肉洗净斩块汆水；水发冬菇洗净切块；水发粉条洗净切段备用。2.净锅上火倒入水，调入盐、酱油、葱段、姜片，下入鸡腿肉、水发冬菇、水发粉条煲至熟即可。

专家点评 提神健脑

益母草鸡汤

材 料 老母鸡400克，益母草10克

调 料 盐5克，姜片3克

做 法

1.将老母鸡杀洗干净，斩块汆水；益母草用清水稍洗备用。2.净锅上火倒入水，调入盐、姜片，下入益母草烧20分钟，捞去益母草，下入老母鸡煲至熟即可。

专家点评 补血养颜

鸡翅

功效

1.增强免疫力：鸡翅含蛋白质、脂肪、钙、磷、铁及丰富的维生素E、维生素A、B族维生素、烟酸，有增强人体免疫力的功效。

2.补血养颜：鸡翅富含矿物质，有补气、补血的功效，常食能令面色红润。

3.养心润肺：鸡翅含有可强健血管的成胶原及弹性蛋白等，对于血管、内脏颇具效果，有养心润肺的作用。

食用禁忌

- 鸡翅+狗肾=引起痢疾
  鸡翅与狗肾同食，会引起痢疾。
- 鸡翅+菊花=中毒
  鸡翅与菊花同食，会引起中毒。
- 血脂偏高、胆囊炎、胆石症患者忌食。

营养黄金组合

- 鸡翅+板栗=补脾造血
  板栗能健脾，脾健更有利吸收鸡翅的营养成分，造血机能也会随之增强。
- 鸡翅+油菜=强化肝脏
  鸡翅与油菜同食，能强化肝脏和美化肌肤。

选购 大型鸡翅色泽带黄，外表肥厚，皮下脂肪含量高；中小型鸡翅皮薄，略显透明，脂肪含量低。

保存 放入冰箱冷藏。

实用小贴士
将鸡翅放凉水先煮，可以去掉鸡皮的油腻。

板栗烧鸡翅

材　料 鸡翅300克，板栗100克

调　料 盐、味精各3克，酱油、料酒、蚝油各10克

做　法

1.鸡翅洗净，切成小块，用盐、料酒、酱油腌渍；板栗焯水后去皮。2.油锅烧热，下鸡翅滑熟，再放入板栗翻炒片刻。3.调入味精、蚝油和适量清水烧开，再盖盖焖烧至入味，收汁装盘即可。

专家点评　增强免疫

小炒鸡翅

材　料 鸡翅300克，芹菜少许

调　料 盐3克，味精1克，醋8克，酱油12克，红椒少许

做　法

1.鸡翅洗净，用热水汆一下待用；芹菜洗净，切段；红椒洗净，切开。2.锅内注油烧热，下鸡翅翻炒至变色，放入芹菜、红椒一起翻炒。3.再加入盐、醋、酱油炒至将熟，加入味精调味，起锅装盘即可。

专家点评　保肝护肾

香辣鸡翅

材 料 鸡翅400克，干椒20克，花椒10克

调 料 盐5克，味精3克，红油8克，卤水50克

做 法

1.将鸡翅洗净，放入烧沸的油中，炸至金黄色捞出。2.鸡翅放入卤水中卤至入味。3.锅中加油烧热，下入干椒、花椒炒香后，放入鸡翅，加入调味料炒至入味即可。

专家点评 增强免疫

红烧鸡翅

材 料 鸡翅3个

调 料 姜片、胡椒粉、盐、生抽、料酒、醋各5克，白糖3克，淀粉8克，红辣椒1个，蒜片6克，葱花3克

做 法

1.鸡翅洗净，切块；红辣椒洗净切片。2.鸡翅加盐、胡椒粉、料酒腌渍5分钟；锅中油烧热，下鸡翅炸至金黄，捞起沥干。3.锅中留油，加入蒜片、姜片、葱花爆香，放入鸡翅，调入盐、生抽、料酒、醋、白糖、淀粉、红椒片，加水煮熟即可。

烩鸡翅

材 料 去骨鸡翅2个，山药30克，香菇1朵，油菜少许

调 料 高汤100克，淀粉适量，酱油5克，蒜末少许，姜末少许，盐5克，料酒10克

做 法

1.鸡翅用盐、料酒、酱油、蒜末、姜末腌至入味；香菇切丝；山药去皮切条；油菜洗净。2.将鸡翅中段去骨肉的内侧沾上少许淀粉，塞入香菇、山药和油菜叶柄，再裹淀粉封口。3.将鸡翅入锅小火慢煎至金黄，加入高汤焖煮至汤汁收干即可。

梅子鸡翅

材 料 鸡翅5个，紫苏梅7颗

调 料 米酒8克，酱油6克，冰糖5克，葱花3克，姜片5克，九层塔适量，枸杞10克

做 法

1.鸡翅洗净备用。2.热锅爆香葱花、姜片，再加入鸡翅炒至金黄色；加入紫苏梅及米酒、酱油、冰糖和适量水，以小火焖煮至收干汤汁，加入枸杞、九层塔即可。

专家点评 补血养颜

鸡爪

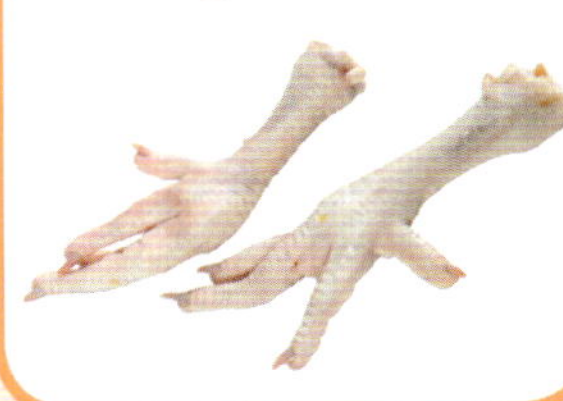

功效

1.补血养颜：鸡爪含有丰富的胶原蛋白和磷、铁、钙等矿物质，对贫血有很好的食疗作用，而且具有美容功效。

2.增强免疫力：鸡爪中富含蛋白质、钙、磷和铁等，同时能增加免疫细胞效果，有很好的增强免疫力的功效。

3.提神健脑：鸡爪含有的牛磺酸能改善心脑功能，特别是有健脑的作用。

食用禁忌

- 鸡爪+芹菜=伤元气
  鸡爪和芹菜同食，会伤元气。
- 鸡爪+糯米=引起身体不适
  鸡爪与糯米同食，会引起身体不适。
- 高胆固醇、肝病、高血压和冠心病患者应少食。

营养黄金组合

- 鸡爪+黑豆+红枣=补血养颜
  黑豆有活血润肤的功效，红枣有补血的作用，鸡爪与黑豆、红枣同食，有补血养颜、祛斑增白的功效。
- 鸡爪+红豆=生津健脾
  鸡爪与红豆同食，有理气补益、生津健脾的美容功效。

选购 嫩鸡爪较小，老鸡爪大而硬。

保存 放入冰箱冷藏。

实用小贴士

买回的鸡爪应去掉趾甲，用流动的水清洗干净。

白云鸡爪

材 料 鸡爪适量

调 料 姜、葱、大蒜、白醋、八角、盐、砂糖、上汤各适量

做 法

1.将上汤加入八角、盐、砂糖、白醋、姜、葱和蒜同煲滚，候凉放冰箱冷藏；将白醋加入滚水里，倒入鸡爪煮约12分钟，取出。2.把鸡爪浸在凉开水中约2小时，捞起沥干，放入备好的上汤内浸约10小时便成。

卤味凤爪

材 料 鸡爪250克

调 料 盐5克，味精3克，八角5克，桂皮10克，葱段10克，蒜片5克

做 法

1.鸡爪剁去趾甲，洗净备用。2.锅中加水烧沸，下入鸡爪煮至熟软后捞出。3.锅中加入葱段、蒜片和其他调味料制成卤水，下入鸡爪卤至入味即可。

专家点评 增强免疫

泡椒凤爪

材 料 鸡爪400克，泡椒50克，野山椒1瓶

调 料 盐3克，味精2克，姜片、蒜片各适量

做 法

1.鸡爪洗净，对切后汆水，煮熟待用。2.密封罐中倒入野山椒，加入盐、味精、泡椒，再把鸡爪、姜片、蒜片倒入密封罐中浸泡1天，即可食用。

专家点评 补血养颜

鸡爪炒猪耳条

材 料 猪耳朵、鸡爪、鸡胗各100克，胡萝卜适量

调 料 盐3克，味精2克，醋10克，生抽15克，料酒12克

做 法

1.猪耳朵洗净，切条；鸡爪洗净，切段；鸡胗洗净，切片；胡萝卜洗净，切条。2.锅内注油烧热，放入猪耳朵、鸡爪、鸡胗炒至快熟时，调入盐炒入味，烹入醋、生抽、料酒，再放入胡萝卜一起翻炒。3.至熟时，加入味精调味，起锅装盘即可。

菌菇鸡爪眉豆煲

材 料 鸡爪200克，多菌菇100克，眉豆30克

调 料 花生油25克，盐5克，鸡精3克，高汤适量，葱、姜各5克

做 法

1.将鸡爪用水浸泡，去趾甲，洗净；多菌菇浸泡去盐分洗净；眉豆洗净备用。2.净锅上火倒入花生油，将姜、葱炝香，倒入高汤，调入盐、鸡精，加入鸡爪、多菌菇、眉豆煲至熟。

专家点评 补血养颜

黑豆红枣鸡爪汤

材 料 鸡爪3只，黑豆30克，红枣15克

调 料 盐5克

做 法

1.将鸡爪洗净汆水；黑豆、红枣用温水浸泡40分钟，洗净备用。2.汤锅上火倒入水，调入盐，下入黑豆、鸡爪、红枣煲至熟即可。

专家点评 养心润肺

鸭肉

功效

1.保肝护肾：常食鸭肉可滋阴补肾。

2.养心润肺：鸭的脂肪中含有不饱和脂肪酸，能降低血中胆固醇和甘油三酯，同时鸭肉中含有较为丰富的烟酸，对心脏疾病患者有利。

3.增强免疫力：鸭肉含有丰富的蛋白质和维生素，能补充人体的营养需要，同时鸭肉中还富含钾元素，多吃能够增强机体的免疫力。

食用禁忌

- 鸭肉+鳖肉=导致便秘
  鸭肉与鳖肉同食，会容易使人产生便秘。
- 鸭肉+板栗=易中毒
  鸭肉与板栗相克，二者同食容易使人中毒。
- 病中有伤、寒性痛经、胃痛、腹泻患者忌食。

营养黄金组合

- 鸭肉+冬瓜=调养胃气
  鸭肉与冬瓜同食，有调养胃气的功效。
- 鸭肉+酸菜=营养丰富
  鸭肉与酸菜同食，营养丰富、滋阴养胃、清肺补血、利尿消肿、开胃利膈、杀菌、治寒腹痛。

选购 要选择肌肉新鲜、脂肪有光泽的鸭肉。

保存 鸭肉可用熏、腊、风干、腌等方法保存。

实用小贴士

鸭肉有一股很大的腥味，如果在烹制时想去掉这种味道，应先将鸭子尾端两侧的臊豆去掉，因为腥味多半来自此处。

蒜苗拌鸭片

材 料 鸭肉250克，蒜苗250克

调 料 红尖椒5克，料酒10克，白糖5克，香油10克

做 法

1.鸭肉洗净煮熟，待凉后去骨切薄片。2.蒜苗和红尖椒分别洗净，蒜苗切斜段，入锅炒熟；尖椒切丝，入沸水中烫至熟后，捞出备用。3.鸭肉片放入碗中，加白糖、料酒调拌匀，再加入蒜苗和红尖椒，拌匀，淋上香油即可。

专家点评 增强免疫

年糕八宝鸭丁

材 料 年糕、茄子、鸭肉、花生米、芹菜各100克

调 料 生抽20克，香油10克，盐5克，味精5克

做 法

1.鸭肉洗净，入锅中煮熟后切丁待用；年糕切丁；花生米、茄子、芹菜洗净，茄子、芹菜切丁。2.锅烧热加油，放进生抽、香油、年糕、鸭肉、花生米、茄子、芹菜，翻炒至熟。3.最后下盐、味精，炒匀装盘即可。

专家点评 保肝护肾

蒜薹炒鸭片

材 料 鸭肉300克，蒜薹100克

调 料 酱油5克，盐3克，味精1克，料酒5克，淀粉少许，子姜1块

做 法

1.鸭肉洗净切片；姜拍扁，加酱油略浸，挤出姜汁，与酱油、淀粉、料酒、鸭片拌匀。2.蒜薹洗净，切段，下油锅略炒，加盐、味精，炒匀盛出备用。3.锅洗净，热油下姜爆香，倒入鸭片，改小火炒散，再改大火，倒入蒜薹，加盐、水，炒匀即可。

啤酒鸭

材 料 鸭子1只，啤酒1瓶

调 料 盐3克，味精1克，酱油12克，醋8克，红椒、蒜苗各适量

做 法

1.鸭子洗净，切块；红椒洗净，切碎；蒜苗洗净，切小段。2.锅中注油烧热，放入鸭块翻炒至变色，放入红椒、蒜苗，再倒入啤酒一起炒匀。3.注入适量清水焖煮，至汤汁收干时，加入盐、味精、酱油、醋调味，起锅装盘即可。

青花椒仔鸭

材 料 仔鸭1只

调 料 盐、味精各3克，青花椒50克，酱油、辣椒、葱段、姜片、料酒、红油、高汤各适量

做 法

1.仔鸭洗净，放盐、味精、酱油腌渍30分钟；辣椒洗净切成小片。2.砂锅内放入高汤、仔鸭、葱、姜、料酒，旺火煮开，再小火煨熟。3.油锅烧热，下入青花椒炒香，放入盐、味精、红油、辣椒炒匀，淋在仔鸭上即可。

梅菜扣鸭

材 料 梅菜200克，鸭400克，油菜100克

调 料 盐3克，味精3克，老抽30克，淀粉20克

做 法

1.鸭洗净切块，氽熟后捞出沥干；梅菜洗净，切段；油菜洗净，放入沸水中焯过待用。2.将熟鸭块排于碗底，放上洗好的梅菜，将盐、味精、老抽、淀粉调成汤汁，浇在上面。3.放入蒸锅内蒸20分钟左右取出倒扣，将油菜排于周围即可。

薏米冬瓜鸭肉汤

材 料 冬瓜300克，鸭肉100克，薏米25克

调 料 色拉油20克，盐4克，味精2克，葱、姜片各3克，香油2克

做 法

1.将冬瓜去皮、子，洗净切成滚刀块；鸭肉斩块汆水冲净；薏米淘洗净用温水浸泡备用。2.净锅上火倒入色拉油，将葱、姜片炝香，下入鸭肉略炒，倒入水，下入冬瓜、薏米，调入盐、味精煲至熟，淋入香油即可。

美容养颜老鸭煲

材 料 老鸭450克，黑豆200克，灵芝50克，桂圆30克

调 料 花生油20克，盐少许，鸡精3克，葱、姜各5克

做 法

1.将老鸭洗净，汆水斩块备用。2.黑豆洗净；灵芝浸泡洗净；桂圆去外壳。3.炒锅上火倒入花生油，将姜、葱炝香，倒入水，下入老鸭、黑豆、灵芝、桂圆，调入盐、鸡精，煲至熟即可。

专家点评 补血养颜

冬瓜鸭肉煲

材 料 烤鸭肉300克，冬瓜200克

调 料 盐少许

做 法

1.将烤鸭肉斩成块；冬瓜去皮、子洗净切块备用。2.净锅上火倒入水，下入烤鸭肉、冬瓜，调入盐煲至熟即可。

专家点评 降低血糖

胡萝卜荸荠鸭肉煲

材 料 烤鸭肉350克，胡萝卜200克，荸荠100克

调 料 盐少许，味精、姜各3克

做 法

1.将烤鸭肉剁成块；胡萝卜洗净去皮切块；荸荠洗净也切块备用。2.炒锅上火倒入油，将姜炝香，下入胡萝卜、荸荠煸炒，倒入水，调入盐、味精，再加入烤鸭煲至入味即可。

专家点评 增强免疫

老鸭红枣猪蹄煲

材 料 老鸭250克，猪蹄1个，红枣4颗

调 料 盐少许

做 法

1.将老鸭洗净斩块汆水；猪蹄洗净斩块汆水备用；红枣洗净。2.净锅上火倒入水，调入盐，下入老鸭、猪蹄、红枣煲至熟即可。

专家点评 增强免疫

清汤老鸭煲

材 料 老鸭450克，油菜10克

调 料 盐少许，葱、姜片各2克

做 法

1.将老鸭洗净斩块汆水；油菜洗净备用。2.净锅上火倒入水，调入盐、葱、姜片，下入老鸭煲至熟，下入油菜稍煮即可。

专家点评 养心润肺

鸭肉芡实汤

材 料 鸭腿肉200克，芡实2克

调 料 盐3克，姜片5克

做 法

1.将鸭腿肉洗净，切小块汆水，芡实用温水洗净备用。2.净锅上火倒入水，调入盐，下入鸭块、芡实、姜片烧开至熟即可。

专家点评 降低血糖

银杏枸杞鸭肉汤

材 料 鸭肉200克，银杏仁100克，枸杞20克

调 料 高汤适量，盐少许，味精2克，葱段5克

做 法

1.将鸭肉洗净切丁；银杏仁、枸杞洗净备用。2.炒锅上火倒入高汤，调入盐、味精、葱段，下入鸭肉、银杏仁、枸杞烧沸，打去浮沫，小火煲至熟即可。

专家点评 增强免疫

鹅肉

功效

1.养心润肺：鹅肉含有镁和卵磷脂，能保持神经系统和心脏的正常工作，同时可起到预防“三高”的作用。

2.增强免疫力：鹅肉蛋白质含量高，脂肪含量低，常吃能够增强免疫力。

3.补血养颜：鹅肉含有钙、磷、镁、铁等营养素，同时鹅肉中的卵磷脂能分解体内毒素，有补血养颜的功效。

食用禁忌

- 鹅肉+鸡蛋=伤元气
  鹅肉与鸡蛋同食，容易伤人元气。
- 鹅肉+柿子=引起中毒
  鹅肉与柿子同食，容易引起中毒。
- 皮肤过敏、肠胃虚弱、皮肤疮毒等患者忌食。

营养黄金组合

- 鹅肉+芋头=补虚益气
  鹅肉与芋头同食，有补虚益气、和胃生津的功效。
- 鹅肉+酸菜=清肺补血
  鹅肉与酸菜同食，营养丰富，有着滋阴养胃、清肺补血、开胃利膈的效果。

选购 若要以鹅肉进补，应选择白鹅肉。

保存 将脂肪切除，涂上食盐，挂在阴凉通风处。

实用小贴士

给鹅拔毛时用双膝夹住鹅颈，先拔尾毛、翅毛和头、颈、胸、腹、背部的毛，后拔臂、腿部的毛。

卤水鹅片拼盘

材料 鹅肾、鹅肉各100克，鹅翅200克，豆腐2块

调料 盐5克，味精2克，鲜酱油10克，卤汁300克

做法

1.将鹅肉、鹅肾、鹅翅、豆腐洗净，分别切成片入油锅炸至金黄。2.把水烧开，将原料放入锅中烫熟，取出，再用凉开水冲15分钟，沥干，加入卤汁、盐和味精浸泡30分钟后切件，装盘，加鲜酱油，淋上卤汁即可。

黄瓜烧鹅肉

材料 鲜鹅肉100克，黄瓜120克，木耳50克

调料 生姜10克，盐5克，料酒10克，胡椒粉少许，淀粉5克，香油、红椒丝各适量

做法

1.鹅肉洗净切小块；黄瓜洗净切滚刀块；生姜去皮切片；木耳洗净泡发，切成小片。2.鹅肉块入沸水中汆去血水，捞出备用。3.烧锅下油，放生姜、红椒、黄瓜、鹅肉爆炒，调入盐、料酒、胡椒粉，下木耳炒透，淀粉勾芡，淋上香油即可。

扬州风鹅

材 料 鹅500克

调 料 盐3克，味精1克，醋8克，酱油10克，香菜、红椒各少许

做 法

1.鹅洗净，切块，用盐、醋、酱油腌渍待用；红椒洗净，切丝；香菜洗净。2.锅内注油烧热，放入腌好的鹅块翻炒至变色，注水并加入盐、醋、酱油焖煮。3.煮熟后，加入味精调味，捞起沥干装入盘中，撒上香菜、红椒丝即可。

酱爆鹅脯

材 料 鹅脯肉300克，青椒、红椒各适量，油菜30克

调 料 盐3克，味精1克，醋8克，酱油15克

做 法

1.鹅脯肉洗净，切成片；青椒、红椒洗净，切片；油菜洗净，烫熟备用。2.锅内注油烧热，放入鹅脯肉翻炒至变色后，加入青椒、红椒炒匀。3.再加入盐、醋、酱油翻炒熟后，加入味精调味，起锅装盘，摆上油菜即可。

专家点评 保肝护肾

芋头烧鹅

材 料 鹅肉500克，芋头6个

调 料 盐4克，料酒8克，生抽、胡椒粉、十三香各5克，香油10克，红椒1个，蒜3瓣，姜1块，葱2根

做 法

1.将鹅肉洗净，剁成块状；芋头去皮，洗净；红椒切成片状；蒜去皮；姜切片；葱切段。2.锅中水煮沸，下入剁好的鹅块煮约40分钟，至熟后捞起。3.热油锅，爆香姜片、蒜、葱、红椒，下入鹅块和其他调味料，加芋头和水炖至熟烂即可。

鲍汁鹅掌扣刺参

材 料 刺参1条，鹅掌1只，西兰花2朵，西红柿1个，鲍汁200克

调 料 盐2克，味精3克，白卤水200克

做 法

1.刺参洗净，入水中煮4小时后取出，去肠洗净备用。2.鹅掌洗净入白卤水中卤30分钟后取出备用。3.西兰花洗净入沸水中焯熟；西红柿洗净切成两半；以上材料摆盘，鲍汁中加入盐、味精，勾芡，淋在盘中即可。

鸡 蛋

功效

1.提神健脑：鸡蛋黄中的卵磷脂、甘油三酯和卵黄素，对人体的神经系统发育有很好的作用，可增强记忆力。

2.补血养颜：鸡蛋中的铁含量尤其丰富，有补血养颜的功效。

3.增强免疫力：鸡蛋黄中的卵磷脂可提高血浆蛋白量，增强免疫功能。

4.保肝护肝：鸡蛋蛋白质对肝脏组织损伤有一定的修复作用。

食用禁忌

- 鸡蛋+豆浆=降低营养

鸡蛋中的蛋白与豆浆中的蛋白酶结合，会降低营养。

- 鸡蛋+茶=影响营养吸收

浓茶含有单宁酸，与蛋同食会影响蛋白质的吸收。

- 肝炎、肾炎、胆囊炎、冠心病患者不宜多吃。

营养黄金组合

- 鸡蛋+干贝=营养丰富

干贝含有丰富的钙质，鸡蛋含有大量的蛋白质，两者同食可提供全面的营养。

- 鸡蛋+百合=清心安神

蛋黄能除烦热，百合清痰火、补虚损，同食有滋阴润燥、清心安神之功效。

选购 将蛋轻轻摇一摇，有响声的可能是变质的。

保存 冷冻保存，把大头朝上可延长保存时间。

实用小贴士

将无损伤的鲜蛋放入缸内，倒入浓度2%～3%的石灰水，水面高出蛋面20～25厘米，可保鲜3～4个月。

鸡蛋炒干贝

材 料 鸡蛋2个，干贝200克，酱萝卜100克

调 料 盐3克，醋、生抽各8克，红椒适量，蒜苗少许

做 法

1.鸡蛋打散；干贝洗净，蒸熟，撕成细丝；酱萝卜洗净切片；红椒洗净切圈；蒜苗洗净切段。2.锅内注油烧热，下鸡蛋翻炒至变色后，加入酱萝卜、干贝、红椒、蒜苗炒匀。3.再加入盐、醋、生抽炒熟，装盘即可。

专家点评 提神健脑

银芽炒鸡蛋

材 料 豆芽10克，鸡蛋6个，粉丝10克

调 料 盐2克，老抽5克，香油适量

做 法

1.粉丝泡发，切断；豆芽洗净，去头尾。2.鸡蛋打入碗内，调入少许盐，拌匀备用。3.油锅烧热，下粉丝，加入剩余的盐、老抽，炒干盛出；净锅上火，油烧热，加入蛋液，炒熟后下粉丝、豆芽、香油拌匀，装盘即可。

专家点评 补血养颜

青豆炒蛋

材 料 青豆500克，鸡蛋3个，胡萝卜、鱿鱼、猪瘦肉各50克

调 料 盐2克，香油适量

做 法

1.胡萝卜洗净去皮，切细丁；青豆洗净；猪瘦肉剁末；鸡蛋搅拌均匀；鱿鱼洗净切丝。2.锅中放水和盐煮沸，下青豆、肉末、鱿鱼、胡萝卜煮熟沥干。3.油锅烧热，下蛋液炒熟盛出；锅内留少许油，倒入煮熟的材料，调入剩余的盐和香油，加入炒蛋炒匀即可。

臊子蛋

材 料 鸡蛋4个，肉末100克，水发木耳末、榨菜末各50克

调 料 盐、葱花、玉米粉各适量

做 法

1.蛋打散，加盐、玉米粉搅匀；肉末、木耳末、榨菜末各取一半，与蛋糊混合均匀。2.蛋糊入油锅煎至金色装盘，划成小块；炒散肉末，放木耳、榨菜、葱花，加盐调味，盛起放在煎蛋上即可。

专家点评 养心润肺

辣味香蛋

材 料 鸡蛋4个，清水笋120克，水发黑木耳25克

调 料 料酒、白糖、酱油、淀粉、干红椒、姜、葱白各适量

做 法

1.清水笋、水发黑木耳、干红椒、姜和葱白洗净，切丝；鸡蛋打散，加盐搅匀。2.炒鸡蛋液至两面透黄，装盘。3.煸炒切丝材料，用调味料调味，再下鸡蛋略炒即可。

专家点评 提神健脑

百果双蛋

材 料 鸡蛋1个，鹌鹑蛋10个，银杏仁、银耳各5克，红枣、百合、木耳各3克

调 料 盐、酱油各适量

做 法

1.银耳、红枣、木耳、百合、银杏仁洗净泡1小时。2.油锅烧热，放入泡好的材料，加酱油，炒熟装盘；鹌鹑蛋、鸡蛋分别入锅煎熟，放入盛有炒好的原材料碗中，加盐调味即可。

专家点评 增强免疫

蛋皮豆腐

材 料 豆腐300克，鸡蛋4个，香菇、瘦肉各50克

调 料 盐3克，胡椒粉5克，葱50克

做 法

1.所有材料洗净；葱切丝；豆腐压碎；香菇、瘦肉切末，拌入少许盐、胡椒粉。2.鸡蛋打散，调入盐、胡椒粉；平底锅中下油烧热，倒入鸡蛋液摊成蛋皮，取出；将调好味的材料包入蛋皮中，蒸约8分钟即可。

太极鸳鸯蛋

材 料 鸡蛋3个，鹌鹑蛋10个，菠菜50克

调 料 盐、鸡精、香油各适量

做 法

1.菠菜洗净，留叶，剁蓉。2.鸡蛋打入碗，调少许盐、鸡精搅匀；鹌鹑蛋打入碗内，调入菠菜叶蓉、盐、鸡精拌匀。3.取盆，中间用蒸纸隔开，分别倒入鸡蛋液和鹌鹑蛋液，蒸约10分钟端出，最后淋上香油即可。

专家点评 养心润肺

节瓜粉丝蒸水蛋

材 料 节瓜200克，粉丝20克，鸡蛋3个

调 料 盐1克，鸡精1克，酱油3克，葱花10克，香油3克

做 法

1.鸡蛋打入碗，加入80℃的热水、盐、鸡精搅匀；节瓜去皮洗净，切丝；粉丝洗净泡发，切断。2.装蛋的碗上蒸锅，放入节瓜丝、粉丝，蒸约8分钟取出，撒葱花，淋酱油、香油即可。

专家点评 补血养颜

蚝干蒸蛋

材 料 蚝干100克，鸡蛋2个

调 料 盐3克

做 法

1.蚝干洗净汆水，捞起沥干。2.鸡蛋加1碗温盐水打成蛋液，以细滤网滤过，盛于蒸碗内。3.入蒸锅隔水蒸10分钟后，掀盖，将蚝干加入，续蒸10分钟即可。

专家点评 提神健脑

第五篇 水产类

水产类食物味道鲜美，营养丰富，而且脂肪含量低，容易消化，深受人们的喜欢。而鱼类食物特有的牛磺酸，有降低胆固醇、预防动脉硬化的功效，所以适宜多吃。但是对于水产类食物，可能你也有过不知该如何烹调的时候。不用担心，以下我们介绍的这些水产类的烹饪菜式，非常适合你在家制作，让你轻松就把水产类食物“烹出极致”。

鲤鱼

功效

1.提神健脑：鲤鱼鱼头中含丰富的卵磷脂，有助补充大脑营养、增强记忆。

2.养心润肺：鲤鱼的脂肪多为不饱和脂肪酸，能很好地降低胆固醇，可以预防动脉硬化、冠心病。

3.增强免疫力：鲤鱼能供给人体必需的氨基酸、矿物质和维生素，能补充人体必需的营养，增强免疫能力。

4.降低血压：鲤鱼含的氨基乙磺酸可预防高血压，增强肝脏功能。

食用禁忌

- 鲤鱼+咸菜=消化道癌肿
  鲤鱼与咸菜同食，可引起消化道癌肿。
- 鲤鱼+狗肉=不利于人体
  狗肉与鲤鱼同食，可能会产生不利于人体的物质。
- 慢性病患者、体虚者、结核病患者不宜食用鲤鱼。

营养黄金组合

- 鲤鱼+当归+黄芪=生乳
  当归、黄芪补益气血，鲤鱼补脾健胃，同食大有生乳之效，用于产后气血虚亏、乳汁不足。
- 鲤鱼+醋=除湿去腥
  鲤鱼和醋都有除湿、下气，还能起到去腥的作用。

选购 鲤鱼要买500～700克之间的，比较鲜美。

保存 置冰箱内保存。

实用小贴士

将鱼去鳞剖腹洗净后，放入盆中倒一些料酒，就能除去鱼的腥味，并能使鱼滋味鲜美。

白汁鲤鱼

材 料 鲤鱼1条（约400克），豆芽50克，牛奶60克

调 料 姜15克，盐4克，味精3克，葱丝20克

做 法

1.鲤鱼去鳞洗净，在背部打花刀。2.锅中加油烧热，下入鲤鱼炸熟后，捞出。3.锅中加油烧热，下入豆芽、葱丝爆香，再加入鲤鱼、牛奶、其余调味料烧至入味即可。

专家点评 提神健脑

糖醋全鲤

材 料 鲤鱼1条，糖200克，醋150克

调 料 料酒10克，盐5克，番茄汁15克

做 法

1.鲤鱼洗净，改花刀，入锅炸熟捞出。2.锅内留油，加入水，放入糖、醋、番茄汁、盐、料酒，用猛火熬成汁。3.把鲤鱼放入锅中，待汁熬浓，再放少许清油，出锅即可。

专家点评 提神健脑

当归白术鲤鱼汤

材 料 鲤鱼400克，当归50克，白术20克

调 料 高汤、盐各适量，鸡精3克

做 法

1.将鲤鱼洗净，斩块汆水；当归、白术洗净。2.锅上火倒入高汤，下入鲤鱼块、当归、白术，调入盐、鸡精烧沸至熟即可。

专家点评 保肝护肾

鲤鱼冬瓜煲

材 料 冬瓜300克，鲤鱼275克

调 料 盐6克，胡椒粉5克，葱段、姜片各3克，香油4克，香菜末2克，花椒8粒

做 法

1.将冬瓜去皮、子，洗净切成块；鲤鱼宰杀洗净斩块备用。2.净锅上火倒入色拉油，将葱段、姜片爆香，下入鲤鱼烹炒，倒入水，调入盐、花椒烧开，再下入冬瓜煲熟，调入胡椒粉、香油，撒入香菜末即可。

白菜鲤鱼汤

材 料 白菜叶200克，鲤鱼175克，猪肉适量

调 料 猪骨汤适量，盐5克，葱花、姜片各3克，花椒4粒

做 法

1.将白菜叶洗净切块；鲤鱼洗净切片；猪肉洗净切片备用。2.净锅上火倒入猪骨汤，调入盐、姜片、花椒，下入鲤鱼、猪肉烧开，打去浮沫，再下入白菜叶，小火煲至熟，撒上葱花即可。

专家点评 保肝护肾

清炖鲤鱼汤

材 料 鲤鱼1条（约450克）

调 料 盐少许，胡椒粉2克，葱段、姜片各5克，醋少许，香菜末3克

做 法

1.将鲤鱼洗净，一分为二备用。2.净锅上火倒入色拉油，将葱、姜爆香，调入盐、醋、水烧沸，下入鲤鱼煲熟，再调入胡椒粉，撒入香菜即可。

专家点评 增强免疫

草鱼

功效

1.养心润肺：草鱼含有丰富的不饱和脂肪酸，对血液循环有利，是心血管病人的良好食物。

2.开胃消食：对于身体瘦弱、食欲不振的人来说，草鱼肉可以开胃消食。

3.增强免疫力：草鱼富含蛋白质、碳水化合物、维生素和丰富的硒元素，对身体有很好的滋补作用，常吃可增强人体免疫力。

食用禁忌

草鱼+止咳药=降低药效

草鱼与止咳药同食，会降低药效。

草鱼+甘草=引起中毒

草鱼与甘草同食，会导致中毒。

营养黄金组合

草鱼+豆腐=预防冠心病

草鱼与豆腐同食，有预防冠心病和脑梗死的作用。

草鱼+苹果=补肾益肝

草鱼与苹果同食，有补肾益肝功效。

选购 看鱼眼，饱满凸出、角膜透明清亮的是新鲜鱼。

保存 在草鱼的鼻孔里滴一两滴白酒，然后把鱼放在通气的篮子里，上面盖一层湿布，在2～3天内鱼不会死去。

实用小贴士

洗鱼时在鱼身上倒上少量的醋，这样鱼鳞容易去掉，且鱼身不滑好洗。

苹果草鱼汤

材 料 草鱼300克，苹果200克，桂圆50克

调 料 花生油30克，盐少许，味精、葱段、姜末、胡椒粉各3克，高汤适量

做 法

1.将草鱼洗净切块；苹果洗净，去核，切块；桂圆洗净备用。

2.净锅上火倒入花生油，将葱、姜爆香，下入草鱼微煎，倒入高汤，调入盐、味精、胡椒粉，再下入苹果、桂圆煲熟即可。

专家点评 补血养颜

西洋菜草鱼汤

材 料 西洋菜65克，草鱼50克

调 料 盐适量

做 法

1.将西洋菜择洗净；草鱼杀洗干净斩块备用。2.净锅上火倒入水，下入鱼块烧开，调入盐煲熟，撒入西洋菜煮熟即可。

专家点评 增强免疫

西湖草鱼

材 料 草鱼1条

调 料 糖、水淀粉适量，醋、生抽、老抽、料酒、胡椒粉各少许，姜末5克

做 法

1.草鱼洗净，切成两片。2.锅内放清水，用旺火烧沸，把改刀好的鱼排整齐放入锅中煮熟，捞出装盘。3.锅内留部分汤汁，加入糖、醋、生抽、老抽、料酒，用水淀粉调匀勾芡，浇遍鱼的全身，撒上姜末、胡椒粉即可。

清蒸草鱼

材 料 草鱼1条

调 料 盐、胡椒粉、料酒、葱、姜、红辣椒各适量

做 法

1.草鱼洗净，在鱼身上依次划几刀；姜切小段，放入划开的鱼身上，放入碗内；将葱、红辣椒洗净切丝。2.鱼加入盐、胡椒粉、料酒，腌渍5分钟后放入蒸笼蒸6分钟。3.待鱼蒸熟后取出，撒上葱丝、红辣椒丝。4.锅内烧少许油，待油热后淋在鱼上即可。

鲜椒鱼片

材 料 草鱼500克，红椒圈、蒜薹段各20克

调 料 盐3克，香油、醋各10克，鲜花椒50克

做 法

1.草鱼洗净，切片，用盐、醋腌渍10分钟，入油锅滑熟后摆盘中。2.鲜花椒、红椒、蒜薹同入油锅爆香后，淋在鱼片上。3.淋入香油即可。

专家点评 增强免疫

松鼠鱼

材 料 草鱼1条

调 料 白糖3克，醋5克，盐3克，味精3克，番茄酱10克

做 法

1.草鱼洗净，改十字花刀。2.将备好的鱼放入油锅炸至金黄色，捞出装盘。3.番茄酱、白糖、醋、盐、味精下锅炒成茄汁；将炒好的茄汁浇于草鱼上即成。

专家点评 增强免疫

福寿鱼

功效

1.增强免疫力：福寿鱼含有丰富的蛋白质及氨基酸、矿物质、维生素等，能补充营养，增强免疫能力。福寿鱼含有不饱和脂肪酸，可以缓解类风湿性关节炎。

2.提神健脑：福寿鱼肉中富含蛋白质，氨基酸的含量也高，可促进智力发育。

3.养心润肺：福寿鱼有利于改善心血管功能，有预防心脑血管疾病的作用。

食用禁忌

- 福寿鱼+鸡肉=降低营养价值
  福寿鱼与鸡肉营养都丰富，但是两者同食不仅会降低营养价值，还会对人体不利。
- 福寿鱼+干枣=令人腰腹作痛
  福寿鱼与干枣同食，会令人腰腹作痛。
- 胃虚弱者不能常吃，有慢性胃炎及胃与十二指肠溃疡的老人忌吃。

营养黄金组合

- 福寿鱼+豆腐=补钙
  福寿鱼与豆腐同食，有补钙的功效，同时还可以养颜。
- 福寿鱼+西红柿=营养丰富
  福寿鱼与西红柿同食，能增加营养，对人体有利。

选购 新鲜的福寿鱼呈正常体色和光泽，体态匀称，鳞片整齐、无脱落、排列紧密。

保存 最好即买即食，否则应放入冰箱冷藏。

实用小贴士

福寿鱼选购时以挑选500克左右的鱼为佳，过大的福寿鱼肉质较粗，泥腥味也重，味道也不够鲜美。

家常福寿鱼

材料 福寿鱼约500克

调料 葱20克，姜15克，蒜10克，盐2克，豆瓣酱30克，泡辣椒15克，酱油5克，味精3克，米酒12克

做法

1.鱼洗净切花刀；葱洗净切花；泡辣椒、姜、蒜洗净切米。2.锅中注油烧热，放入鱼煎至两面金黄色，盛出。3.锅底留油，放入豆瓣酱炒香，加入姜、蒜、盐、泡辣椒、酱油、味精、米酒炒匀，再放入鱼稍炖，撒上葱花即可。

清蒸福寿鱼

材料 福寿鱼1条

调料 盐2克，味精3克，生抽10克，香油5克，姜5克，葱3克

做法

1.福寿鱼去鳞和内脏，洗净，在背上划花刀；姜切片，葱白切段，葱叶切丝。2.将鱼装入盘内，加入姜片、葱白段、味精、盐，放入锅中蒸熟。3.取出蒸熟的鱼，撒上葱丝，淋上生抽、香油即可。

专家点评 提神健脑

鲇鱼

功效

1.增强免疫力：鲇鱼含有的蛋白质和脂肪较多，可以增强机体的免疫力。

2.开胃消食：鲇鱼含有丰富的营养，而且肉质细嫩、刺少、开胃、易消化。

3.补血养颜：鲇鱼肉中富含维生素A、铁、钙、磷等，常吃有养肝补血、泽肤养颜的功效。

4.养心润肺：鲇鱼肉含有的镁元素对心血管系统有很好的保护作用，有利于预防心肌梗死等心脑血管疾病。

食用禁忌

鲇鱼+牛肝=生风

鲇鱼与牛肝同食，会导致生风。

鲇鱼+野鸡=生癞疾

鲇鱼与野鸡同食，会导致生癞疾。

鲇鱼是发物，有痼疾、疮疡者忌食。

营养黄金组合

鲇鱼+茄子=营养丰富

鲇鱼与茄子同食，含有丰富的营养，对体瘦虚弱、营养不良的人有较好的食疗作用。

鲇鱼+茭白=促进乳汁分泌

鲇鱼与茭白同食，有促进乳汁分泌的功效。

选购 新鲜的鲇鱼体表光滑无鳞，体呈灰褐色，具有黑色斑块，有时全身黑色，腹部白色。

保存 将鱼去除内脏，清洗干净后，吸干表皮水分，用保鲜膜包好，放入冰箱冷冻保存。

实用小贴士

1.鲇鱼体表黏液丰富，宰杀后放入沸水中烫一下，再用清水洗净，即可去掉黏液。

2.清洗鲇鱼时，一定要将鱼卵清除掉，因为鲇鱼卵有毒，不能食用。

红袍鲇鱼

材 料 红泡椒500克，鲇鱼300克

调 料 葱段、红油各10克，盐3克

做 法

1.鲇鱼洗净，切成小块。2.炒锅上火，注油烧至六成热，下入红泡椒炒香，入鲇鱼炒至表皮颜色微变。3.加水焖烧3分钟，放入葱段、盐、红油调味，炒匀即可。

专家点评 增强免疫

烧

腐竹焖鲇鱼

材 料 腐竹100克，鲇鱼300克

调 料 高汤适量，盐5克，蚝油5克，老抽2克，蒜片20克，姜片5克

做 法

1.将鲇鱼洗净。2.将鲇鱼切成块状，腐竹泡发。3.锅上火加油烧热，爆香姜片、蒜片，下入高汤、蚝油、老抽、鲇鱼块、腐竹焖至入味时，下盐调味即可。

专家点评 增强免疫

鲫 鱼

功效

1.养心润肺：鲫鱼是肝肾疾病、心脑血管疾病患者的良好蛋白质来源。
2.增强免疫力：鲫鱼含有丰富的蛋白质、脂肪，并含有大量的钙、磷、铁等矿物质，常食可增强抗病能力。
3.补血养颜：鲫鱼含有丰富的铁，铁参与血蛋白、细胞色素及各种酶的合成，有补血养颜的功效。
4.开胃消食：鲫鱼锌含量很高，缺锌会导致食欲减退，吃鲫鱼可开胃消食。

食用禁忌

鲫鱼+猪肝=降低营养
鲫鱼含有多种生物活性物质，和猪肝同时食用会降低猪肝的营养价值，还会导致腹痛、腹泻。

鲫鱼+芥菜=引发水肿
鲫鱼性属甘温，如与芥菜同食，会引发水肿。

营养黄金组合

鲫鱼+漏芦+钟乳石=下乳汁
漏芦、钟乳石均能下乳汁，鲫鱼更能补气生血、催乳。此方用于产后气血不足、乳汁减少。

鲫鱼+枸杞子=润肤养颜
鲫鱼和枸杞同食，能润肤养颜和抗衰老。

选购 鲫鱼以河产者为好，肉厚味鲜。湖产次之。

保存 将鲫鱼整理好注入植物油，油平面以明显高出鱼体为佳。鲫鱼可在常温下较长时间保鲜。

实用小贴士
鲫鱼的土腥味比较重，所以一定要去除鱼腹内的黑膜。

粉皮鲫鱼

材 料 鲫鱼、粉皮各500克

调 料 葱段2克，姜丝3克，料酒20克，蒜末、辣椒油各10克，豆豉、葱花、酱油、香油各5克，盐2克

做 法

1.将鲫鱼洗净，与盐、料酒、姜丝、葱段拌匀，腌渍入味，再入锅煎熟，装盘备用。2.用料酒、蒜末、葱花、姜丝、豆豉、辣椒油、酱油、盐、香油调成味汁；粉皮切成片，在沸水中煮沸，沥干水分，与味汁拌匀，倒在鱼身上即成。

豆瓣鲫鱼

材 料 鲫鱼2条，豆瓣酱25克，肉末适量

调 料 盐、料酒、香油、葱段、姜末、蒜蓉、鸡汤、淀粉各适量

做 法

1.鱼洗净，改菱形花刀，用料酒、盐腌入味，拍上淀粉，放入油锅中炸至金黄色捞出。2.锅内留油，下豆瓣酱及葱、姜、蒜蓉、肉末炒香，加鸡汤煮开，锅内汤汁打薄芡，加香油，淋在鱼上即成。

专家点评 开胃消食

香酥小鲫鱼

材 料 小鲫鱼350克

调 料 盐、味精各3克，酱油、水淀粉、葱、辣椒各10克

做 法

1.小鲫鱼洗净，用盐、味精、酱油腌15分钟，裹上水淀粉；葱、辣椒洗净，切末。2.锅置火上，放油烧至六成热，放辣椒炸香，下入小鲫鱼，大火炸至两面呈金黄色。3.放盐、味精、酱油调味，撒上葱花，出锅即可。

葱焖鲫鱼

材 料 鲫鱼约400克，葱段150克

调 料 料酒、酱油、鲜汤、味精各适量，水淀粉15克

做 法

1.鲫鱼洗净，切花刀。2.锅中注油烧热，下鲫鱼两面煎透。3.放入葱段煸出香味，加料酒、酱油、鲜汤、味精，以中火煮10分钟。4.用水淀粉勾芡，出锅装盘即可。

专家点评 开胃消食

鲫鱼蒸水蛋

材 料 鲫鱼300克，鸡蛋2个

调 料 葱5克，盐3克，酱油2克

做 法

1.鲫鱼洗净，切花刀，用盐、酱油稍腌；葱洗净切花。2.鸡蛋打入碗内，加少量水和盐搅散，把鱼放入盛蛋的碗中。3.将盛好鱼的碗放入蒸笼蒸10分钟，取出，撒上葱花即可。

专家点评 养心润肺

鹌鹑蛋鲫鱼

材 料 鹌鹑蛋20个，鲫鱼1条

调 料 豆瓣酱8克，白糖和醋各少许，香油、盐各4克，淀粉适量，葱、蒜、姜末各5克

做 法

1.鲫鱼洗净，剞花刀；鹌鹑蛋煮熟去壳。2.锅内放入油烧热，将鲫鱼放入锅内炸黄，捞出沥干油。3.在锅内留少许底油，放入姜末、蒜末、葱末、豆瓣酱炒香，加水烧沸，将渣捞去，放入鲫鱼、鹌鹑蛋煮5分钟，放入盐、白糖、醋，勾芡，淋香油。

鲈鱼

功效

1.补血养颜：鲈鱼含有维生素A、B族维生素、钙、镁、锌、硒等营养元素，是补血养颜的佳品。

2.提神健脑：鲈鱼中富含DHA，它是增进智力、加强记忆力的必需营养素。

3.开胃消食：鲈鱼富含维生素A、B族维生素，具有补肝肾、益脾胃、化痰止咳之效。

4.养心润肺：鲈鱼中含铜较多，对肝、心等内脏的发育和功能有重要影响。

食用禁忌

鲈鱼+乳酪=生胸瘤症

鲈鱼与乳酪同食，会导致生胸瘤症。

鲈鱼+荆芥=中毒

鲈鱼与荆芥同食，会引起中毒。

皮肤病患者、长肿疮者忌食。

营养黄金组合

鲈鱼+砂仁=安胎

鲈鱼安胎、补中，砂仁理气安胎，同食用于脾虚气滞、脘闷呕逆、胎动不安。

鲈鱼+木瓜=健脾消食

鲈鱼与木瓜同食，能健脾消食、润肺化痰。

选购 鱼身偏青色、鱼鳞有光泽、透亮为好，翻开鳃呈鲜红、表皮及鱼鳞无脱落的才是新鲜的。

保存 鲈鱼一般使用低温保鲜法，去内脏清洗干净后，吸干表皮水分，用保鲜膜包好，放入冰箱冷冻保存。

实用小贴士

鲈鱼，纤维短，极易破碎，顺着鱼刺切起来更干净利落。

木瓜煲鲈鱼

材 料 鲈鱼1条，木瓜125克

调 料 盐5克

做 法

1.将鲈鱼洗净斩块；木瓜去皮、子洗净，切方块备用。2.净锅上火倒入水，调入盐，下入鲈鱼、木瓜煲至熟即可。

专家点评 补血养颜

清汤枸杞鲈鱼

材 料 鲈鱼1条，枸杞10克

调 料 盐5克，葱段2克，姜片3克

做 法

1.将鲈鱼洗净；枸杞用水泡开洗净备用。2.汤锅上火倒入水，调入盐、葱段、姜片，下入鲈鱼、枸杞煲至熟即可。

专家点评 补血养颜

梅菜蒸鲈鱼

材 料 鲈鱼1条，梅菜200克

调 料 姜5克，葱6克，蚝油20克，盐少许

做 法

1.梅菜洗净剁碎；鲈鱼洗净，用盐腌渍；姜、葱洗净切丝。2.梅菜内加入蚝油、姜丝一起拌匀，铺在鱼身上。3.再将鱼盛入蒸笼，上锅蒸10分钟，取出，撒上葱丝即可。

专家点评 保肝护肾

开胃鲈鱼

材 料 鲈鱼600克

调 料 盐3克，味精1克，醋12克，酱油15克，葱白、红椒、青椒各少许

做 法

1.鲈鱼洗净；青椒、红椒、葱白洗净，切丝。2.用盐、味精、醋、酱油将鲈鱼腌渍30分钟，装入盘中，并撒上葱白、红椒、青椒。3.再将鲈鱼放入蒸锅中蒸20分钟，取出浇上醋即可。

专家点评 补血养颜

河塘鲈鱼

材 料 鲈鱼400克，油菜50克

调 料 盐3克，味精1克，醋8克，生抽12克，红椒少许

做 法

1.鲈鱼洗净，切片；油菜洗净，切去叶部，用沸水焯熟备用；红椒洗净，切丝。2.锅内注油烧热，放入鲈鱼片滑炒至变色，注水焖煮。3.煮至熟后，加入盐、醋、生抽、红椒炒匀入味，加味精调味，起锅装盘，以油菜围边。

专家点评 养心润肺

功夫鲈鱼

材 料 鲈鱼600克，菜心150克，青红椒圈、泡椒段各100克

调 料 盐6克，白醋5克，酱油8克，料酒20克

做 法

1.鲈鱼洗净，切块；菜心洗净。2.青红椒、泡椒加盐、白醋、酱油、料酒腌渍；菜心焯水，捞出，放在盘里。3.油锅烧热，放鲈鱼块，加盐、料酒滑熟，倒上青红椒、泡椒，盛盘即可。

专家点评 提神健脑

鳜鱼

功效

1.开胃消食：鳜鱼肉质细嫩，极易消化，最适合儿童、老人及体弱、脾胃消化功能不佳的人。

2.补血养颜：鳜鱼富含蛋白质、脂肪、维生素A、钙、磷、铁、烟酸等，有补血养颜的功效。

3.增强免疫力：鳜鱼富含蛋白质及多种维生素，能增强机体的免疫能力。

食用禁忌

- 鳜鱼+甘草=引起中毒
  鳜鱼与甘草同食，会引起中毒。
- 鳜鱼+干枣=令人腰腹作痛
  鳜鱼与干枣同食，会令人腰腹作痛。
- 肾衰竭患者不宜多食，哮喘、咯血的病人不宜食用。

营养黄金组合

- 鳜鱼+胡萝卜=营养丰富
  鳜鱼与胡萝卜同食，含有丰富的营养。
- 鳜鱼+桂花=益气血、健脾胃肠
  鳜鱼与桂花同食，具有益气血、健脾胃肠作用。

选购 用手指按压鱼体有硬度及弹性，手抬起后肌肉迅速复原的为新鲜鱼。

保存 将鱼洗净后，放入冰箱冷藏即可。

实用小贴士

1.鳜鱼的脊鳍和臀鳍有尖刺，上有毒腺组织，加工时要特别注意剁掉。

2.将鳜鱼去鳞剖腹洗净后，放入盆中倒一些料酒，就能去除鱼的腥味，并能使鱼滋味鲜美。

拍姜蒸鳜鱼

材料 鳜鱼600克，姜50克

调料 盐3克，醋8克，生抽12克，红椒、葱各少许

做法

1.鳜鱼洗净，装盘；姜洗净，拍裂，再切成碎丁；红椒洗净，切圈；葱洗净，切碎末。2.将姜丁装入碗中，再放入红椒、葱，加盐、醋、生抽拌匀。3.再浇在盘中的鳜鱼上，放入蒸锅中蒸20分钟即可。

专家点评 增强免疫

松鼠鳜鱼

材料 鳜鱼600克，松仁少许

调料 盐3克，醋12克，酱油、淀粉各15克，红糖20克

做法

1.鳜鱼洗净，打十字花刀，再均匀拍上干淀粉，下入油锅中炸至金黄色，捞出沥油。2.松仁洗净，入油锅中炸熟，盛在鱼身上。3.锅内注油烧热，放入盐、醋、酱油、红糖煮至汤汁收浓，起锅浇在鱼身上即可。

专家点评 开胃消食

骨香鳜鱼

材 料 鳜鱼1条（约600克），西兰花400克

调 料 盐3克，香油、淀粉各少许

做 法

1.鳜鱼洗净，鱼肉切片；西兰花掰成小朵，洗净后在水中泡3小时。2.鱼片用油、盐拌匀腌30分钟，鱼骨用盐、油、淀粉拌匀入油锅炸成金黄至熟，捞出装盘。3.锅上火，油烧热，放入西兰花稍炒，加入鳜鱼片，调入盐炒匀至熟，盛入有鱼骨的盘内。

专家点评 开胃消食

特色蒸鳜鱼

材 料 鳜鱼250克，火腿100克，香菇25克

调 料 盐6克，味精3克，生抽2克，葱花10克

做 法

1.鳜鱼洗净，切连刀块；香菇、火腿洗净切片。2.将香菇片、火腿片间隔地夹入鱼身内。3.在鱼身上抹上盐、味精，上锅蒸熟，撒上葱花，淋上生抽即可。

专家点评 排毒瘦身

健康水煮鳜鱼

材 料 鳜鱼1条

调 料 胡椒粉10克，盐4克，鸡精3克，白糖5克，姜10克，葱15克

做 法

1.鳜鱼洗净；姜洗净切蓉；葱洗净切花。2.锅上火，加水适量，水沸放入鳜鱼煮熟，盛出装盘。3.锅中油烧热，放入姜爆香，调入葱花以外其余调味料，加水适量煮成汁，淋在鱼身上，撒上葱花，再淋入烧热的油即可。

白萝卜煮鳜鱼

材 料 鳜鱼1条，白萝卜丝150克，粉丝50克，香芹25克，高汤400克

调 料 盐、鱼露、胡椒粉各5克，糖、鸡精、姜丝各适量

做 法

1.鳜鱼去内脏和鳞，洗净，打上花刀，用盐刷匀鱼身待用；粉丝用开水略煮后放入盘底。2.锅置火上，将鳜鱼煎至两面金黄盛出。3.爆香姜，下入高汤、鳜鱼，至鳜鱼八成熟时下白萝卜丝煮熟，再下香芹、调味料，装盘即可。

银鱼

功效

1.增强免疫力：鱼体中含有大量的对人体有用的维生素，蛋白质含量丰富，能增强人体的免疫力。

2.补血养颜：银鱼含有的钙、磷、铁、维生素B_1等，有补血养颜的功效。

3.开胃消食：银鱼含有维生素A、B族维生素，而且味道鲜美易于消化，有开胃消食的功效。

食用禁忌

- 银鱼+甘草=引起中毒
  银鱼与甘草同食，会导致中毒。
- 银鱼+干枣=腰腹作痛
  银鱼与干枣同食，会令人腰腹作痛。
- 老人或热性体质的人最好少吃。

营养黄金组合

- 银鱼+鸡蛋=补虚健胃
  银鱼与鸡蛋同食，有补虚、健胃、利肺的功效。
- 银鱼+芦笋=提高机体免疫力
  银鱼与芦笋这两种低脂利水食材同食，具有提高机体免疫力、降脂减肥的功效。

选购 新鲜银鱼以洁白如银且透明为佳，体长2.5～4厘米为宜；手从水中捞起银鱼后，将鱼放在手指上，鱼体软且下垂，略显挺拔，鱼体无黏液。

保存 晒干后置阴凉处保存。

实用小贴士

加入明矾的银鱼，鱼体呈白色而不透明，吃起来味道较差，有苦涩感，压秤，选购时应注意。

葱拌小银鱼

材料 小银鱼200克，洋葱、熟花生米、红椒、大葱各适量

调料 味精2克，盐3克，醋8克，生抽10克，香菜段少许

做法

1.洋葱、红椒、大葱洗净，切丝；银鱼洗净备用。2.锅内注油烧热，下银鱼炸熟后，捞起沥干，再放入花生米、红椒、洋葱、香菜段、大葱丝。3.再向盘中加入盐、味精、醋、生抽拌匀，即可食用。

香菜银鱼干

材料 银鱼干200克，香菜100克

调料 盐、味精各3克，香油10克，熟芝麻8克

做法

1.香菜去叶洗净，切段；银鱼干洗净，入油锅炸至呈金黄色时盛出。2.将香菜、银鱼干同拌，调入盐、味精拌匀。3.撒上熟芝麻，淋入香油即可。

专家点评 开胃消食

银鱼煎蛋

材 料 银鱼150克，鸡蛋4个

调 料 盐3克，陈醋、味精各少许

做 法

1.将银鱼用清水漂洗干净，沥干水分备用。2.取碗将鸡蛋打散，放入备好的银鱼，调入盐、味精，用筷子搅匀。3.锅上火，放入少许油烧至五成热，放银鱼鸡蛋煎至两面金黄，加入陈醋即可。

专家点评 开胃消食

鲜香银鱼汤

材 料 银鱼125克，陈皮3克，话梅肉2颗

调 料 色拉油20克，葱花3克，盐5克，味精2克，白糖少许

做 法

1.将银鱼、陈皮分别洗净，话梅肉切片备用。2.净锅上火倒入色拉油，将葱花、陈皮爆香，倒入水，调入盐、味精、白糖烧沸，下入银鱼、话梅肉煲至熟即可。

专家点评 增强免疫

银鱼枸杞苦瓜汤

材 料 银鱼150克，苦瓜125克，枸杞10克，红枣5颗

调 料 高汤适量，盐少许，葱末、姜末各3克

做 法

1.将银鱼洗干净；苦瓜洗净去子切圈；枸杞、红枣洗净备用。2.汤锅上火倒入高汤，调入盐、葱末、姜末，下入银鱼、苦瓜、枸杞、红枣，煲至熟即可。

专家点评 养心润肺

银鱼上汤马齿苋

材 料 银鱼100克，马齿苋200克

调 料 盐5克，味精3克，上汤适量

做 法

1.马齿苋洗净；银鱼洗净。2.将洗净的马齿苋下入沸水中稍焯后，捞出装入碗中。3.将银鱼炒熟，加入上汤、调味料淋在马齿苋上即可。

专家点评 降低血脂

甲 鱼

功效

1.增强免疫力：甲鱼中的维生素A对提高机体免疫力有着重要作用。

2.降低血脂：甲鱼含有的蛋氨酸能参与胆碱的合成，具有去脂的功能，能预防动脉硬化高脂血症。

3.补血养颜：甲鱼含有的铁是制造血红素和肌血球素的主要物质，能促进B族维生素代谢，可补血养颜。

食用禁忌

- 甲鱼+桃子=腹泻

  甲鱼滋腻，桃子易导致胀气，两者同食容易腹泻。
- 甲鱼+芹菜=食物中毒

  甲鱼与芹菜一起食用易产生食物中毒。
- 脾虚、胃口不好、孕妇及产后泄泻者不宜食甲鱼。

营养黄金组合

- 甲鱼+冬瓜=多种功效

  甲鱼与冬瓜同食，有生津止渴、除湿利尿、散热解毒等功效。
- 甲鱼+山药=多种功效

  两者同时食用可补脾胃、益心肺、滋肝肾。

选购 好的甲鱼动作敏捷，腹部有光泽，肌肉肥厚，裙边厚而向上翘，体外无伤病痕迹。

保存 甲鱼宜用清水活养。

实用小贴士

杀甲鱼时，取出胆汁，待甲鱼洗净后，在甲鱼胆汁中加些水，涂抹在甲鱼全身，稍放片刻用清水漂洗干净。这样处理后的甲鱼，再烹制时就没有腥味了。

青蒜甲鱼

材 料 甲鱼肉350克，蒜苗2棵，红辣椒1个

调 料 大蒜2瓣，黄豆酱、白醋、白糖、料酒、淀粉、香油各适量

做 法

1.蒜苗洗净切段；红辣椒去蒂，大蒜去皮，均洗净，切片备用。2.甲鱼肉洗净切片，汆烫后捞出，沥干水。3.锅中加油烧热，放入大蒜、蒜苗爆香，加入黄豆酱略炒，再加入甲鱼肉、红辣椒及白醋、白糖、料酒炒熟，水淀粉勾芡，淋入香油即可。

甲鱼烧鸡

材 料 甲鱼1只，鸡1只

调 料 姜5克，葱段8克，熟猪油15克，胡椒粉、盐、料酒、水淀粉、香油各适量

做 法

1.甲鱼洗净，切大块；鸡宰杀洗净，入沸水煮至八成熟取出切块。2.甲鱼、鸡块过油，捞出备用。3.锅注入熟猪油烧热，姜、葱炝锅，放入鸡块煸炒，加入胡椒粉、盐、料酒炒匀，下甲鱼烧熟，水淀粉勾芡，淋入香油即可。

川味土豆烧甲鱼

材 料 甲鱼1只，小土豆200克，黄瓜适量

调 料 盐3克，酱油15克

做 法

1.甲鱼洗净，切块；小土豆去皮洗净；黄瓜洗净切片，排于盘中。2.锅内注油烧热，放入甲鱼块稍翻炒后，注水，再加入小土豆一起焖煮。3.加入盐、酱油煮至熟后，装入排有黄瓜的盘中即可。

专家点评 增强免疫

虫草甲鱼煲

材 料 甲鱼1只，虫草10克

调 料 高汤、盐各适量，味精3克，葱段、姜片各6克

做 法

1.将甲鱼洗净汆水；虫草洗净备用。2.锅上火倒入高汤，调入盐、味精，下入葱段、姜片、甲鱼、虫草煲至熟即可。

专家点评 降低血脂

甲鱼山药煲

材 料 甲鱼400克，山药50克，枸杞10克

调 料 花生油20克，盐6克，味精3克，葱段、姜片各2克，香油4克

做 法

1.甲鱼洗净斩块，汆水；山药去皮洗净，切块；枸杞洗净浸泡。2.净锅上火倒入花生油，将葱、姜炝香，倒入水，加盐、味精，下入甲鱼、山药、枸杞煲熟，淋入香油即可。

专家点评 保肝护肾

当归甲鱼煲

材 料 甲鱼500克，当归5克

调 料 盐4克，生姜10克

做 法

1.将甲鱼洗净斩块，汆水；生姜去皮洗净，切块；当归洗净备用。2.净锅上火倒入水，调入盐，下入甲鱼、生姜、当归煲至熟即可。

专家点评 降低血压

鳝鱼

功效

1.提神健脑：黄鳝中的卵磷脂能够改善记忆力，具有补脑的功效，对改善压力造成的记忆力与专注力退化有益。

2.增强免疫力：黄鳝中所含的钾有改善机体、增强免疫力的功效。

3.降低血糖：黄鳝肉所含的“鳝鱼素”能降低血糖和调节血糖，对糖尿病有较好的改善作用。

4.补血养颜：黄鳝含有多种维生素和矿物质，有补血养颜的功效。

食用禁忌

- 黄鳝+皮蛋=伤身

  黄鳝与皮蛋营养价值都很高，但同食用易伤身。

- 黄鳝+狗肉=伤肝

  黄鳝性温，狗肉温热，同食会助热动风，易伤肝。

- 瘙痒性皮肤病、红斑狼疮患者及肠胃不佳者忌食。

营养黄金组合

- 黄鳝+莲藕=维持酸碱平衡

  黄鳝属酸性食物，藕属碱性食物，同食有助于维持人体酸碱平衡、强肾壮阳。

- 黄鳝+青椒= 降血糖

  青椒有温中、消食之功效，黄鳝有补中益血、除湿益气之功效，同食对糖尿病患者有降血糖作用。

选购 要选动作灵活，无斑点、溃疡，粗细均匀的。

保存 黄鳝宜现杀现烹，死黄鳝体内会产生有毒物质。

青椒炒黄鳝

材 料 青椒100克，黄鳝300克

调 料 盐、味精各3克，酱油、香油、姜、蒜各10克

做 法

1.黄鳝洗净，切段，用盐、味精、酱油腌15分钟；青椒洗净，切圈；姜、蒜洗净，去皮，切片。2.油锅烧热，下入青椒、姜、蒜爆香，放入鳝段，大火煸炒3分钟。3.加水焖煮熟，放盐、香油调味，盛盘即可。

专家点评 提神健脑

材 料 黄鳝400克，油菜200克，熟白芝麻少许

调 料 盐3克，味精1克，酱油10克，红油少许，葱适量

做 法

1.黄鳝洗净，切段；葱洗净，切花；油菜洗净，入沸水中焯过排入盘中。2.锅中注油烧热，放入鳝段炒至变色卷起，倒入酱油、红油炒匀。3.炒至熟后，加入盐、味精调味，起锅置于盘中的油菜上，撒上熟白芝麻、葱花即可。

金针菇黄鳝丝

材 料 金针菇、黄鳝各150克，鸡蛋2个

调 料 面粉、红油、盐各适量

做 法

1.金针菇洗净，切去根，焯水后捞出；黄鳝洗净，切丝，入水氽一下。2.将鸡蛋打入碗中，加入面粉、盐调匀，煎成饼切块，装盘。3.油锅烧热，下黄鳝、金针菇炒匀，再加入红油、盐调味，盛入鸡蛋饼上即可。

专家点评 提神健脑

杭椒鳝片

材 料 黄鳝150克，杭椒80克

调 料 高汤、盐各适量，味精3克，葱段、姜片各6克

做 法

1.黄鳝洗净，切成片，入沸水中氽一下；杭椒洗净，切去头、尾；红椒洗净，切条。2.炒锅上火，注油烧至六成热，下入黄鳝炒至表皮微变色，加入杭椒、红椒炒匀。3.再放入盐、生抽调味，盛入盘中即可。

专家点评 降低血糖

金蒜烧鳝段

材 料 黄鳝150克，蒜头30克

调 料 盐3克，白糖、老抽、料酒、干红椒各10克

做 法

1.黄鳝洗净，在背部均匀割上花刀，斩成小段；干红椒洗净，切段；蒜去皮，整颗待用。2.油烧热，放入蒜头、干红椒炸香，再放入鳝段大火煸炒。3.加水、盐、白糖、老抽、料酒大火烧开，再用小火焖3分钟，待汤汁浓稠时盛盘即可。

专家点评 养心润肺

过桥鳝丝

材 料 黄鳝300克，芦笋200克

调 料 盐3克，红椒、干椒各20克

做 法

1.将黄鳝宰杀，洗净切丝；芦笋洗净，切丝；红椒洗净，去子切丝；干椒洗净。2.将黄鳝放入开水中，氽烫去黏液，切丝。3.另起锅，锅中烧热油，放入红椒丝、干椒爆香，再放入黄鳝丝、芦笋丝，调入盐，炒熟即可。

专家点评 降低血糖

带鱼

功效

1.养心润肺：带鱼中含有的镁对心血管系统有很好的保护作用，有利于预防高血压、心肌梗死等心血管疾病。

2.增强免疫力：带鱼含钾，能维持神经、肌肉的正常功能，增强免疫力。

3.补血养颜：带鱼含有丰富的镁元素，有养肝补血、泽肤养发、健美的功效。

食用禁忌

- 带鱼+甘草=降低营养价值

带鱼有益气健脾、利水消肿之功效，但同甘草一起食用会降低其营养价值。

- 带鱼+异烟肼片=降低药效

异烟肼和带鱼同食，会产生螯合物，降低药效。

营养黄金组合

- 带鱼+木瓜=补充营养

带鱼与木瓜一起食用，能补充营养、提高抗病能力。

- 带鱼+醋=除湿去腥

带鱼与醋同食，有除湿去腥的功效。

选购 选购时以体宽厚、眼亮、体洁白有亮点呈银粉色薄膜为优。

保存 带鱼宜冷冻保存。

实用小贴士

把带鱼放在温热碱水中浸泡，然后用清水洗净，鱼鳞就会洗得很干净。购买带鱼时，尽量不要买带黄色的带鱼，如果买了要及时食用，否则鱼会很快腐烂发臭。

家常烧带鱼

材 料 带鱼800克

调 料 盐5克，葱白10克，料酒15克，蒜20克，淀粉30克，香油少许

做 法

1.带鱼洗净，切块；葱白洗净，切段；蒜去皮，切片备用。2.带鱼加盐、料酒腌渍5分钟，再抹一些淀粉，下入油锅中炸至金黄色。3.加水烧熟后，加入葱白、蒜片炒匀，以水淀粉勾芡，淋上香油即可。

专家点评 增强免疫

酥骨带鱼

材 料 带鱼400克

调 料 盐3克，味精2克，葱、姜、蒜、红油、辣椒粉、料酒、淀粉各适量

做 法

1.葱、姜、蒜洗净，均切末；带鱼洗净切段，用葱、姜、蒜、盐、味精、料酒腌渍入味。2.油锅烧热，将拍上淀粉的带鱼段炸至酥黄，淋上红油推匀后盛出。3.在带鱼段上撒上辣椒粉即可。

专家点评 增强免疫

芹菜煎带鱼

材 料 带鱼、芹菜各200克

调 料 盐、味精各4克，酱油10克，葱丝、姜丝、红椒丝各25克

做 法

1.带鱼洗净，切块；芹菜洗净，去茎切段。2.带鱼用少许盐、酱油、味精、姜、葱丝腌渍入味，弃用姜和葱。3.油锅烧热，下入带鱼煎至黄色，放入芹菜、红椒，翻炒均匀后，调味即可。

专家点评 补血养颜

香味带鱼

材 料 带鱼400克，青、红椒适量，白芝麻少许

调 料 盐3克，味精2克，豆豉10克，海鲜酱50克，香油适量

做 法

1.青、红椒洗净切丁；带鱼洗净后切段。2.锅置火上，放油烧热，放入带鱼炸至金黄色，熟后捞出盛盘。3.余油烧热，放入海鲜酱、豆豉、青椒、红椒、白芝麻，加盐、味精、香油炒匀后浇在带鱼上即可。

专家点评 增强免疫

陈醋带鱼

材 料 带鱼300克，陈醋30克

调 料 盐3克，酱油10克，红椒、葱白、香菜各少许

做 法

1.带鱼洗净，切块；红椒、葱白洗净，切丝；香菜洗净。2.锅内注油烧热，将带鱼块煎至金黄色后，加入盐、酱油、陈醋翻炒入味，再加适量清水焖煮。3.至熟后起锅装盘，撒上葱白、红椒、香菜即可。

专家点评 养心润肺

盘龙带鱼

材 料 带鱼500克

调 料 盐、胡椒粉、料酒、姜、大蒜、干红椒各适量

做 法

1.带鱼洗净，切连刀块，加盐、胡椒粉、料酒腌渍，盘入盘中；姜洗净，切片；大蒜去皮洗净，切片；干红椒洗净，切段。2.油锅烧热，入姜片、蒜片、干红椒炒香，起锅淋在鱼身上。3.最后将带鱼入锅蒸熟即可。

专家点评 保肝护肾

黄鱼

功效

1.延缓衰老：黄鱼中含微量元素硒，能够清除人体代谢中的废弃自由基，能够延缓衰老。

2.增强免疫力：黄鱼中含有多种氨基酸，有增强免疫力、改善机能的作用。

3.补血养颜：黄鱼含有丰富的蛋白质、微量元素和维生素，对人体有很好的补益作用，有很好的补血功效。

4.保肝护肾：中医认为黄鱼味甘咸、性平，有益肾补虚、益气填精的功效。

食用禁忌

黄鱼+荞麦面=影响消化

黄鱼与荞麦面同食，会影响消化功能。

黄鱼+毛豆=破坏维生素吸收

黄鱼与毛豆同食，会破坏毛豆中的维生素B_1。

胃呆痰多者、哮喘病人、过敏体质者慎食。

营养黄金组合

黄鱼+苹果=营养全面

黄鱼中有丰富的蛋白质，苹果中的维生素也较为丰富，二者同食，有助于营养的全面补充。

黄鱼+豆腐=促进钙的吸收

黄鱼与豆腐同食能提高人体对钙的吸收率，还可改善儿童佝偻病、老年人骨质疏松症等多种疾病。

选购 选购黄鱼时要注意鱼体的颜色，呈黄白色的黄鱼较为新鲜。

保存 黄鱼要摆放在冰水里保存。

实用小贴士

洗黄鱼时用两根筷子从鱼嘴插入鱼腹，夹住肠子后搅数下，便可以往外拉出肠肚，然后洗净即可。

香糟小黄鱼

材 料 小黄鱼1条，糟卤500克

调 料 盐5克，香叶2片，料酒20克

做 法

1.小黄鱼洗净；把盐、香叶、料酒放入糟卤中搅均匀。2.将油倒入锅中烧至八成热，放入小黄鱼，煎至两面金黄捞起控油。3.将煎好的小黄鱼放入糟卤中浸泡2小时左右即可。

专家点评 开胃消食

黄鱼焖粉皮

材 料 黄鱼2条，粉皮100克

调 料 盐3克，味精2克，料酒、高汤、辣椒粉、香油各适量

做 法

1.粉皮泡软；黄鱼洗净后用料酒腌渍片刻。2.油锅烧热，放入黄鱼煎至金黄色，沥去多余的油，冲入高汤，煮沸后下入粉皮煮沸。3.加盐、辣椒粉，煮至汤汁收浓时放入味精、香油即可出锅。

专家点评 增强免疫

酒糟焖黄鱼

材 料 黄鱼500克，酒糟适量

调 料 盐3克，醋10克，酱油、香菜、红椒、葱白各少许

做 法

1.黄鱼洗净，对剖开；红椒、葱白洗净，切丝；香菜洗净。2.锅内注油烧热，放入黄鱼稍煎后，注水并加入酒糟一起焖煮。3.煮至熟后，加入盐、醋、酱油入味，起锅装盘，撒上香菜、红椒、葱白即可。

专家点评 增强免疫

雪里蕻蒸黄鱼

材 料 大黄鱼1条，雪里蕻100克

调 料 盐5克，味精2克，料酒10克，葱1棵，姜10克，辣椒圈适量

做 法

1.将大黄鱼宰杀洗净装入盘；葱洗净切花；姜洗净去皮切丝；雪里蕻洗净切碎。2.在鱼盘中加入雪里蕻、盐、味精、料酒、葱花、姜丝、辣椒圈。3.放入蒸锅内蒸8分钟，取出即可。

专家点评 开胃消食

黄鱼豆腐煲

材 料 黄鱼400克，豆腐100克

调 料 色拉油30克，盐适量，味精3克，葱段5克，香菜20克

做 法

1.将黄鱼宰杀洗净改刀，豆腐切小块，香菜择洗干净切段备用。2.锅上火倒入色拉油，将葱炝香，下入黄鱼煸炒，倒入水，加入豆腐煲至熟，调入盐、味精，撒入香菜段即可。

专家点评 补血养颜

干黄鱼煲木瓜

材 料 干黄鱼2条，木瓜100克

调 料 盐少许，香菜段2克

做 法

1.将干黄鱼洗净浸泡；木瓜洗净，去皮、子，切方块备用。2.净锅上火倒入水，调入盐，下入干黄鱼、木瓜煲至熟，撒入香菜即可。

专家点评 补血养颜

鳕鱼

功效

1.增强免疫力：鳕鱼的有效成分能增强机体及呼吸系统的抗病力，提高免疫力。

2.提神健脑：鳕鱼富含DHA，可以提高大脑的功能，增强记忆力。

3.养心润肺：鳕鱼肉中含有丰富的镁元素，对心血管系统有很好的保护作用，有利于预防心血管疾病。

4.降低血糖：鳕鱼胰腺含有大量的胰岛素，有较好的降血糖作用。

食用禁忌

- 鳕鱼+咖喱=对身体不利

  鳕鱼富含钾，与咖喱同食，会增加体内钾含量。
- 鳕鱼+腊肉=产生致癌物

  鳕鱼与腊肉同食会在肠胃中合成致癌物亚硝胺。
- 痛风、尿酸过高患者忌食。

营养黄金组合

- 鳕鱼+奶酪=强健骨骼

  鳕鱼和奶酪都是富含钙质的食材，二者一起食用，有强健骨骼和牙齿的作用。
- 鳕鱼+芥蓝=降低胆固醇

  鳕鱼含有牛磺酸，芥蓝富含膳食纤维，二者一起食用，可降低胆固醇。

选购 鳕鱼要选色泽洁白、无异味、肉质有弹性的。

保存 鳕鱼不可离开冰箱太久，否则肉质会变坏。

实用小贴士

选购鳕鱼的时候，要注意看看鳕鱼的表面，表面上如果是一层薄薄的冰，就说明是一次冻成的。

西芹腰果鳕鱼

材 料 鳕鱼300克，西芹段、熟腰果、胡萝卜片各适量

调 料 淀粉15克，料酒10克，味精、胡椒粉、盐各4克，鲜汤适量

做 法

1.鳕鱼洗净，切丁；用小碗加味精、胡椒粉、鲜汤、水淀粉调制成芡汁。2.油锅烧热，下入鱼丁，放西芹、熟腰果、胡萝卜煸炒，烹盐、料酒，泼入兑好的芡汁，翻炒均匀，淋明油即可。

专家点评 降低血压

红豆鳕鱼

材 料 红豆50克，鳕鱼150克，鸡蛋1个

调 料 料酒50克，盐3克，胡椒粉3克，淀粉10克，香油少许

做 法

1.鳕鱼取肉洗净切成小丁，加盐、料酒拌匀，用蛋清、淀粉上浆。2.锅中注水，倒入红豆煮沸后倒出；锅中油烧热，放入鳕鱼滑炒至熟盛出；锅中再放入水、盐、胡椒粉，倒入鱼丁和红豆。3.用淀粉勾芡，炒匀，淋少许香油即可。

豉味香煎鳕鱼

材 料 鳕鱼片200克

调 料 盐、味精、料酒、鸡汤、老抽、豉汁、香油、水淀粉各适量

做 法

1.鳕鱼片洗净，加盐、料酒腌渍。2.锅置火上，放油烧热，投入鳕鱼，煎至呈金黄色捞出装盘。3.锅内留底油，放入鸡汤、老抽、豉汁、味精、香油，用水淀粉勾薄芡，浇在鳕鱼上即可。

专家点评 提神健脑

芥蓝煎鳕鱼

材 料 鳕鱼300克，芥蓝100克

调 料 盐3克，味精2克，水淀粉、料酒、香油各适量

做 法

1.芥蓝洗净取梗，切片；鳕鱼洗净切块，用盐、料酒腌渍入味，腌好后均匀裹上水淀粉。2.油锅烧热，放入鳕鱼块煎至金黄色，入芥蓝梗，加盐、味精、香油炒至断生即可。

专家点评 增强免疫

豆豉蒸鳕鱼

材 料 鳕鱼1片，豆豉10克

调 料 姜一小段，小葱1棵，料酒少量，盐少许

做 法

1.鱼片洗净，拭干水，抹上盐，装入盘内。2.姜、葱洗净，皆切细丝。3.将豆豉均匀撒在鱼片上，再撒上葱丝、姜丝，淋上料酒。4.锅中加水煮开，放入鱼盘，隔水大火蒸6分钟即可。

专家点评 提神健脑

豆酱紫苏蒸鳕鱼

材 料 鳕鱼500克，豆酱30克，紫苏适量，粉丝少许

调 料 盐3克，醋8克，酱油、红椒、香菜各适量

做 法

1.鳕鱼洗净，切块；粉丝焯熟，排于盘中；紫苏洗净；红椒洗净，切丝；香菜洗净。2.用盐、醋、酱油将鳕鱼块腌渍，再用豆酱涂匀，装入有粉丝的盘中，放上紫苏、红椒。3.放入蒸锅中蒸20分钟后，取出，撒上香菜即可。

专家点评 养心润肺

鳗鱼

功效

1.补虚养血：鳗鱼富含多种营养成分，具有补虚养血、祛湿、抗结核等功效，是久病、虚弱、贫血、肺结核等病人的良好营养品。

2.保肝护肾：鳗鱼具有良好的强精壮肾的功效，是很好的保健食品。

3.补钙：鳗鱼是富含钙质的水产品，经常食用能使血钙值有所增加。

4.开胃消食：鳗鱼中的维生素B_1可帮助消化，改善食欲不振的状况。

食用禁忌

- 鳗鱼+甘草=降低营养价值

  鳗鱼与甘草同食，会降低其营养价值。

- 鳗鱼+银杏=引起中毒

  鳗鱼同银杏食用易引起中毒。

- 患有慢性疾患和水产品过敏者应忌食。

营养黄金组合

- 鳗鱼+枸杞=滋补肝肾

  鳗鱼与枸杞同食，有很好的补肾作用。

- 鳗鱼+韭菜=补肾壮阳

  鳗鱼与韭菜同食，有补肾壮阳的功效。

选购 以身体柔软而呈青蓝色、含适度的脂肪、无 臭味者为佳。

保存 鳗鱼若处于冷藏状态，一般只可保存7天。

实用小贴士

活鳗鱼放养于清水中2天，可以清除其泥腥味和保持新鲜。

葱烧鳗鱼

材 料 大葱80克，鳗鱼300克

调 料 盐、味精各3克，料酒、辣椒酱、酱油、香油各10克

做 法

1.鳗鱼洗净，切段；大葱洗净切成斜段。2.油锅烧热，下鳗鱼滑熟，放入葱段同烧。3.调入盐、味精、料酒、辣椒酱、酱油拌匀，淋入香油即可。

专家点评 保肝护肾

鳗鱼枸杞汤

材 料 鳗鱼1条，枸杞4克

调 料 高汤适量，盐6克，葱段、姜片各3克

做 法

1.将鳗鱼洗净，切段，汆水；枸杞洗净。2.净锅上火倒入高汤，调入盐、葱、姜，下入鳗鱼、枸杞煲至熟即可。

专家点评 补血养颜

章鱼

功效

1.提神健脑：章鱼中含有的牛磺酸能改善心脑功能，特别是有健脑的作用。
2.养心润肺：章鱼肉中含有丰富的镁元素，对心血管系统有很好的保护作用，有利于预防心血管疾病。
3.补血养颜：章鱼中富含维生素A、铁、钙、磷等，常吃有养肝补血、泽肤养发的功效。
4.增强免疫力：章鱼含有的钾能增强机体的免疫能力。

食用禁忌

- 章鱼+啤酒=引发痛风
  章鱼与啤酒同食，会引发痛风。
- 章鱼+果汁=影响蛋白质的吸收
  章鱼与果汁同食，会影响人体对蛋白质的吸收。
- 过敏体质者与荨麻疹患者不宜过量食用章鱼。

营养黄金组合

- 章鱼+猪蹄=益气养血
  猪蹄含大量胶原蛋白质，有润泽肌肤、健美作用，章鱼与猪蹄同炖可加强益气养血的功能。
- 章鱼+胡萝卜+海带=美容养颜
  三者同食有美容养颜的功效。

选购 若足部的皮剥落，便是不新鲜的。

保存 放入冰箱冷藏。

实用小贴士

章鱼用盐揉捏，可以洗掉部分恼人的黏液。

黄瓜章鱼煲

材 料 章鱼250克，黄瓜200克

调 料 高汤适量，盐5克

做 法

1.将章鱼洗净切块；黄瓜洗净切块备用。2.净锅上火倒入高汤，调入盐，下入黄瓜烧开5分钟，再下入章鱼煲至熟即可。

专家点评 提神健脑

章鱼海带汤

材 料 章鱼150克，胡萝卜75克，海带片45克

调 料 盐少许，味精3克，高汤适量

做 法

1.将章鱼洗净切块；胡萝卜去皮洗净切片；海带片洗净备用。2.净锅上火倒入高汤，下入章鱼、海带片、胡萝卜烧开，调入盐、味精，煲至熟即可。

专家点评 补血养颜

鱿 鱼

功效

1.补血养颜：鱿鱼含有丰富的铁，对于补血有着重要意义。
2.增强免疫力：鱿鱼丰富的蛋白质中含有多种氨基酸，它能显著提高人体自身免疫力。
3.延缓衰老：鱿鱼中的微量元素硒，能够清除人体代谢中的废弃自由基，能有效预防癌症，延缓衰老。
4.滋阴养胃：鱿鱼有滋阴养胃、补虚泽肤的功效，具有解毒、排毒功效。

食用禁忌

- 鱿鱼+蜂蜜=易导致重金属中毒
  鱿鱼与蜂蜜同食，容易使人产生重金属中毒。
- 鱿鱼+橘子=易中毒
  鱿鱼与橘子同食，容易产生有毒物质。
- 鱿鱼性质寒凉，脾胃虚寒的人应少吃。

营养黄金组合

- 鱿鱼+木耳=使皮肤嫩滑
  鱿鱼含有丰富蛋白质，与木耳同食，可使皮肤嫩滑且有血色。
- 鱿鱼+虾仁+豆腐=补钙
  鱿鱼与虾仁、豆腐同食，有补钙的功效。

选购 劣质鱿鱼白霜太厚，背部呈黑红色或霉红色。

保存 鱿鱼一般制成鱿鱼干保存。

实用小贴士
洗前应将鱿鱼泡在溶有小苏打粉的热水里，泡透以后，去掉鱼骨，剥去表皮。泡透了的鱿鱼，皮剥起来很容易。

鱿鱼虾仁豆腐煲

材 料 鱿鱼175克，虾仁100克，豆腐90克，青菜20克

调 料 盐少许

做 法

1.将鱿鱼洗净切块、汆水；虾仁洗净；豆腐稍洗切块，青菜洗净。2.净锅上火倒入水，调入盐，下入豆腐、虾仁、鱿鱼煮至熟，最后下入青菜稍煮即可。

专家点评 补血养颜

胡萝卜鱿鱼煲

材 料 鱿鱼300克，胡萝卜100克

调 料 花生油10克，盐少许，葱段、姜片各2克

做 法

1.将鱿鱼洗净切块，汆水；胡萝卜去皮洗净，切成小块备用。2.净锅上火倒入花生油，将葱、姜爆香，下入胡萝卜煸炒，倒入水，调入盐煮至快熟时，下入鱿鱼再煮至熟即可。

专家点评 增强免疫

香辣鱿鱼虾

材 料 鲜虾250克，鲜鱿鱼250克，芝麻20克

调 料 葱20克，姜10克，干辣椒30克，五香粉10克，花椒粉10克，盐5克，料酒10克

做 法

1.将虾洗净，去头；鱿鱼洗净，切麦穗花刀，分别用料酒腌渍；葱洗净切段；姜洗净切片。2.鱿鱼放入沸水中氽熟，烫至卷起后捞出。3.油锅烧热，放进干辣椒、五香粉等全部调味料爆香，放入虾滑炒，放进鱿鱼卷、芝麻，一同炒熟装盘即可。

脆炒鱿鱼丝

材 料 鱿鱼干400克，小竹笋100克

调 料 盐3克，味精1克，醋8克，生抽10克，红椒少许

做 法

1.鱿鱼干泡发，洗净，打上花刀，再切成细丝；小竹笋洗净，对剖开；红椒洗净，切丝。2.锅内加油烧热，放入鱿鱼丝翻炒至将熟，加入笋丝、红椒一起炒匀。3.炒至熟后，加入盐、醋、生抽翻炒至入味，以味精调味，起锅装盘即可。

鱿鱼三丝

材 料 鱿鱼120克，洋葱100克，辣椒70克

调 料 盐3克，味精2克，红油8克，生抽10克，料酒12克

做 法

1.鱿鱼洗净，切成丝，入开水中烫熟；洋葱洗净，切成丝，入开水中烫熟；辣椒洗净切成丝。2.油锅烧热，入辣椒爆香，放盐、味精、红油、生抽、料酒炒香，制成味汁。3.将味汁淋在洋葱、鱿鱼上，拌匀即可。

鱿鱼丝拌粉皮

材 料 鱿鱼50克，粉皮150克

调 料 盐、味精、酱油、蚝油各适量

做 法

1.鱿鱼洗净，切成丝，入开水中烫熟；粉皮洗净，入水中焯一下。2.盐、味精、酱油、蚝油调匀，制成味汁。3.将味汁淋在粉皮、鱿鱼上，拌匀即可。

专家点评 补血养颜

墨鱼

功效

1.补血养颜：墨鱼中含有丰富的钙、磷、铁元素，可预防贫血，同时也有很好的补血作用。
2.保肝护肾：墨鱼味咸、性温，有补益精气、补肝益肾、滋阴的功效。
3.增强免疫力：墨鱼含有丰富的蛋白质和多种氨基酸，能增强人体自身的免疫力。
4.提神醒脑：墨鱼富含二十碳五稀酸、二十二碳六烯酸，加上含大量牛磺酸，能补充脑力。

食用禁忌

- 墨鱼+茄子=损肠胃
  茄子与墨鱼同食，容易对人的肠胃产生危害。
- 墨鱼+果汁=影响蛋白质的吸收
  墨鱼与果汁同食，会影响人体对蛋白质的吸收。
- 癌症、糖尿病和高血压患者忌食。

营养黄金组合

- 墨鱼+木瓜=补肝肾
  墨鱼与木瓜同食，有乌发须、护眉毛、补肝肾的功效。
- 墨鱼+韭菜=滋阴补血
  墨鱼与韭菜同食，有滋阴补血的功效。

选购 颜色偏灰白、肉质有弹性的才是好的墨鱼。

保存 最好放入冰箱冷冻，或者晒成墨鱼干。

实用小贴士

墨鱼体内含有很多墨汁，不易清洗。可先撕去表皮，拉掉灰骨，将墨鱼放在有水的盆中，在水中拉出内脏，流尽墨汁，然后再换几次清水将内外洗净即可。

木瓜煲墨鱼

材 料 木瓜500克，墨鱼250克，红枣5颗

调 料 生姜3片，盐适量

做 法

1.将木瓜去皮、子，洗净，切块；将墨鱼洗净，取出墨鱼骨。2.将红枣浸软，去核，洗净。3.将全部材料放入砂煲内，加适量清水，武火煮沸后，改文火煲2小时，加盐调味即可。

专家点评 增强免疫

木瓜墨鱼香汤

材 料 木瓜200克，墨鱼125克，红枣3颗

调 料 盐5克，姜丝2克

做 法

1.将木瓜洗净，去皮、子，切块；墨鱼杀洗净，切块汆水；红枣洗净，备用。2.净锅上火倒入水，调入盐、姜丝，下入木瓜、墨鱼、红枣煮熟即可。

专家点评 补血养颜

海鲜爆甜豆

材 料 鲜虾、墨鱼仔、鲜鱿鱼、甜豆各适量，红辣椒50克

调 料 香油20克，盐5克，蒜油10克

做 法

1.鲜虾洗净，氽熟，剥壳取虾肉；鲜鱿鱼洗净，切块，再改切麦穗花刀；墨鱼仔洗净。2.甜豆洗净，择去头尾，焯熟；红辣椒洗净切片。3.油锅烧热，放虾肉、鲜鱿鱼、墨鱼仔，炒至将熟，下红辣椒、甜豆、香油、蒜油、盐，炒匀，出锅装盘即可。

韭菜墨鱼花

材 料 韭菜100克，墨鱼肉300克

调 料 盐3克，味精1克，醋10克，生抽12克，红椒少许

做 法

1.墨鱼肉洗净，切“十”字刀纹，再切开，加盐腌片刻；韭菜洗净，切段；红椒洗净，切丝。2.锅内注油烧热，放入墨鱼花翻炒至卷起后，加入韭菜、红椒一起炒匀。3.再加入盐、醋、生抽炒至熟后，加入味精调味，起锅装盘即可。

木瓜炒墨鱼片

材 料 木瓜150克，墨鱼300克

调 料 料酒15克，盐3克，鸡精2克

做 法

1.木瓜去皮，洗净，切片；墨鱼洗净，切片，加盐和料酒腌渍。2.炒锅注油烧热，放入墨鱼片爆炒至熟，再放入木瓜片一起翻炒，加盐炒匀。3.调入鸡精，出锅即可。

专家点评 补血养颜

火爆墨鱼花

材 料 墨鱼300克，水发木耳50克，蒜薹100克，洋葱50克

调 料 红椒20克，盐3克，淀粉5克

做 法

1.墨鱼洗净切片，打上花刀；木耳洗净撕成小块；蒜薹洗净切段；洋葱、红椒分别洗净切片。2.锅中倒油烧热，墨鱼滑熟后捞出；再下入红椒片、木耳、洋葱片、蒜薹段炒熟。3.最后再倒入墨鱼，炒匀后，加盐调味，以水淀粉勾芡即可。

虾

功效

1.提神健脑：虾中含有较多的B族维生素和锌，对改善记忆力有帮助。
2.增强免疫力：虾中含有较多的锌、镁矿物质，可以增强人体的免疫功能。
3.补血养颜：虾含有的铁可协助氧的运输，预防缺铁性贫血，有很好的补血功效。
4.养心润肺：虾中含有丰富的镁，能很好地保护心血管系统，有利于预防高血压及心肌梗死。

食用禁忌

- 虾+红枣=可能引起中毒
  红枣和虾同食，可能会合成有毒物质。
- 虾+南瓜=导致痢疾
  南瓜与虾肉中的微量元素易发生反应，导致痢疾。
- 凡有疮瘘宿疾者或阴虚火旺时，不宜吃虾。

营养黄金组合

- 虾+韭菜+鸡蛋=滋补阳气
  虾与韭菜、鸡蛋同时食用能滋补阳气，达到强肾的效果。
- 虾+豆腐=滋补身体
  豆腐中含有丰富的蛋白质，虾肉中含有多种微量元素，同时食用有很好的滋补作用。

选购 新鲜的虾头尾完整，紧密相连，虾身较挺，有一定的弯曲度。

保存 鲜虾可先汆水后存，即在入冰箱储存前，先用开水或油汆一下，可使虾的红色固定，鲜味持久。

实用小贴士

用少许明矾化水，将虾浸泡一会儿再挤虾仁，既容易挤又不会使壳带肉。

香葱炒河虾

材　料 河虾300克，香葱100克

调　料 盐3克，味精2克，姜10克，料酒、香油各适量

做　法

1.香葱洗净，切段；姜洗净，切丝；河虾洗净备用。2.油锅烧热，放入姜丝，炝香后烹入料酒，倒入河虾，炒至九成熟。3.再加入香葱段，加盐、味精后略炒，淋上香油后便可出锅。

专家点评　提神健脑

香辣虾

材　料 虾300克，蒜苗50克，干红椒50克

调　料 盐3克，味精2克，料酒、香油各适量

做　法

1.蒜苗洗净，切斜段；干红椒洗净，切段；虾洗净。2.油锅烧热，烹入料酒，倒入虾炒至八成熟。3.加入蒜苗、干红椒，加盐、味精、香油，炒熟后装盘即可。

专家点评　开胃消食

椒盐虾仔

材 料 虾300克，辣椒面20克

调 料 葱、姜、蒜、盐各5克，味精、胡椒粉、五香粉各3克

做 法

1.将虾仔去须后洗净；葱切圈；姜切末；蒜剁蓉。2.将虾仔下入八成热的油温中炸干水分，捞出。3.将辣椒面、盐、味精、胡椒粉、五香粉制成椒盐，下入虾仔中，加入葱、姜、蒜炒匀即可。

专家点评 保肝护肾

清炒虾丝

材 料 虾肉200克，青椒、红椒、黄椒各50克

调 料 盐3克，味精2克，料酒、香油、淀粉各适量

做 法

1.青、红、黄椒洗净切条；虾肉洗净，撒上淀粉，打成薄片，切丝后用料酒腌渍。2.油锅烧热，倒入虾丝，炒至变色后倒入青、红、黄椒条，加盐、味精、香油炒至入味，出锅前勾芡即可。

专家点评 养心润肺

水晶虾仁

材 料 虾仁500克，甜豆300克

调 料 盐4克，味精2克，料酒、水淀粉各15克

做 法

1.甜豆洗净，去老茎；虾仁洗净，加盐、料酒腌渍，以水淀粉上浆，备用。2.油锅烧热，入虾滑熟，捞出；另起油锅，放入甜豆翻炒均匀，加水、盐、虾焖煮。3.煮好，加味精炒匀，装盘即可。

专家点评 增强免疫

青豆百合虾仁

材 料 虾仁、青豆、百合各80克，橙子适量

调 料 盐、味精各3克

做 法

1.橙子洗净，切片，摆盘；虾仁、青豆、百合洗净，下入沸水中浸烫去异味，捞出沥水。2.油锅烧热，下虾仁、青豆炒至八成熟，再入百合同炒片刻。3.调入盐、味精炒匀，起锅装在橙片上。

专家点评 增强免疫

鲜蚕豆炒虾肉

材 料 鲜蚕豆250克，虾肉80克

调 料 香油、生抽、味精各5克，盐3克

做 法

1.将虾肉洗净，放入盐水中泡10分钟，捞出沥干；蚕豆去壳，洗净，放在开水锅中焯一下水，捞出，沥干水分。2.油锅烧热，将蚕豆放入锅内，翻炒至熟，盛盘待用。3.再将油锅烧热，加入虾肉、香油、生抽、味精、盐炒香，倒在蚕豆上即可。

专家点评 养心润肺

虾仁炒蛋

材 料 虾仁100克，鸡蛋5个，春菜少许

调 料 盐2克，鸡精2克，淀粉10克

做 法

1.虾仁调入淀粉、盐、鸡精码味；春菜去叶留茎，洗净切细片。2.鸡蛋打入碗，调入盐拌匀。3.锅上火，注少许油，将油涂抹均匀，倒入拌匀的蛋液，稍煎片刻，放入春菜、虾仁，略炒至熟，出锅即可。

专家点评 保肝护肾

虾仁豆花

材 料 虾仁200克，豆花300克，豌豆50克，西红柿100克

调 料 水淀粉、盐、味精、高汤各适量

做 法

1.虾仁洗净，加水淀粉、盐搅拌上浆；西红柿洗净，切丁；豌豆洗净备用。2.油锅烧热，放入虾仁过油，捞出；另起油锅，放入豌豆煸炒，加入高汤烧开。3.下入豆花、虾仁、西红柿同煮至熟，加盐、味精调味，装碗即可。

鲜虾煮莴笋

材 料 鲜虾、莴笋各200克，胡萝卜少许

调 料 盐3克，料酒、高汤、香油、姜丝各适量

做 法

1.莴笋洗净，切条；胡萝卜洗净切片；虾洗净，用料酒腌渍去腥备用。2.油锅烧热，入姜丝炝香，倒入鲜虾炒至变色，注入高汤，煮沸后放入莴笋、胡萝卜，加盐、香油煮至入味便可。

专家点评 养心润肺

虾仁韭菜鸡蛋汤

材 料 虾仁200克，韭菜30克，鸡蛋1个

调 料 色拉油12克，盐少许，葱花2克

做 法

1.将虾仁洗净；韭菜洗净切段；鸡蛋打入盛器搅匀备用。2.净锅上火倒入色拉油，将葱花爆香，下入虾仁、韭菜烹炒，倒入水，调入盐烧开，浇入鸡蛋液煮熟即可。

专家点评 保肝护肾

小河虾苦瓜汤

材 料 小河虾200克，苦瓜75克

调 料 高汤适量，盐5克

做 法

1.将小河虾洗净；苦瓜洗净去子，切片备用。2.净锅上火倒入高汤，调入盐，下入小河虾、苦瓜煮熟即可。

专家点评 提神健脑

粉丝鲜虾煲

材 料 鲜虾250克，小白菜75克，粉丝20克

调 料 盐少许

做 法

1.将鲜虾洗净；小白菜洗净切段；粉丝泡透切段备用。2.净锅上火倒入水，下入鲜虾烧开，调入盐，下入小白菜、粉丝煮熟即可。

专家点评 增强免疫

鲜虾菠菜粉条煲

材 料 鲜虾200克，菠菜120克，粉条20克

调 料 盐少许

做 法

1.将鲜虾洗净；菠菜择洗干净，切段焯烫待用；粉条泡透切段备用。2.净锅上火倒入水，下入鲜虾，调入盐，下入菠菜、粉条煲熟即可。

专家点评 提神健脑

蟹

功效

1.增强免疫力：蟹含有丰富的维生素A，对提高机体免疫力有着重要作用。蟹中的维生素B_2含量丰富，是肉类的5~6倍，比鱼类高出6~10倍，对身体十分有益。

2.开胃消食：蟹中的维生素B_1可帮助消化，改善食欲不振的状况。

3.补血养颜：蟹中富含维生素A、铁、钙、磷等，常吃有养颜补血功效。

食用禁忌

蟹+茄子=导致腹泻

蟹肉性味咸寒，茄子甘寒滑利，二物同属寒性，同食有损肠胃，会导致腹泻。

蟹+香菇=容易引起结石

香菇和蟹同食，会使人体中的维生素D含量过高，造成体内钙质增加，长期食用易引起结石症状。

营养黄金组合

蟹+山药=滋补养颜

蟹有滋肝阴、充胃液的功效，与山药同食有滋补养颜的作用。

蟹+大蒜=养精益气

蟹与大蒜同食，有养精益气、解毒的功效。

选购 蟹壳青绿有光泽、连续吐泡有声音、腹部灰白、脐部完整的为佳。

保存 拿绳子把蟹扎好，放入冰箱冷藏室保存。

实用小贴士

用盐水浸泡洗刷，先将蟹体外的污物洗净，再放入淡盐水内浸泡，让它吐掉胃内的污物，反复换水。

香辣蟹

材 料 肉蟹500克

调 料 葱段、姜片、盐、白糖、白酒、干辣椒、料酒、醋、花椒、鸡精各适量

做 法

1.将肉蟹放在器皿中，加入适量白酒略腌，蟹醉后洗净，切成块。2.锅中注油烧至三成热，下入花椒、干辣椒炒出麻辣香味。3.再放入姜片、葱段、蟹块、料酒、醋、鸡精、白糖和盐翻炒均匀即可。

咖喱炒蟹

材 料 蟹100克，咖喱粉30克，鸡蛋2个，红辣椒10克

调 料 干淀粉、料酒、生抽、香油、盐各适量

做 法

1.蟹洗净，将蟹钳与蟹壳分别斩块，撒上干淀粉，抓匀，炸至表面变红，捞出沥干油。2.红辣椒洗净切成片；鸡蛋打散，入油锅炒熟；咖喱粉调湿备用。3.油锅烧热，下料酒、生抽、香油、盐、咖喱炒香，放入蟹块、辣椒片、鸡蛋炒熟即可。

葱姜炒蟹

材 料 花蟹450克，葱、姜各20克

调 料 盐、味精各3克，酱油、白糖、料酒、香油各10克

做 法

1.花蟹洗净，用盐、酱油、白糖腌渍20分钟；葱洗净，切段；姜洗净，切片。2.炒锅上火，注油烧至六成热，下花蟹炸至黄色捞出，沥干油分。3.内留油，下入葱、姜爆香，加入蟹炒匀，烹入料酒，放入盐、味精、香油调味，炒匀盛盘即可。

膏蟹炒年糕

材 料 膏蟹350克，年糕80克

调 料 姜、酱油、白糖各10克，盐、味精各3克

做 法

1.膏蟹洗净，斩块；姜洗净，切片；年糕洗净，切片，入水中煮熟，捞出，沥干水分。2.炒锅上火，注油烧至六成热，下入姜片炒香，加入膏蟹炸至火红色。3.加入酱油、白糖、盐、味精调味，放入年糕翻炒均匀，盛入盘中即可。

专家点评 增强免疫

酱香大肉蟹

材 料 大肉蟹500克

调 料 豆酱50克，味精5克，香油10毫升，盐3克，蒜头50克，上汤少许

做 法

1.蒜去皮洗净，大肉蟹洗净切块。2.锅上火，油烧至80℃时放入蟹块稍炸，捞出沥油。3.锅中留少许油，放入蒜头爆香，再放入肉蟹、豆酱、味精、香油、盐，加入上汤，用慢火烧熟即可。

专家点评 保肝护肾

家乡炒蟹

材 料 蟹350克

调 料 盐、味精各3克，酱油、葱、姜片、料酒、红油各10克

做 法

1.蟹洗净，切块，加盐、味精、酱油腌20分钟；葱洗净，切成段。2.炒锅上火，注油烧至三成热，加入姜片、蟹，炒至蟹壳成火红色。3.再倒入料酒、红油、盐、葱调味，翻炒均匀，盛入盘中即可。

专家点评 开胃消食

酱香蟹

材 料 蟹6只

调 料 盐3克，味精2克，醋8克，老抽20克，料酒15克

做 法

1.蟹洗净，用热水氽过后，捞起晾干备用。2.炒锅置于火上，注油，大火烧热，放入氽好的蟹爆炒至呈金黄色时，加入盐、醋、老抽、料酒，并注入少量水焖煮。3.加入味精调味后，将蟹捞起沥干装盘即可。

专家点评 增强免疫

烧

金牌口味蟹

材 料 螃蟹1000克

调 料 红椒节、干淀粉、豆豉、蒜、料酒、高汤、老抽、豆瓣酱、糖、醋、盐各适量

做 法

1.螃蟹洗净，将蟹钳与蟹壳斩块，用干淀粉抓匀；蒜去皮洗净；油锅烧热，下蟹块炸至变红，捞出。2.油锅烧热，将豆豉、红椒节、蒜子爆香，下蟹块，淋上料酒略炒，加入适量高汤，加入老抽、豆瓣酱、糖、醋、盐，大火烧开，转小火烧入味即可。

泡菜炒梭子蟹

材 料 泡菜200克，梭子蟹500克

调 料 干淀粉30克，辣椒油8克，料酒10克，鸡精5克，香油8克，盐3克

做 法

1.蟹洗净，斩块，将蟹钳略拍，撒上干淀粉抓匀；泡菜洗净，切成碎末。2.油锅烧热，下蟹块炸至表面变红、约八成熟时捞出，沥干油。3.原油锅烧热，加入辣椒油、料酒、鸡精、香油、盐炒香，再加入蟹块、泡菜炒几分钟即可。

清蒸大闸蟹

材 料 大闸蟹8只

调 料 酱油、葱花、香醋各50克，糖、姜、香油各20克

做 法

1.将蟹逐只洗净，上笼蒸熟后取出，整齐地装入盘内。2.将葱花、姜末、醋、糖、酱油、香油调和作蘸料，分装小碟。3.将蒸好的蟹连同小碟蘸料上席即可。

专家点评 排毒瘦身

鱼蟹团圆汤

材 料 鱼肉200克，蟹肉100克，虾米30克，油菜10克

调 料 清汤适量，盐少许，味精、香油各3克

做 法

1.将鱼肉、蟹肉处理干净剁成泥，调入盐，搅拌上劲挤成丸子，入水汆后捞出；虾米、油菜洗净备用。2.锅上火倒入清汤，调入盐、味精，下入虾米、鱼肉丸、蟹肉丸煲至熟，下入油菜，淋入香油即可。

专家点评 增强免疫

山药蟹肉羹

材 料 瘦肉200克，蟹1只，山药50克，韭菜30克

调 料 盐少许，味精3克，葱、姜各5克，高汤适量

做 法

1.将瘦肉洗净、切丁、汆水；蟹去壳洗净、切块、汆水；山药洗净切块；韭菜洗净切末。2.净锅上火，倒入高汤，下入蟹、瘦肉、山药烧沸，调入盐、味精、葱、姜，煲至熟，撒上韭菜末即可。

专家点评 排毒瘦身

蟹黄健胃煲

材 料 玉米粒200克，西红柿100克，蟹黄50克，鸡蛋2个

调 料 色拉油20克，盐适量，味精3克

做 法

1.将玉米粒剁碎；西红柿洗净均切片；鸡蛋打入碗中备用。2.炒锅上火倒入色拉油，下入西红柿煸炒，倒入水，下入玉米粒，调入盐、味精，煲至熟，撒入蟹黄、鸡蛋煮熟即可。

专家点评 开胃消食

鸽蛋蟹柳鲜汤

材 料 豆腐125克，熟鸽蛋10个，蟹柳30克，青菜20克

调 料 清汤适量，盐5克

做 法

1.将豆腐切方块；熟鸽蛋剥壳洗净；蟹柳切块；青菜洗净备用。2.净锅上火倒入清汤，下入豆腐、鸽蛋、蟹柳、青菜，调入盐煲熟即可。

专家点评 补血养颜

螺

功效

1.增强免疫力：螺肉含有丰富的维生素A，有增强人体免疫力的功效。

2.补血养颜：螺肉含有丰富的钙和铁，有补血养颜的功效。

3.调节酸碱平衡：螺肉含有丰富的钾，钾可以调节体液的酸碱平衡，有助于维持神经健康、心跳规律正常。

4.延缓衰老：螺肉含有丰富的硒，能够清除人体代谢中的废弃自由基，延缓衰老。

食用禁忌

- 螺+木耳=不利消化

  螺性寒，木耳滑利，两者同时食用不利于消化。
- 螺+甜瓜=肚子痛

  螺与甜瓜同食，会使人肚子痛。
- 感冒、腹泻、过敏体质者忌食。

营养黄金组合

- 螺+葱=清热解酒

  螺与葱同食，有清热解酒的功效。
- 螺+盐=利小便

  螺与盐同食，有利小便的功效，适合小便淋漓不畅者搭配食用。

选购　新鲜螺肉呈乳黄色或浅黄色，有光泽，有弹性，局部有玫瑰紫色斑点；不新鲜螺肉呈白色或灰白色，无光泽，无弹性。

保存　放冰箱急冻。

实用小贴士

在养殖螺的清水中滴少量植物油，两三天后，螺中的泥土就吐净了。

温拌海螺

材　料　鲜海螺肉250克，红辣椒50克

调　料　葱20克，姜10克，盐5克，酱油20克，白糖5克，香油10克

做　法

1.葱洗净切段；红辣椒洗净切块；姜洗净切丝备用。2.海螺肉清洗干净，用旺火蒸熟取出，除螺脑，将螺肉改刀成薄片。3.将海螺倒入容器中，加入盐、酱油、白糖及红椒块、姜丝、葱段，最后加入香油，拌均匀装盘即可。

荷兰豆拌螺片

材　料　荷兰豆300克，螺肉350克

调　料　盐、鸡精、酱油、芥末膏、葱油各适量

做　法

1.荷兰豆洗净切斜段；螺肉洗净，切片。2.荷兰豆入沸水中焯熟，捞出，沥干水分，装盘；螺片入开水氽烫，捞出，沥干水分，与荷兰豆装入同一个盘中。3.用盐、鸡精、酱油、芥末膏、葱油调匀成味汁，淋在螺片上，搅拌均匀即可食用。

专家点评　降低血压

椒丝拌海螺

材 料 海螺1000克，红椒30克

调 料 葱白、姜、蒜蓉、酱油、盐、白糖各适量

做 法

1.海螺去壳，取肉洗净，入开水汆烫，捞出沥干水，装盘；红椒、葱白、姜洗净切丝。2.油锅烧热，放蒜蓉煸香，加酱油、盐、白糖调好味，浇到螺上。3.将红椒、葱白、姜丝放海螺肉上；油烧热，淋在上面，搅拌均匀，食用即可。

专家点评 增强免疫

香糟田螺

材 料 大田螺500克，五花肉100克，糟卤250克

调 料 葱2根，姜1块，白酒10克，料酒50克，香叶5片，生抽20克，盐6克

做 法

1.把田螺用清水泡干净；葱洗净切段；姜洗净切片；五花肉洗净切块。2.锅中注水，加入原料煮20分钟，再放入所有调料，煮5分钟即可。

专家点评 增强免疫

鸿运福寿螺

材 料 福寿螺450克

调 料 姜、蒜各15克，豆瓣酱10克，干红椒50克，葱30克，老抽、料酒各25克，红油45克，盐5克，味精5克

做 法

1.福寿螺洗去泥沙后，用钳子将每只螺的顶尖处夹破，放入盐水中汆一下；干红椒、葱洗净切段；蒜、姜洗净切丝。2.油锅烧热，把全部调料加入锅中炒香后，放入福寿螺加水稍煮片刻即可。

专家点评 增强免疫

酱爆小花螺

材 料 小花螺500克，生菜适量

调 料 盐2克，醋8克，酱油15克，青椒、红椒各适量

做 法

1.小花螺洗净；生菜洗净，铺于盘底；青椒、红椒洗净，切圈。2.锅内加油烧热，放入小花螺翻炒至变色后，加入青椒、红椒炒匀。3.炒至熟后，加入盐、醋、酱油调味，起锅放在盘中生菜上即可。

香炒田螺

材 料 田螺1000克，鲜玉米粒200克，红辣椒30克

调 料 葱50克，八角1个，辣椒油10克，盐5克，味精5克，香油10克

做 法

1.鲜田螺洗净，煮熟，捞起去壳取肉，装盘待用。2.红辣椒洗净剁碎；葱洗净切葱花；鲜玉米粒洗净。3.锅烧热加油，开旺火，加红辣椒、葱花、八角爆香，然后加田螺肉、玉米粒、辣椒油、盐、香油、味精翻炒均匀，盛出装盘即可。

荷兰豆响螺片

材 料 荷兰豆100克，响螺肉500克

调 料 料酒、酱油、醋、盐、味精、淀粉各适量

做 法

1.响螺肉洗净，切片；荷兰豆洗净，去老筋，切段，入开水烫熟后，捞出装盘备用。2.油锅烧热，放入响螺肉，烹入料酒，加酱油、醋、盐翻炒均匀。3.加味精调味，以水淀粉勾芡，装在盘中的荷兰豆上即可。

专家点评 降低血糖

鸡腿菇炒螺片

材 料 鸡腿菇200克，海螺片300克

调 料 盐3克，味精1克，醋8克，生抽12克，青椒、红椒各少许

做 法

1.鸡腿菇泡发洗净，切片；海螺片洗净；青、红椒洗净，切片。2.锅内注油烧热，放入螺片炒至变色后，加入鸡腿菇、青椒、红椒炒匀。3.炒至熟后，加入盐、醋、生抽炒匀入味，再加味精调味，起锅装盘即可。

葱炒螺片

材 料 海螺肉400克，大葱200克

调 料 盐4克，酱油8克，料酒、白糖各10克，淀粉15克

做 法

1.海螺肉洗净，切片，加盐、料酒腌渍；大葱洗净，切斜段备用。2.油锅烧热，放入海螺片，加酱油、白糖翻炒，炒至七成熟时，下入大葱翻炒。3.炒好后，以水淀粉勾芡，装盘即可。

专家点评 养心润肺

螺肉煲西葫芦

材 料 螺肉300克，西葫芦125克

调 料 高汤适量，盐少许

做 法

1.将螺肉洗净；西葫芦洗净切方块备用。2.净锅上火倒入高汤，下入西葫芦、螺肉、盐煲熟即可。

专家点评 降低血压

螺片黄瓜汤

材 料 海螺2个，黄瓜100克，玉米须30克

调 料 花生油10克，葱段、姜片、鸡精各3克，香油2克，盐少许

做 法

1.将海螺去壳洗净切成大片；玉米须洗净；黄瓜洗净切丝备用。2.炒锅上火倒入花生油，将葱、姜炝香，倒入水，下入黄瓜、玉米须、螺片，调入盐、鸡精烧沸，最后淋入香油即可。

专家点评 降低血糖

海带螺片汤

材 料 海带200克，西红柿50克，海螺2个

调 料 花生油20克，盐6克，鸡精4克，葱段3克，香油2克

做 法

1.将海带洗净切片，西红柿洗净切片，海螺取肉洗净斜刀切片。2.炒锅上火倒入色拉油，将葱爆香，加入西红柿略炒，倒入水，下入海带、螺片，调入盐、鸡精煮熟，淋入香油即可。

专家点评 降低血脂

双瓜响螺汤

材 料 节瓜200克，苦瓜100克，响螺50克

调 料 花生油20克，盐适量，味精4克，葱段、姜片各3克

做 法

1.将节瓜、苦瓜处理干净均切片；响螺洗净切大片备用。2.锅上火倒入花生油，将葱、姜爆香，倒入水，下入苦瓜、节瓜、响螺煮熟，加盐、味精调味即可。

专家点评 养心润肺

蛏子

功效

1.增强免疫力：蛏含有维生素A，有增强人体免疫力的功效。

2.补血养颜：蛏富含维生素A、铁、钙、磷等，常吃有补血养颜的功效。

3.保肝护肾：蛏肉含丰富蛋白质、钙、铁、硒、维生素A等营养元素，具有补虚的功能，有保肝利脏效果，常食能够有效地增强肝脏功能。

食用禁忌

蛏子+木瓜＝引起腹痛

蛏子与木瓜同食，会引起腹痛、头晕、冒冷汗。

蛏子为发物，过量食用可引发慢性疾病。脾胃虚寒、腹泻者应少食。

营养黄金组合

蛏子+豆腐=增强营养

蛏子含有丰富的营养物质，与豆腐同食可增强营养，提高机体的免疫能力。

选购 活的蛏子吸水管都伸出壳外，触动后会蠕动或两壳稍合；剥开外壳，可以发现白色的韧带紧连着两壳，同时有液体外流。已死的蛏子两壳韧带脱离或连在一起的壳上、蛏体因失去水分而收缩，吸水管变得干瘪而柔软。蛏子一旦死去，很快就会变质，便再也不可食用。

保存 不宜放入冰箱冷藏，应在购买当天食用。

实用小贴士

1.蛏子买回来应放在盐水里让其吐去泥沙。2.买蛏子的时候千万别选择肥肥胖胖的，有注水之嫌。

原汁蛏子汤

材　料 蛏子肉250克

调　料 盐5克，香菜段2克，香油3克

做　法

1.将蛏子肉洗净备用。2.净锅上火倒入水，加入盐，下入蛏子肉煲至熟，撒入香菜，淋入香油即可。

专家点评　补血养颜

蛏子豆腐汤

材　料 蛏子肉200克，豆腐100克

调　料 盐5克，香油3克，高汤适量，葱花少许

做　法

1.将蛏子肉洗净；豆腐洗净切条状。2.锅上火倒入高汤，调入盐，下入蛏子肉、豆腐煮熟，淋入香油，撒上葱花即可。

专家点评　保肝护肾

爆炒蛏子

材 料 蛏子500克

调 料 盐3克，味精1克，酱油10克，料酒15克，大蒜、葱各适量

做 法

1.蛏子洗净，放入温水中氽过后，捞起备用；葱、大蒜洗净，均切末。2.锅置火上，注油烧热，加入蒜末炒香，再放入氽过的蛏子翻炒，最后加盐、酱油、料酒炒至入味。3.加入味精调味，撒上葱末，起锅装盘即可。

蒜蓉蒸蛏子

材 料 蛏子700克，粉丝300克，蒜头100克

调 料 生抽6克，鸡精2克，盐4克，葱花15克，香油适量

做 法

1.蛏子对剖开，洗净；粉丝用温水泡好；蒜头去皮剁成蒜蓉备用。2.油锅烧热，放入蒜蓉煸香，加生抽、鸡精、盐炒匀，浇在蛏子上，粉丝也放在蛏子上。3.撒上葱花，淋上香油，入锅蒸3分钟即可。

专家点评 补血养颜

姜葱焗蛏子

材 料 蛏子800克，姜末、葱段各适量

调 料 料酒、盐、花椒粉、味精、淀粉、蚝油各适量

做 法

1.蛏子洗净，入开水加料酒煮熟，捞出，去壳备用。2.油锅烧热，放入姜末煸香，放入蛏子，加盐、花椒粉、蚝油煸炒。3.炒好，加味精、葱段炒匀，以水淀粉勾芡，装盘即可。

专家点评 增强免疫

辣爆蛏子

材 料 蛏子500克，干辣椒、青椒、红椒各适量

调 料 盐3克，味精1克，酱油10克，料酒15克

做 法

1.蛏子洗净，放入温水中氽过后，捞起备用；青椒、红椒洗净切成片；干辣椒洗净，切段。2.锅置火上，注油烧热，下料酒，加入干辣椒段煸炒后放入蛏子翻炒，再加入盐、酱油、青椒片、红椒片炒至入味。3.加入味精调味，起锅装盘即可。

专家点评 增强免疫

海参

功效

1.增强免疫力：海参富含蛋白质，能够提高免疫力，增强抵抗疾病的能力。
2.补血养颜：海参中的胶原蛋白含量高，不仅可以生血养血、延缓机体衰老，还可使肌肤充盈、皱纹减少。
3.降胆固醇：海参含有的维生素PP是葡萄糖的组成成分，对于保护心血管、降低胆固醇有很好的效果。
4.提神健脑：海参中含有的牛磺酸可提高人的记忆力。

食用禁忌

- 海参+葡萄=导致腹痛
  海参与葡萄同食，不仅会导致蛋白质凝固难以消化，还会出现腹痛、恶心、呕吐等症状。
- 海参+醋=降低营养价值
  海参与醋同食，会降低其蛋白质的营养价值。
- 感冒、咳嗽、气喘、急性肠炎患者忌食。

营养黄金组合

- 海参+猪肉=补肾益精
  海参与猪肉搭配食用，具有补肾益精、养血润燥之功效。
- 海参+牛尾=滋补养颜
  海参与牛尾同食，有滋补养颜、益气血的功效。

选购 鲜海参外表皮有的呈深灰褐色，有的则颜色稍浅，其皮质较薄，干燥后肉质为灰白色。

保存 海参发好后，一次用不完可入冰箱冷冻保存。

实用小贴士
将海参晒得干透，装入双层食品塑料袋中，加几颗蒜，然后扎紧袋口，悬挂于高处，不会变质生虫。

葱烧海参

材 料 水发海参250克，大葱150克

调 料 盐3克，料酒9克，淀粉9克，酱油3克，味精1克，蚝油20克

做 法

1.水发海参洗净，切成长条状，汆水后捞出；大葱洗净切成片状。2.炒锅倒油烧热，放入大葱炒香，倒入海参煸炒。3.调入味精、盐、料酒、酱油、蚝油、水，烧至海参软，用水淀粉勾芡。

专家点评 降低血脂

琥珀蜜豆炒贝参

材 料 核桃仁150克，熟白芝麻50克，豆角350克，北极贝300克，海参200克

调 料 糖20克，盐3克，味精1克

做 法

1.北极贝洗净沥干；海参洗净切条，汆水捞出；豆角洗净切段，焯水沥干。2.锅倒糖烧热，放入核桃仁炒至上糖色捞出，粘上熟白芝麻。3.锅倒油烧热，倒入豆角煸炒，加入海参、北极贝翻炒。4.调入盐、味精入味，撒上核桃仁炒匀即可。

海参烩鱼条

材 料 海参200克，鱼肉300克，青菜100克

调 料 盐3克，味精1克，醋8克，生抽12克

做 法

1.海参洗净，切成条；鱼肉洗净，加盐、味精、生抽腌渍入味，再捏成条；青菜洗净。2.锅内注油烧热，放入鱼条滑炒至变色后，加入海参、青菜炒匀。3.炒至熟后加入盐、醋、生抽炒匀入味，以味精调味，起锅装盘即可。

专家点评 补血养颜

丝瓜海鲜煲

材 料 水发海参80克，虾30克，丝瓜50克，竹荪100克

调 料 蚝油10克，盐3克

做 法

1.海参洗净，切小块；虾洗净，去掉头、须，然后在虾肉上切几刀，放入热油锅中，滑炒至八成熟时，捞出。2.竹荪去掉头，用冷水泡发；丝瓜去皮，洗净，然后切成圆形片。3.将海参、虾、竹荪放入砂锅中，煮至水滚，放入丝瓜、蚝油、盐，再煮几分钟即可。

海参牛尾汤

材 料 牛尾200克，水发海参1条，枸杞10克

调 料 高汤适量，盐少许，味精3克

做 法

1.将牛尾洗净、切块、汆水；水发海参、枸杞洗净备用。2.汤锅上火倒入高汤，下入牛尾、海参、枸杞，调入盐、味精，煲熟即可。

专家点评 提神健脑

双色海参汤

材 料 水发海参1条，豆腐、火腿各50克

调 料 高汤适量，盐5克，葱花3克

做 法

1.将水发海参洗净切片；豆腐、火腿均洗净切片备用。2.净锅上火倒入高汤，调入盐、葱花烧开，下入豆腐、火腿煮熟，再下入水发海参烧开即可。

专家点评 降低血糖

扇贝

功效

1.降胆固醇：扇贝含有一种具有降低血清胆固醇作用的物质，能使体内胆固醇下降，从而保护心脑血管。

2.保肝护肾：扇贝肉能下气调中，有平肝、化痰、清热、滋阴补肾的功效。

3.增强免疫力：扇贝富含微量元素硒，它能够降低因缺硒引起的血压升高和血黏度上升，提高免疫力。

食用禁忌

- 扇贝+香肠=伤身

  扇贝与香肠同吃会生成亚硝胺，对人体有害。
- 扇贝+山楂=引起便秘

  扇贝与山楂同食会引起便秘、腹痛等症状。
- 贝类是发物，有久治不愈的疾病者应慎食；贝类性多寒凉，故脾胃虚寒者不宜多吃。

营养黄金组合

- 扇贝+瘦肉=促进铁的吸收

  扇贝与瘦肉同食，能促进铁的吸收和对机体内储存的铁的利用。
- 扇贝+节瓜=补肾强体

  扇贝与节瓜同时食用，具有滋阴润燥、补肾强体的功效。

选购　新鲜扇贝肉色泽正常且有光泽，无异味，手摸有爽滑感，弹性好。

保存　新鲜扇贝可冷却保存1～2天。

实用小贴士

先用刷子清洗扇贝的表面，将泥沙等杂质刷洗干净。扇贝里面一般没有沙子，除非扇贝死了。

双椒拌扇贝肉

材 料 扇贝肉300克，青椒、红椒各适量，萝卜干10克

调 料 盐3克，味精1克，醋8克，生抽12克，姜、香菜各少许

做 法

1.扇贝肉洗净；青椒、红椒洗净，切圈；姜洗净，切块；香菜洗净；萝卜干泡发，洗净，切段。2.锅内注水烧沸，放入扇贝肉、红椒、青椒、萝卜干煮至熟后，装盘，再放入香菜、姜。3.加入盐、味精、醋、生抽拌匀，即可食用。

蒜蓉蒸扇贝

材 料 蒜蓉50克，扇贝150克，粉丝30克

调 料 葱丝10克，红椒丁、盐、番茄酱各适量

做 法

1.扇贝洗净，留一半壳；粉丝泡发剪成段。2.将留在贝壳中的贝肉洗净，剞2～3刀，放置在贝壳上，再撒上粉丝，上笼屉，蒸2分钟。3.烧热油锅，下蒜蓉、葱丝、红椒丁煸香，放入盐再翻炒，然后加番茄酱分别淋到每只扇贝上即成。

扇贝蘑菇粉丝汤

材 料 扇贝肉175克，蘑菇30克，水发粉丝20克

调 料 盐少许

做 法

1.将扇贝肉洗净；蘑菇洗净切丝；水发粉丝洗净切段备用。2.净锅上火倒入水，下入扇贝肉、蘑菇、水发粉丝，调入盐煲至熟即可。

专家点评 保肝护肾

扇贝海带煲

材 料 扇贝肉300克，海带结125克

调 料 盐5克，鸡精1克

做 法

1.将扇贝肉洗净；海带结洗净备用。2.净锅上火倒入水，下入扇贝肉、海带结，调入盐、鸡精煲至熟即可。

专家点评 降低血压

节瓜扇贝汤

材 料 扇贝肉200克，节瓜125克，鸡蛋1个

调 料 高汤适量，盐3克，葱花少许

做 法

1.将扇贝肉洗净；节瓜洗净去皮切块；鸡蛋打入盛器搅匀备用。2.汤锅上火倒入高汤，下入扇贝肉、节瓜，调入盐煲至熟，淋入鸡蛋液稍煮，最后撒葱花即可。

专家点评 降低血脂

海鲜煲

材 料 鱿鱼200克，扇贝肉50克，菠菜45克，粉丝20克

调 料 盐少许

做 法

1.将鱿鱼洗净切成小块，汆水；扇贝肉洗净汆水；菠菜择洗净，切段后焯水；粉丝泡透切段备用。2.净锅上火倒入水，调入盐，下入鱿鱼、扇贝肉、菠菜、粉丝煲至熟即可。

专家点评 养心润肺

海蜇

功效

1.排毒瘦身：海蜇含有的胶质有润肺和清涤胃肠的作用，可起到排毒瘦身的作用。

2.养心润肺：海蜇能行淤化积、清热化痰，对气管炎、哮喘等病患者有益。

3.增强免疫力：海蜇含有的水母素有很强的抗菌、抗病毒效果，能增强人体免疫力。

4.降低血压：海蜇含有类似于乙酰胆碱的物质，能扩张血管，降低血压。

食用禁忌

- 海蜇+红枣=对身体有害

红枣和海蜇药效相悖，同用对身体有害。

- 海蜇+白糖=容易变质

若烹饪海蜇时加白糖同腌，容易使海蜇变质，影响口感。

营养黄金组合

- 海蜇+醋=开胃消食

海蜇与醋同食，有开胃消食的作用，适用于消化不良、痰热咳嗽等症。

- 海蜇+白萝卜=润肠通便

海蜇与白萝卜同食具有清热养阴、润肠通便的功效，适用于酒醉烦渴、大便秘结者。

选购 优质海蜇皮呈白或黄色，无红衣、红斑和泥沙。

保存 海蜇买回后，不要沾淡水，用盐把它一层层地腌存在口部较小的坛子里，坛口部也要放一层盐，然后密封。

凉拌海蜇

材 料 海蜇600克

调 料 盐1克，味精2克，白糖1克，香油5克，辣椒油5克，醋3克，红椒丝10克，白芝麻5克

做 法

1.先将海蜇洗净切成4厘米长的段。2.将切好的海蜇用开水汆熟捞起，红椒丝在沸水中烫一下捞起。3.将汆熟的海蜇加入红椒丝和白芝麻以外调味料拌匀后，装碟撒上白芝麻即可。

专家点评 降低血压

黄瓜蜇头

材 料 海蜇头200克，黄瓜50克

调 料 盐、醋、生抽、红油、红椒各适量

做 法

1.黄瓜洗净切片，排于盘中；海蜇头洗净；红椒洗净，切片，用沸水焯一下待用。2.锅内注水烧沸，放入海蜇头汆熟后，捞起沥干放凉并装入碗中，再放入红椒。3.向碗中加入盐、醋、生抽、红油拌匀，再倒入排有黄瓜的盘中。

专家点评 排毒瘦身

牡蛎

功效

1.补血养颜：牡蛎含有维生素B_{12}，是预防恶性贫血所不可缺少的物质。
2.排毒瘦身：牡蛎所含的蛋白质中有多种优良的氨基酸，这些氨基酸有解毒作用，可以除去体内的有毒物质。
3.降低血脂：牡蛎提取物有明显抑制血小板聚集作用，能够有效降低血脂，预防心脑血管疾病。

食用禁忌

- 牡蛎+虾=妨碍铜的代谢吸收
  牡蛎和虾都富含锌，大量的锌会影响铜的代谢。
- 牡蛎+玉米=妨碍锌的吸收
  玉米中含有丰富的纤维素，牡蛎中含有较多的锌，两者同食，会妨碍锌的吸收。
- 患有急慢性皮肤病者忌食。

营养黄金组合

- 牡蛎+白菜=抗氧化
  牡蛎与白菜同食，有抗氧化、活化免疫细胞、修复细胞、排除肝脏化学毒素的功效。
- 牡蛎+豆腐=益智健脑
  牡蛎和豆腐同食可以补充优质蛋白，有益智健脑、清热解毒、滋润肌肤的功效。

选购 带壳的牡蛎才新鲜，且以选购肉质柔软隆胀、黑白分明的为佳。

保存 剥出活体牡蛎浸泡于2%～3%的盐水中保存。

实用小贴士
挑选牡蛎时以体大而肥满、光泽新鲜者为上品；用手一按碰牡蛎外壳，壳就闭上的为佳。

白菜牡蛎粉丝汤

材 料 牡蛎肉300克，白菜150克，水发粉丝30克

调 料 花生油15克，盐4克，葱段、姜片、蒜片各2克

做 法

1.将牡蛎肉洗净；白菜洗净切块；水发粉丝洗净切段备用。2.汤锅上火倒入花生油，将葱、姜、蒜爆香，下入白菜稍炒，倒入水，下入牡蛎肉、水发粉丝，调入盐煲至熟即可。

专家点评 补血养颜

竹笋牡蛎党参汤

材 料 牡蛎肉300克，竹笋50克，党参4克

调 料 清汤适量，盐5克

做 法

1.将牡蛎肉洗净；竹笋处理干净切片；党参洗净备用。2.汤锅上火倒入清汤，下入牡蛎肉、竹笋、党参，调入盐煲至熟即可。

专家点评 降低血脂

蛤蜊

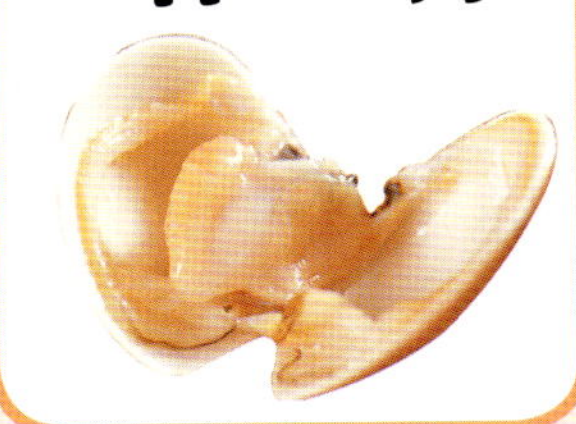

功效

1.降低血脂：它含蛋白质多而含脂肪少，适合血脂偏高或高胆固醇血症者。

2.增强免疫力：蛤蜊具有高蛋白、高微量元素、高铁、高钙、少脂肪的营养特点，常吃可以增强人体的免疫力。

3.降胆固醇：蛤蜊含一种具有降低血清胆固醇作用的代尔太7—胆固醇和24—亚甲基胆固醇，能抑制胆固醇在肝脏合成和加速排泄胆固醇，从而使体内胆固醇下降。

食用禁忌

- 蛤蜊+田螺=引起中毒
  蛤蜊与田螺同食，会引起中毒。
- 蛤蜊+芹菜=破坏维生素B_1
  蛤蜊与芹菜同食，会破坏维生素B_1。
- 经期及腹痛、腹泻、痛风患者忌食。

营养黄金组合

- 蛤蜊+豆腐=改善气血不足
  蛤蜊有滋阴润燥、利尿消肿、止渴的作用，豆腐有清热解毒、生津润燥的药用功效。两者相配可改善气血不足、皮肤粗糙。
- 蛤蜊+山药=滋阴补肾
  蛤蜊与山药同食，有滋阴补肾、生津止渴的功效。

选购 新鲜蛤蜊的外壳具有光泽感，壳缘也比较光滑。

保存 蛤蜊放进冰箱冷藏，约可保鲜3天。

实用小贴士

选购蛤蜊时，可拿起轻敲，若为“砰砰”声，则蛤蜊是死的；若为“咯咯”较清脆的声音，则蛤蜊是活的。

黄瓜拌蛤蜊

材 料 黄瓜、蛤蜊肉各适量

调 料 盐3克，醋、生抽、红椒、葱白、香菜各适量

做 法

1.黄瓜洗净切片，排于盘中；蛤蜊肉洗净；红椒、葱白洗净切丝；香菜洗净；锅内注水烧沸，放入蛤蜊肉汆熟后，装碗，再放红椒丝、葱白、香菜。2.向碗中加盐、醋、生抽拌匀，再倒入排有黄瓜的盘中即可。

专家点评 降低血糖

辣炒花蛤

材 料 花蛤500克，干红椒10克，青辣椒20克

调 料 姜、蒜、香油、生抽、盐、味精各适量

做 法

1.将花蛤洗净，放入锅中煮至开口，捞出沥干水；姜、蒜洗净，切碎；青辣椒、干红椒洗净，切成小块。2.油锅烧热，放青辣椒、姜末、蒜末、干红椒、香油、生抽炒香。3.再加入花蛤，大火爆炒3分钟，加盐、味精翻炒几下，出锅即可。

专家点评 提神健脑

清炒蛤蜊

材 料 蛤蜊450克

调 料 葱、姜各5克，红辣椒、干红椒各3克，蚝油10克，料酒8克，盐3克

做 法

1.蛤蜊洗净，入冷水锅中煮至开口，再冲洗干净，沥干水分。
2.将葱洗净切碎；姜、红辣椒分别洗净切丝；干红椒洗净切段。
3.油锅烧热，下姜末、干红椒、红椒丝煸香，再放蛤蜊肉翻炒，加入葱花、蚝油、料酒、盐，稍炒后盛入盘中。

芹菜炒蛤蜊肉

材 料 芹菜90克，蛤蜊150克，辣椒2个

调 料 盐5克，鸡精3克，姜少许

做 法

1.将芹菜洗净，切段；蛤蜊洗净，入沸水中煮至开壳，捞出取肉；生姜洗净，捣烂；辣椒洗净切片。2.芹菜入开水锅中过沸水后捞出，沥干水分待用。3.起油锅，放入姜、蛤蜊肉炒熟，再放入芹菜、辣椒微炒，调味即可。

专家点评 降低血糖

姜葱炒蛤蜊

材 料 蛤蜊400克，姜10克，葱10克

调 料 盐5克，味精4克，料酒6克，香油8克，蚝油5克，淀粉适量

做 法

1.蛤蜊用清水养1小时，待其吐沙，洗净，再将其汆水；姜洗净切片；葱洗净切段。2.锅中烧油，爆香姜，下蛤蜊爆炒，再下葱段、调味料调味，勾芡即可。

专家点评 增强免疫

青豆蛤蜊肉煎蛋

材 料 鸡蛋3个，青豆50克，蛤蜊肉50克，萝卜干50克，红椒1个

调 料 盐3克，鸡精3克

做 法

1.萝卜干、红椒洗净切丁；蛤蜊肉洗净。2.锅上火，加适量水、盐和鸡精煮沸后，下青豆、蛤蜊肉、萝卜干、红椒丁烫至熟后捞出。3.鸡蛋打散，加盐、鸡精和备好的材料搅匀，入锅煎黄即可。

专家点评 增强免疫

山药肉片蛤蜊汤

材 料 蛤蜊120克，山药45克，猪肉30克

调 料 盐3克，香菜末5克，香油2克

做 法

1.将蛤蜊洗净；山药去皮洗净切片；猪肉洗净切片备用。2.净锅上火倒入水，调入盐，下入肉片烧开，打去浮沫，下入山药煮8分钟，再下入蛤蜊煲至熟，撒入香菜末，淋入香油即可。

专家点评 增强免疫

蛤蜊乳鸽汤

材 料 黄花菜50克，乳鸽1只，蛤蜊100克

调 料 花生油15克，盐少许，葱段、姜片各3克，香菜末2克

做 法

1.将蛤蜊洗净；乳鸽洗净斩块；黄花菜洗净备用。2.锅上火倒入花生油，将葱、姜爆香，下入黄花菜煸炒，倒入水，下入乳鸽块、蛤蜊，调入盐煲至熟，撒入香菜即可。

专家点评 增强免疫

山芹蛤蜊鱼丸汤

材 料 草鱼肉250克，山芹100克，蛤蜊75克

调 料 高汤适量，盐少许，味精3克

做 法

1.将草鱼肉洗净斩成蓉加盐搅匀；山芹洗净切末；蛤蜊洗净备用。2.炒锅上火倒入高汤，下入鱼蓉做成的丸子烧沸，调入盐、味精，下入蛤蜊、山芹烧开即可。

蛤蜊煲羊排

材 料 蛤蜊175克，羊排100克，豆腐30克

调 料 盐少许，胡椒粉3克

做 法

1.将蛤蜊洗净；羊排洗净斩块，汆水；豆腐切块备用。2.净锅上火倒入水，调入盐，下入羊排煲至快熟时，下入豆腐、蛤蜊煲至熟，调入胡椒粉即可。

专家点评 增强免疫

第六篇
主食类

除了美味的菜肴、汤水外，我们每日三餐也少不了主食来搭档。其实米饭、面食除了平常的食用方式外，还可以变出许多花样。一碗米饭可以弄出美味的蛋炒饭，面粉可以制作出担担面、饺子、小笼包，还有粥、点心等等。想摆脱每日单一的菜式吗？不妨看看为你介绍的主食类的煮食新招，做法简单，营养又好吃，为你的生活添点色彩。

米饭

基本介绍

米饭是人们日常饮食中的主角之一，其主要成分是碳水化合物，氨基酸的组成比较完全，容易被人体消化吸收。尤其是南方人，每一顿都少不了米饭。除了清香的白饭，米饭还有很多种做法，如炒饭、煲仔饭、盖浇饭等，口感各异，营养美味。

营养成分

大米是人类的主食之一，含有蛋白质，脂肪，维生素B_1、A、E及多种矿物质。大米制成米饭后，含有人体必需的淀粉、蛋白质、脂肪、维生素B_1、烟酸、维生素C及钙、铁等营养成分，可以提供人体所需的营养、热量。

养生功效

大米味甘性平，具有补中益气、健脾养胃、益精强志的功效，被誉为“五谷之首”。大米制成的米饭能健脾养胃、益精强志、和五脏、通血脉、聪耳明目、止烦、止渴、止泻，非常益于经常食用。

制作要点

煮饭时清水和大米的比例以1:1.2为宜。将手指插入锅底，水面超过米面一个指节即可，这样就能煮出喷香的米饭了。

西湖炒饭

材 料 米饭1碗，虾仁50克，笋丁20克，甜豆20克，火腿5片，鸡蛋2个

调 料 葱花1根，盐5克，味精2克

做 法

1.甜豆、虾仁均洗净；鸡蛋打散。2.炒锅置火上，下虾仁、笋丁、甜豆、火腿、鸡蛋液炒透。3.再加米饭炒熟，下调味料翻匀即可。

专家点评 开胃消食

干贝蛋炒饭

材 料 白饭1碗，干贝3粒，鸡蛋1个

调 料 盐2克，葱1根

做 法

1.干贝以清水泡软，剥成细丝。2.油锅加热，下干贝丝炒至酥黄，再将白饭、蛋液倒入炒散，并加盐调味。3.炒至饭粒变干且晶莹发亮；将葱洗净，切成葱花撒在饭上即可盛起。

专家点评 增强免疫

香芹炒饭

材 料 熟米饭150克，芹菜100克，青豆20克，鸡蛋1个，胡萝卜80克

调 料 盐5克，鸡精3克，姜10克

做 法

1.先将熟米饭下油锅中炒匀，待用。2.胡萝卜、芹菜、姜分别切粒；鸡蛋磕壳，加盐打散。3.炒锅烧热，下油，倒入鸡蛋液炒熟，捞起；锅再烧热，下油炒香姜、青豆、芹菜、胡萝卜，翻炒2分钟后，倒入熟的鸡蛋和米饭，再炒匀，加调味料即可。

泰皇炒饭

材 料 饭1碗，虾仁、蟹柳各50克，菠萝1块，芥蓝2根，洋葱、鸡蛋各1个

调 料 青椒、红椒各1个，泰皇酱适量

做 法

1.青椒、红椒去蒂洗净切粒；洋葱洗净切粒；菠萝去皮切粒；芥蓝洗净备用。2.锅中油烧热，放入鸡蛋液炸成蛋花，再将青椒、红椒、洋葱、菠萝、蟹柳、芥蓝、虾仁一起爆炒至熟。3.倒入饭一起炒香，加入泰皇酱炒匀即可。

西式炒饭

材 料 大米150克，胡萝卜、青豆、粟米、火腿、叉烧各25克

调 料 茄汁、糖、味精、盐各适量

做 法

1.大米加水煮熟成米饭；胡萝卜切粒；火腿切粒；叉烧切粒，焯水；青豆、粟米洗净。2.油倒入锅中，将胡萝卜、青豆、粟米、火腿、叉烧过油并翻炒，加入茄汁、糖、味精、盐调入味。3.再下入熟米饭一起炒匀即可。

鱼丁花生糙米饭

材 料 糙米100克，花生米50克，鳕鱼片200克

调 料 盐2克

做 法

1.糙米、花生米分别淘净，以清水浸泡2小时，沥干，盛入锅内，锅内加3杯半水。2.鱼洗净，切丁，加入电锅中，并加盐调味。3.入锅煮饭，至开关跳起，续焖10分钟即成。

专家点评 增强免疫

福建海鲜饭

材 料 干贝、香菇、火腿各20克，饭1碗，虾仁、蟹柳、鲜鱿、菜心粒、胡萝卜粒各25克

调 料 水淀粉、鸡汤、盐、香油、蛋清各适量

做 法

1.锅中水烧开，放入干贝、香菇、火腿、虾仁、蟹柳、鲜鱿、菜心粒、胡萝卜焯烫，捞出沥干水分。2.将焯烫过的原材料再加入鸡汤煮2分钟，调入盐、香油调匀。3.将水淀粉放入锅中勾芡，再加入蛋清捞混，即可盛出铺在饭上食用。

什锦炊饭

材 料 糙米150克，燕麦50克，生香菇4朵，猪肉丝50克，豌豆仁少许

调 料 高汤2杯

做 法

1.糙米和燕麦洗净，浸泡于足量清水中约1小时，洗净后沥干水分；香菇切小丁备用。2.锅中倒入高汤，加入糙米、燕麦、香菇丁、猪肉丝与豌豆仁，拌匀蒸熟即可。

专家点评 增强免疫

紫米菜饭

材 料 紫米150克，包菜200克，胡萝卜1小段，鸡蛋1个

调 料 葱花适量

做 法

1.紫米淘净，加水浸泡2小时；包菜洗净切粗丝；胡萝卜削皮、洗净、切丝；将包菜、胡萝卜在米里和匀，外锅加水煮饭。2.鸡蛋打匀，用平底锅煎成蛋皮，切丝。3.待电锅开关跳起，续焖10分钟，盛起，撒上蛋丝、葱花即成。

专家点评 增强免疫

贝母蒸梨饭

材 料 川贝母10克，水梨1个，糯米100克

调 料 盐适量

做 法

1.梨子洗净，切成两半，挖掉梨心和部分果肉。2.贝母和糯米淘净，挖出的果肉切丁，混合倒入梨内，盛在容器里移入电锅。3.外锅加1杯水，蒸到开关跳起即可食用。

专家点评 养心润肺

双枣八宝饭

材 料 江苏圆糯米、豆沙各200克，红枣、蜜枣、瓜仁、枸杞、葡萄干各30克

调 料 白糖100克

做 法

1.将糯米洗净，用清水浸泡12小时，捞出入锅蒸熟。2.取一圆碗，涮上猪油，在碗底放上红枣、蜜枣、瓜仁、枸杞和葡萄干，铺上一层糯米饭。3.再放入豆沙，盖上一层糯米饭，上笼蒸30分钟，拿出翻转碗倒出上碟即可。

香菇八宝饭

材 料 糯米200克，香菇30克，牡蛎干、干贝、虾仁、鱿鱼丝、板栗、鸭蛋、猪肉各10克，竹筒1个

调 料 家酿酱油、糖、盐各适量

做 法

1.糯米洗净泡1小时沥干；香菇、牡蛎干均泡发；虾仁、干贝洗净；鱿鱼丝、板栗、鸭蛋煮熟；猪肉切小块，酱油、糖煮好备用。2.油锅烧热，放糯米炒透，加水、盐、酱油焖干，将剩余原料放竹筒内，将糯米打入压实，蒸30分钟即可。

南瓜饭

材 料 香米200克，南瓜100克，猪肉丁、虾仁、鱿鱼丝、干贝、胡萝卜丁、香菇丝各20克

调 料 酱色、盐、糖各适量

做 法

1.香米洗净后泡30分钟捞出沥干；南瓜去皮洗净切丁；虾仁、鱿鱼丝、干贝洗净备用。2.油锅烧热，放猪肉炒出油，下香菇、虾仁、鱿鱼丝、干贝爆香，放入胡萝卜丁、米炒干。3.放南瓜、开水，调入盐、糖、酱色，煮干焖透即可。

芋头饭

材 料 泰国香米200克，芋头50克，猪肉、虾仁、鱿鱼丝、香菇丝、干贝、胡萝卜丁各10克

调 料 酱油5克，盐3克，糖5克

做 法

1.香米洗净泡30分钟捞出沥干；芋头去皮切小丁；猪肉切小丁；虾仁、鱿鱼丝、干贝洗净备用。2.油锅烧热，放猪肉炒出油，下香菇、虾仁、鱿鱼丝、干贝爆香，放胡萝卜丁、米炒透，入芋头和开水，调入盐、糖、酱色焖透拌匀即可。

姜葱猪杂饭

材 料 猪肝、猪心、猪腰、猪肚、猪粉肠各25克，米150克

调 料 盐、姜、葱、淀粉、蚝油、老抽各适量

做 法

1.猪肝、猪心、猪腰、猪肚、猪粉肠分别洗净，汆水后切条；姜洗净切块；葱洗净切段。2.米洗净后加适量水煮40分钟至熟。3.下油入锅，将大米之外的原料过油炒熟，铲起待用，下姜、葱、爆炒香，再下猪什炒，后加调味料炒入味，出锅前打薄芡即可。

菜心生鱼片饭

材 料 菜心100克，生鱼150克，饭120克，鸡蛋1个

调 料 盐5克，姜、葱、蒜蓉各5克，淀粉少许

做 法

1.生鱼洗净切片，加盐、鸡蛋液腌约1个小时；姜洗净切片；葱洗净切段；菜心洗净。2.生鱼片下油锅炒熟待用；姜、葱、蒜下油爆炒香，再下鱼片，用中火炒1分钟后盛出。3.起锅前打薄芡，菜心入盐水焯至熟，与鱼片、米饭一起盛盘即可。

专家点评 增强免疫

三鲜烩饭

材 料 白米饭150克，虾仁、猪肉片、小文蛤、花菜各30克，胡萝卜片、木耳片各10克

调 料 高汤、盐、蚝油、水淀粉、葱段各适量

做 法

1.文蛤、虾仁均洗净；花菜洗净切朵，焯烫。2.油锅烧热，爆香葱段，将米饭外的原料入锅略炒，再加入高汤、水，加入盐、蚝油煮滚，倒入水淀粉勾芡，再次沸腾即可熄火；将白饭盛于碗盘中，淋上完成的三鲜烩汁即可食用。

豉椒牛蛙饭

材 料 牛蛙100克，洋葱50克，米150克

调 料 味精3克，淀粉少许，豆豉8克，青椒适量，盐、葱、姜、葱、蒜各5克

做 法

1.青椒、洋葱洗净切块；姜洗净切片；葱洗净切段；蒜去皮洗净切蓉；牛蛙洗净斩块。2.米加适量水煮40分钟至熟；油锅烧热，爆香姜、葱、蒜、豆豉，入牛蛙、青椒、洋葱炒熟，调入盐、味精炒匀，起锅前勾薄芡，盛出摆于饭旁即成。

咖喱牛腩饭

材 料 土豆块、牛腩各100克，米150克

调 料 椰酱、盐、南乳、柱候酱、八角、香叶、草果、咖喱油、花奶、青椒、红椒片各适量

做 法

1.米加100克水于锅中煮40分钟至熟。2.盐、南乳、柱候酱、八角、香叶、草果加水制成卤水，牛腩放入煲熟，取出切片；土豆焯水后入油锅炸熟。3.油留少许于锅中，下辣椒牛腩和土豆翻炒，加少许水、盐，加咖喱油、花奶、椰酱炒匀即成。

芙蓉煎蛋饭

材 料 米150克，青菜100克，鸡蛋3个

调 料 盐3克

做 法

1.米加适量水于锅中，煲40分钟至熟。2.青菜焯盐水至熟；鸡蛋打匀，加盐调成鸡蛋汁。3.油下锅，倒入鸡蛋汁，用慢火煎熟，与米饭、青菜装盘即可。

专家点评 增强免疫

平菇鸡肾饭

材 料 米150克，平菇100克，鸡肾150克

调 料 盐、葱、姜、蒜、淀粉各适量

做 法

1.平菇去头洗净，焯水；鸡肾洗净，氽水后切片；葱洗净切段；姜洗净切片；蒜去皮；米加水煲40分钟至熟。2.油锅烧热，加入鸡肾炒入味后盛出；再热油锅，爆香葱、姜、蒜，再加鸡肾、平菇炒1分钟，加调味料炒匀，出锅前勾薄芡即可。

专家点评 保肝护肾

咸菜猪肚饭

材 料 米150克，咸菜、猪肚各100克

调 料 八角、香叶、盐、味精、豆豉、姜、葱、淀粉各适量

做 法

1.咸菜切片后焯水；猪肚洗净；姜洗净切片；葱洗净切段，米加水煲40分钟至熟。2.将猪肚放入有盐、姜、葱、八角、香叶的水中煲熟后，取出切片。3.油锅烧热，放入姜、葱、豆豉爆炒，下咸菜、猪肚以中火炒1分钟，调入味精，勾薄芡即成。

面点

基本介绍

面点是指利用面粉、米粉及其他杂粮粉料调成面团制作的面食小吃和各式点心。我国面点种类繁多，花色复杂，既是人们不可缺少的主食，又是人们调剂口味的补充食品，如面条、包子、馒头、花卷、馄饨等等。在我们的日常生活中，面点有的作为正餐的主食，有的作为早餐的茶点，有的作为闲暇时间的小吃。

营养价值

与米饭相比，面点更有利于人体消化吸收，这是因为酵母中的酶能促进营养物质的分解。因此，身体消瘦的人、儿童和老年人等消化功能较弱的人，更适合吃这类食物。

原料保存方法

面粉应保存在避光通风、阴凉干燥处，潮湿和高温均能使面粉变质。面粉在适当的贮藏条件下可保存一年，保存不当会出现变质、生虫等现象，但在面袋中放入花椒包可防止生虫。

制作原料

一般来说，面点主要用面粉来制作。面粉按性能和具体用途可分为专用面粉（如面包粉、饺子粉、饼干粉等）、通用面粉（如富强粉）、营养强化面粉（如增钙面粉、富铁面粉等）。可以根据制作需要来选用合适的面粉种类。

金牌牛腩汤面

材 料 蛋面200克，生菜50克，牛腩100克

调 料 盐3克，鸡精2克，香油、葱各5克

做 法

1.先将生菜、葱洗净后，葱切花。2.将面焯熟放入碗内，加入面汤；生菜焯水。3.将过好水的生菜放置在面上，加入熟牛腩，拌入盐、香油撒上葱花即可。

专家点评 增强免疫

爽脆肉丸面

材 料 面200克，肉丸100克，生菜50克，韭菜10克，面汤适量

调 料 盐3克，鸡精2克，香油5克，葱8克

做 法

1.先将生菜、韭菜、葱洗净，韭菜切长段，葱切花备用。2.将面条、生菜焯熟，放在碗内；肉丸放入面汤内加热1～2分钟，放在面的上面。3.拌入盐、香油，加入韭菜、葱花，最后加入烧沸的汤即可。

专家点评 增强免疫

担担面

材 料 碱水面120克，猪肉100克

调 料 姜、葱、辣椒油、料酒各10克，盐2克，甜面酱、花椒粉各适量，上汤250克

做 法

1.将猪肉洗净剁成蓉；姜切成末；葱切成花。2.锅置火上，下油烧热，放入碎肉炒熟，再加除上汤、葱花、面条外的全部用料炒至香，盛碗备用。3.将面煮熟，盛入放有上汤的碗内，加入炒好的猪肉，撒上葱花即可。

鲜虾云吞面

材 料 鲜虾云吞100克，面条150克，生菜30克

调 料 葱少许，牛骨汤200克

做 法

1.将云吞下入开水中煮熟待用，葱切成花。2.面条下锅煮熟，捞出倒入鲜牛骨汤中。3.面条中加入云吞及葱花、生菜即成。

专家点评 提神健脑

清炖牛腩面

材 料 牛腩70克，面条240克，小白菜25克

调 料 盐少许，葱1根，姜1片

做 法

1.牛腩洗净，切块，汆烫后捞出备用；葱洗净，切段；小白菜洗净，切段；姜洗净，切片。2.牛腩、葱段、姜片放入滚水锅中，小火焖煮约1小时，加盐调味。3.另起一水锅，放面条煮熟，捞出盛碗；小白菜烫熟，盛入碗中，再加牛肉及汤汁即可。

专家点评 补血养颜

蔬菜面

材 料 蔬菜面80克，胡萝卜40克，猪后腿肉35克，蛋1个

调 料 盐、高汤各适量

做 法

1.将猪后腿肉洗净，加盐稍腌，再入开水中烫熟，切片备用。2.胡萝卜洗净削皮切丝，与蔬菜面一起放入高汤中煮开，再将鸡蛋打入，调入盐后放入切片后腿肉即可。

专家点评 增强免疫

当归面条

材 料 面线300克，当归2片，枸杞少许，茯苓1片，黄花菜10克，青菜2棵

调 料 盐适量，高汤1000克

做 法

1.黄花菜洗净打结；高汤内放入当归、茯苓煮一下。2.电饭锅加水煮开，加入面线煮5分钟，捞起；煮好的面线及枸杞、青菜、黄花菜加入当归茯苓汤，加盐调味即可。

专家点评 补血养颜

火腿鸡丝面

材 料 阳春面250克，鸡肉200克，火腿4片，韭菜200克

调 料 酱油、淀粉、柴鱼粉、盐、高汤各适量

做 法

1.火腿切丝，韭菜洗净切段。2.鸡肉切丝，加酱油、淀粉腌10分钟。3.起油锅，放入韭菜稍炒后，再加火腿拌炒，加柴鱼粉、盐一起炒好。4.高汤烧开，将面条煮熟，再加入炒好的材料即可。

专家点评 提神健脑

青蔬油豆腐汤面

材 料 全麦拉面100克，小三角油豆腐、豌豆苗各70克，鲜香菇20克，胡萝卜10克

调 料 盐适量

做 法

1.胡萝卜洗净切块；豌豆苗、鲜香菇、油豆腐等洗净。2.将油豆腐、鲜香菇放入电饭锅中熬煮成汤头，待水滚后放入拉面；待面条煮熟后再加胡萝卜、豌豆苗煮至熟，加盐即可。

专家点评 开胃消食

炸酱刀削面

材 料 猪肉、刀削面各100克

调 料 甜面酱、干黄酱各适量，花椒粉、胡椒粉、盐、味精各2克，牛肉汤50克

做 法

1.猪肉洗净剁成肉末。2.油下锅，当油温达至180℃时，放入干黄酱、甜面酱炒出味，再放肉末炒熟，加花椒粉、胡椒粉、盐、味精，制成炸酱。3.刀削面过水煮熟，捞出，加炸酱和汤即成。

鸡丝凉面

材 料 碱水面、鸡肉各100克，黄瓜50克

调 料 红油20克，芝麻酱12克，醋10克，盐3克，糖8克，花椒粉、酱油各5克，葱15克

做 法

1.将鸡肉煮熟后，切成丝；黄瓜切丝，葱切成花。2.面条下开水中煮熟，过水沥干。3.面条盛入碗中，加入鸡肉、黄瓜丝及其余用料，撒上葱花，拌匀即可。

专家点评 提神健脑

牛肉凉面

材 料 手工拉面250克，熟牛肉50克，西红柿1个，黄瓜1条

调 料 盐、味精、芝麻酱、香油、红油、醋各2克，香菜5克

做 法

1.手工拉面煮熟装盘。2.西红柿切片，黄瓜切丝，熟牛肉切片，均摆盘。3.盐、味精、香油、红油、醋、芝麻酱调好，浇入面盘中即可。

专家点评 补血养颜

鱿鱼洋葱乌冬面

材 料 乌冬面、鱿鱼、虾丸、鱼丸、洋葱、青椒各适量

调 料 酱油3克，盐2克，鸡精适量

做 法

1.将洋葱、青椒分别洗净，切片；将鱼丸、虾丸对切成半；鱿鱼洗净，待用。2.将乌冬面放进电饭锅中，倒进适量水。3.将准备好的待用材料放进锅中，调入酱油和盐。4.设定开始键，煮至开关跳起，放入鸡精拌匀即可。

专家点评 开胃消食

驰名牛杂捞面

材 料 面条200克，牛肚、牛膀、牛肠各10克，菜心30克

调 料 蚝油、调和油、盐各5克，味精3克

做 法

1.面条于锅中煮熟，捞出盛盘，加少许油拌匀。2.牛肚、牛膀、牛肠加水、盐、味精、蚝油于火上煲熟后，切块盖于面条上。3.菜心洗净，焯水至熟，摆于盘侧即成。

专家点评 开胃消食

南乳猪蹄捞面

材 料 面条、猪蹄各200克，菜心30克

调 料 蚝油、盐、味精、酱油、南乳各适量

做 法

1.猪蹄洗净斩断，加盐、味精、酱油、南乳于锅中煲半个小时，待用。2.面条于锅中煮熟捞出，盛盘，加少许蚝油拌匀。3.菜心焯水至熟，摆于盘侧，猪蹄盖于面条上即可。

专家点评 补血养颜

三丝炒面

材 料 生面条400克，肉丝100克，火腿丝、鲜鱿鱼丝、豆芽各50克，韭黄段20克

调 料 盐、味精、生抽、葱段、老抽各适量

做 法

1.面条焯熟，用筷子搅散，捞起沥水；将肉丝、火腿丝、鲜鱿鱼丝用开水焯熟。2.烧锅下油，将豆芽和焯熟的面条加入锅中炒香，加肉丝、火腿丝、鲜鱿鱼丝翻炒。3.将葱段、韭黄段加入锅内翻炒，放入其余用料炒匀入味即可。

豆芽冬菇炒蛋面

材 料 豆芽100克，泡发冬菇30克，韭黄15克，蛋面150克

调 料 盐4克，蚝油10克，葱花8克

做 法

1.泡发冬菇洗净切丝；豆芽洗净；韭黄洗净切段。2.锅中水烧开，放入蛋面，煮熟捞出，入凉水中过凉，捞出沥水。3.锅中油烧热，放入冬菇丝，调入蚝油炒香，加入蛋面、豆芽，调入盐炒匀，再放入韭黄、葱花炒匀即可。

猪大肠炒手擀面

材 料 猪大肠200克，韭黄10克，手擀面150克

调 料 盐4克，鸡精3克，蚝油20克，生抽10克，胡椒粉2克，香油8克

做 法

1.猪大肠洗净切件；韭黄洗净切段；锅中水烧开，放入手擀面，用筷子搅散，大火煮熟。2.用漏勺捞出手擀面，沥干水分，放入冷水中过凉。3.锅中油烧热，放入面、猪大肠略炒，加入韭黄炒匀，调入剩余调料炒入味即可。

雪里蕻肉丝包

材 料 雪里蕻、猪瘦肉各100克，面团200克

调 料 姜、蒜末、葱花、盐各适量

做 法

1.猪瘦肉洗净，切丝；姜去皮切末；葱花、蒜末、姜入油锅中爆香，入肉丝稍炒，再放入雪里蕻炒香，调入盐拌匀。2.面团揉匀搓成条，下剂按扁，擀成面皮。3.将馅料放入面皮中央，包好成提花生坯。4.做好的生坯醒发1小时，以大火蒸熟即可。

专家点评 开胃消食

香菇菜包

材 料 泡发香菇30克，青菜1棵，豆腐干30克，面团200克

调 料 葱、姜、香油各10克，盐、味精各2克

做 法

1.青菜焯烫剁碎；豆腐干、葱、姜切碎。2.青菜放碗中，调香油拌匀，再加豆腐干、香菇，调入盐、味精、葱花和姜末拌匀成馅料。3.面团揉匀搓长条，下剂按扁，擀成面皮。4.将馅料放入面皮中，捏成提花生坯，醒发1小时后，入锅蒸熟即可。

鲜肉大包

材 料 五花肉馅300克，面团200克

调 料 葱、盐各3克，姜、鸡精、香油各15克

做 法

1.葱切花，姜切末；肉馅放入碗中，搅成黏稠状，再调入盐、鸡精、香油、葱花和姜末拌匀成肉馅。2.面团揉匀搓成条，下剂按扁，擀成薄面皮。3.取肉馅放入面皮中，捏成生坯，醒发后用大火蒸熟。

专家点评 增强免疫

灌汤包

材 料 面团500克，猪皮冻200克，肉末40克

调 料 淀粉、盐、糖、老抽、鸡精各少许

做 法

1.将面团来回搓成长条，切成小面团，擀成中间厚周边薄的面皮。2.将猪皮冻切碎后与肉末及所有调料拌匀成馅料。3.取少量馅料放在面皮上摊平，开始打褶包好。4.将生坯摆于案板上醒发1小时，再上笼蒸熟即可。

专家点评 增强免疫

相思红豆包

材 料 面团500克，红豆馅1000克

调 料 黄油少量

做 法

1.取红豆馅，加入黄油，搓匀成长条状，再分成剂子。2.将面团下成面剂，再擀成面皮，取一张面皮，放入一个红豆剂子。3.将面皮从外向里捏拢，再将包子揉至光滑。4.包好的包子放置案板上醒发1小时左右，再上笼蒸熟即可。

专家点评 开胃消食

洋葱牛肉包

材 料 面团500克，洋葱半个，牛肉200克

调 料 盐、白糖、味精、香油各适量

做 法

1.将牛肉、洋葱洗净，切碎，加入盐、白糖、味精、香油一起拌匀成馅。2.将面团下成大小均匀的面剂，再擀成面皮，取一张面皮，内放馅料，包好成生坯。3.将包子生坯醒发1小时，再上笼蒸熟即可。

专家点评 开胃消食

鸡肉包

材 料 面团500克，鸡脯肉50克

调 料 香葱末、盐、味精、香油、白糖各适量

做 法

1.将鸡肉和香葱洗净切碎，加入全部调料拌匀成馅料。2.面团下剂，再擀成面皮，包入鸡肉馅料，捏成生坯。3.将包好的生坯醒发1小时左右，再上笼蒸熟即可。

专家点评 增强免疫

芹菜小笼包

材 料 面团500克，芹菜、猪肉末各40克

调 料 味精、糖、老抽、生抽、盐各适量

做 法

1.将面团来回揉搓，成圆形长条，下剂，擀成中间厚周边薄的面皮。2.芹菜洗净切碎，与猪肉末、调味料拌匀成馅。3.取一张面皮，内放馅料，再将面皮的一端向另一端捏拢，直至完全封口即成生坯，醒发后，再上笼蒸熟即可。

专家点评 降低血压

南翔小笼包

材 料 面粉、猪夹心肉各500克

调 料 盐、糖、味精、酱油、葱、姜各3克

做 法

1.将夹心肉剁成末，加调味料拌和，加水打拌上劲，放入冰箱冷藏待用。2.面粉加冷水，揉成团后再搓成条，擀成边薄底略厚的皮子，包入馅心，捏成包子形。3.上笼用旺火蒸约8分钟，见包子呈玉色，底不黏手即可。

专家点评 增强免疫

干贝小笼包

材 料 面团300克，肉馅100克，干贝适量

调 料 盐适量

做 法

1.将面团揉透后，搓成长条，再切成面剂；干贝切成细粒。2.将面剂擀成薄皮后，再放上适量肉馅和干贝粒。3.将面皮包好，封口处捏紧，放置醒发半小时，再上笼蒸7～8分钟即可。

专家点评 降低血糖

蟹黄小笼包

材 料 面团300克，太湖大闸蟹黄100克，新鲜猪肉200克

调 料 姜末、高汤、米醋、鸡精各适量

做 法

1.先将猪肉剁成末，拌入鸡精，加入蟹黄、姜末，拌匀制成馅，加少许高汤。2.将面团搓成长条，揪成小团，擀成圆皮，包入制好的馅，搓成鱼嘴形。3.将小笼包放入蒸笼内蒸15～20分钟，熟后即可。

专家点评 增强免疫

灌汤小笼包

材 料 面团500克，肉馅200克

调 料 盐3克

做 法

1.将面团揉匀后，搓成长条，再切成小面剂，用擀面杖将面剂擀成面皮。2.取一面皮，内放50克馅料，将面皮从四周向中间包好。3.包好以后，放置醒发半小时左右，再上笼蒸，至熟即可。

专家点评 增强免疫

牛肉煎包

材 料 鲜牛肉、面粉各100克，发酵粉10克

调 料 白糖少许

做 法

1.面粉加少许水、白糖，放发酵粉和匀后擀成面皮。2.鲜牛肉剁成泥状，成馅，包入面皮中，包口掐成花状，折数不少于18次。3.锅中放油，将包坯下锅中，煎至金黄色，即可。

专家点评 增强免疫

冬菜鲜肉煎包

材 料 面团500克，肉末、冬菜末各200克，蛋清1个

调 料 葱花、鸡精、盐各3克

做 法

1.面团搓成条，下成小剂，擀成薄皮。2.肉末和冬菜末内加盐、鸡精，拌匀成馅。3.取面皮放上馅料，包成形，醒发30分钟，上笼蒸至熟取出。4.包子顶部沾上蛋清、葱花，煎成底部金黄色，取锅内热油，淋于包子顶部，至有葱香味即可。

专家点评 开胃消食

芝麻煎包

材 料 面团500克，芝麻100克，肉末200克

调 料 葱、鸡精、盐各5克

做 法

1.面团搓成条，切成小剂子，再擀成薄皮。2.肉末中加葱、鸡精、盐一起拌匀成馅。3.取一张面皮，放上馅料，包成包子形。4.将包子底部沾上白芝麻，醒发30分钟，上笼蒸5分钟至熟。5.再入煎锅中煎成两面金黄色即可。

专家点评 增强免疫

京葱煲仔包

材 料 面团500克，京葱2条，肉馅20克

调 料 盐5克，白糖30克，虾仁20克

做 法

1.肉馅加盐、白糖、虾仁放入碗内，搅匀。2.面团下剂，擀成面皮，将和好的肉馅放于面皮之上，打褶包好。3.包子生坯醒发约1小时，上笼蒸熟，取出。4.取京葱洗净切成长段，放于煲仔内，其上放置蒸好的包子，盖好盖，上锅煎黄即可。

双色花卷

材 料 面团500克，菠菜汁适量

调 料 盐适量

做 法

1.将菠菜汁面团和白面团分别擀成薄片，再将菠菜汁面皮置于白面皮之上。2.双面皮用刀先切一连刀，再切断。3.再将面团扭成螺旋形，将扭好的面团绕圈，打结后即成生坯。4.放置醒发后，上笼蒸熟即可。

专家点评 增强免疫

菠菜香葱卷

材 料 面团500克，菠菜10克，葱15克

调 料 盐适量

做 法

1.香葱洗净切碎；菠菜叶洗净搅打成汁，加入面团揉透，再擀薄。2.把葱放于擀薄的菠汁面皮上，再将面皮对折起来。3.将对折的面皮用刀先切一连刀，再切断，再将面团拉伸扭起。4.打结成花卷生坯，放置醒发1小时，上笼蒸熟即可。

专家点评 补血养颜

花生卷

材 料 面团200克，花生碎50克

调 料 盐5克，香油10克

做 法

1.面团揉匀擀薄，刷上一层香油，撒上盐抹匀，再撒上炒香的花生碎，用手抹匀、按平。2.从边缘起卷成圆筒形，切成面剂。3.用筷子从中间压下，两手捏住两头往反方向旋转，即成生坯。4.放置醒发1小时后再上笼蒸熟即可。

专家点评 提神健脑

五香牛肉卷

材 料 面团500克，牛肉末60克

调 料 盐、白糖、味精、香油、五香粉各适量

做 法

1.将面团擀成薄面皮，牛肉末加剩余用料拌匀成馅料。2.将馅料涂于面皮上，向里折至盖住馅。3.将对折的面皮用刀先切一连刀，再切断，将切好的面团拉伸，扭成花，打结成花卷生坯。4.将生坯醒发1小时左右，上笼蒸熟即可。

专家点评 增强免疫

豆沙双色馒头

材 料 面团300克，豆沙馅150克

调 料 盐适量

做 法

1.面团分成两份，一份加入同等重量的豆沙和匀，另一份揉匀。2.将掺有豆沙的面团和另一份面团分别搓成长条，擀成长薄片，喷上少许水，叠放在一起。3.从边缘开始卷成均匀的圆筒形，切成50克大小的馒头生坯，醒发15分钟即可入锅蒸。

专家点评 保肝护肾

双色馒头

材 料 面团500克，菠菜叶200克

调 料 盐适量

做 法

1.菠菜叶洗净，打成汁，倒入一半揉成的面团中，揉成菠汁面团。2.将菠汁面团擀成面皮，放于擀好的白面皮之上，再将面皮擀匀。3.将两块面皮从外向里卷起，卷起的长条搓至光滑，再切成大小相同的面团，即成生坯。4.醒发1小时后，再上笼蒸熟即可。

专家点评 增强免疫

菠汁馒头

材 料 面团500克，菠菜200克

调 料 盐适量

做 法

1.将菠菜叶洗净，打成汁，倒入揉好的面团中，揉成菠汁面团。2.面团擀成薄面皮，将边缘切整齐。3.将面皮从外向里卷起，将卷起的长条搓至光滑，再切成大小相同的面团，即成生坯。4.醒发1小时后，再上笼蒸熟即可。

专家点评 排毒瘦身

胡萝卜馒头

材 料 面团500克，胡萝卜200克

调 料 盐适量

做 法

1.将胡萝卜洗净入搅拌机中打成胡萝卜汁，倒入面团中，揉匀。2.揉匀后的面团用擀面杖擀薄。3.将面皮从外向里卷起，卷成圆筒形后，再搓至光滑。4.切成馒头大小的形状，放置醒发后再上笼蒸熟即可。

韭菜猪肉饺

材 料 饺子皮、韭菜、五花肉末各150克

调 料 盐、香油、姜末、葱末、鲜汤各适量

做 法

1.肉末加香油拌匀；韭菜切末，加盐、姜末、葱末、肉末、鲜汤拌搅。2.将水饺皮取出，包上韭菜馅，做成水饺生坯。3.锅中加水煮开，放入生水饺，用勺轻推饺子，煮至浮起的饺子微微鼓起成饱满状即熟。

专家点评 养心润肺

韭黄水饺

材 料 肉馅250克，饺子皮500克，韭黄100克

调 料 盐、糖各3克

做 法

1.将韭黄洗净，切成碎末；将切好的韭黄拌入肉馅内，加入剩余用料（饺子皮除外）一起拌匀成馅。2.取一饺子皮包入馅料，成饺子生坯。3.水饺生坯入沸水中煮熟即可。

专家点评 保肝护肾

胡萝卜牛肉饺

材 料 牛肉250克，饺子皮500克，胡萝卜15克

调 料 盐3克，糖10克，胡椒粉、生抽各少许

做 法

1.胡萝卜洗净，切成碎末，加入切好的牛肉中，再加入除饺子皮外的剩余用料一起拌匀成馅。2.取一饺子皮，内放20克的牛肉馅，将面皮对折，封口处捏紧，再将面皮从中间向外面挤压成水饺形。3.将水饺下入沸水锅中煮熟即可。

专家点评 提神健脑

白菜猪肉饺

材 料 饺子皮、白菜、五花肉末各150克

调 料 盐3克，香油、姜末、葱末、鲜汤各适量

做 法

1.肉末加香油拌匀；白菜切末，加盐、姜末、葱末、肉末、适量鲜汤，拌匀至上劲。2.取饺子皮包上白菜馅，做成生水饺待用。3.锅中加水煮开，放入生水饺，用勺轻推饺子，用大火煮至浮起的饺子微微鼓起成饱满状即熟。

专家点评 增强免疫

云南小瓜饺

材料 云南小瓜50克，猪肉20克，虾仁10克，面粉30克

调料 盐、糖各少许，淀粉50克

做法

1.将淀粉、面粉加水，擀成面皮。2.云南小瓜切粒，焯开水，脱水去味。3.猪肉、虾仁切小粒，与云南小瓜拌匀，加盐、糖搅匀成馅料。4.将馅料包入面皮中，捏成型，蒸3～4分钟即可。

专家点评 增强免疫

虾饺皇

材料 虾仁80克，肥肉丁10克，芦笋末8克，面粉20克，淀粉10克

调料 盐、鸡精各2克

做法

1.先将虾仁用手捏成粑状，再与肥肉丁、芦笋和盐、鸡精搅匀。2.将面粉、淀粉加开水擀成面皮，用刀拍成圆状，再包入虾仁馅。3.包好后将封口处捏紧，上笼蒸2～3分钟即可。

专家点评 提神健脑

胡萝卜猪肉煎饺

材料 猪肉末400克，胡萝卜100克，饺子皮500克

调料 盐6克，淀粉少许

做法

1.胡萝卜洗净，切成碎末，盛入碗内，加入盐、淀粉拌匀成馅。2.取一饺子皮，内放20克馅料，将饺子皮从三个角向内捏成三角形状，再将三个边上的面皮捏成花形。3.把饺子入锅中蒸熟后取出，再入煎锅中煎至面皮金黄色即可。

专家点评 增强免疫

鲜肉韭菜煎饺

材料 肉末300克，韭菜100克，饺子皮500克

调料 盐6克，味精3克，白糖6克，香油少许

做法

1.韭菜洗净，切成碎末，加入肉末及盐、味精、白糖、香油一起拌匀成馅。2.取一饺子皮，内放20克馅料，再将饺子皮对折包好，把饺子的边缘捏好，即成生坯。3.再将饺子入笼蒸好后取出，入煎锅中煎成两面金黄色即可。

羊肉馄饨

材 料 羊肉片、馄饨皮各100克

调 料 葱50克，盐10克，白糖16克，香油少许

做 法

1.羊肉片剁碎；葱择洗净切花；将羊肉放入碗中,加入葱花,调入盐、白糖、香油拌匀成馅料。2.将馅料放入馄饨皮中央，将皮捏紧，头部稍微拉长，使底部呈圆形。3.锅中注水烧开，放入包好的馄饨，盖上锅盖煮3分钟即可。

专家点评 增强免疫

清汤馄饨

材 料 馄饨皮100克，肉末200克，榨菜20克，紫菜、香菜各少许

调 料 盐、姜末、葱末、鲜汤各适量

做 法

1.肉末、姜末、葱末、盐倒入碗中，拌成黏稠状。2.馄饨皮取出，中央放适量肉馅包好。3.紫菜泡发；锅中鲜汤烧开，加入紫菜、榨菜煮入味，盛入碗中。4.净锅烧开水，入馄饨煮熟后捞出，放入盛有榨菜、紫菜的汤碗中，加少许香菜即成。

过桥馄饨

材 料 馄饨皮100克，肉末200克，鸡蛋1个，花生30克，虾米20克

调 料 姜、葱、盐、鲜汤各适量

做 法

1.姜、葱切末与肉末、盐放入碗中，拌成黏稠状。2.馄饨皮中央放一小勺肉馅，包成生坯。3.鸡蛋加盐打散，下锅煎成蛋皮，取出切丝；花生入锅中炸好，研成末；虾米下锅焯熟。4.馄饨煮熟，盛入鲜汤碗中，加蛋丝、花生末、虾米即可。

牛肉馄饨

材 料 牛肉200克，馄饨皮100克

调 料 盐2克，白糖32克，香油10克，葱40克

做 法

1.牛肉切碎，葱切花；将牛肉放入碗中，加入葱花，调入盐、白糖、香油拌匀。2.将馅料放入馄饨皮中央，对折、捏紧，再折成花形。3.锅中注水烧开，放入包好的馄饨，盖上锅盖煮3分钟即可。

专家点评 补血养颜

粥

基本介绍

粥是中国老百姓最喜欢的食品之一，通常以五谷、豆类、干果为原料，加水小火煮炖而成，自古被称为“世间第一补益之物”。目前，粥已经成为现代人生活中不可缺少的一部分。

制作方法

做粥一般有煮和焖两种方法。煮法即先用旺火煮至滚开，再改用小火煮至粥稠浓。焖法指用旺火加热至滚沸后，倒入有盖的木桶内，盖紧桶盖，焖约2小时即成，香味较浓。粥在制作时，应注意水要一次加足，一气煮成，才能达到稠稀均匀、米水交融的特点。

养生功效

粥有益于消化，便于人体吸收，是调节健康的重要食品之一。粥可以调养脾胃，增进食欲，滋润肌肤，补充身体所需要的养分。食用粥既不会增加消化系统的负担，又不会导致身体肥胖，不同体质以及不同生理状态的人，都适宜长期食粥调补。

制作原料

米、各种豆类、蔬菜、花卉、水果、乳制品、肉类、鱼类及各种药材，都可以作为煮粥的材料。

豌豆肉末粥

材　料 大米70克，猪肉100克，嫩豌豆60克

调　料 盐3克，鸡精1克

做　法

1.猪肉洗净，切成末；嫩豌豆洗净，大米用清水淘净，用水浸泡半小时。2.大米放入锅中，加清水烧开，改中火，放入嫩豌豆、猪肉，煮至猪肉熟。3.小火熬至粥浓稠，下入盐、鸡精调味即可。

专家点评 增强免疫

香菇白菜肉粥

材　料 香菇20克，白菜30克，猪肉50克，枸杞适量，大米100克

调　料 盐3克，味精1克

做　法

1.香菇用清水洗净，对切；白菜洗净，切碎；猪肉洗净，切末；大米淘净，泡好；枸杞洗净。2.锅中放水和大米，大火烧开，改中火，下入猪肉、香菇、白菜、枸杞煮熟。3.小火将粥熬好，加入盐、味精调味即可。

猪肉玉米粥

材 料 玉米50克，猪肉100克，枸杞适量，大米80克

调 料 盐3克，味精1克，葱少许

做 法

1.玉米拣尽杂质，用清水浸泡；猪肉洗净，切丝；枸杞洗净；大米淘净，泡好；葱洗净，切花。2.锅中注水，下入大米和玉米煮开，改中火，放入猪肉、枸杞，煮至猪肉变熟。3.小火将粥熬化，调入盐、味精调味，撒上葱花即可。

专家点评 排毒瘦身

肉丸香粥

材 料 猪肉丸子120克，大米80克

调 料 葱花3克，姜末5克，盐3克，味精适量

做 法

1.大米淘净，泡半小时；猪肉丸子洗净，切小块。2.锅中注水，下入大米，大火烧开，改中火，放猪肉丸子、姜末，煮至肉丸变熟。3.改小火，将粥熬好，加盐、味精调味，撒上葱花即可。

专家点评 增强免疫

韭菜猪骨粥

材 料 猪骨500克，韭菜50克，大米80克

调 料 醋5克，料酒4克，盐3克，味精2克，姜末、葱花各适量

做 法

1.猪骨洗净，斩件，入沸水汆烫，捞出；韭菜洗净，切段；大米淘净，泡半小时。2.猪骨入锅，加清水、料酒、姜末，旺火烧开，滴入醋，下入大米煮至米粒开花。3.转小火，放入韭菜，熬煮成粥，调入盐、味精调味，撒上葱花即可。

专家点评 补血养颜

猪骨芝麻粥

材 料 大米80克，猪骨500克，芝麻适量

调 料 醋5克，盐3克，味精2克，葱花适量

做 法

1.大米淘净，浸泡半小时后捞出沥干；猪骨洗净，剁成块，入沸水中汆烫去血水，捞出。2.锅中注水，下入猪骨和大米，大火煮沸，滴入醋，转中火熬煮至米粒开花。3.改文火熬煮至粥浓稠，加盐、味精调味，撒上熟芝麻、葱花即可。

专家点评 补血养颜

羊肉菜心粒粥

材 料 羊肉100克，菜心粒、大米各50克，姜、葱、红枣各适量

调 料 鸡精2克，盐3克，香油5克，胡椒粉3克

做 法

1.羊肉、菜心粒洗净切粒；姜切丝；葱切花；红枣切碎。2.砂锅放入适量水和米，加姜丝、枣丝，煮开后，转小火慢煲。3.煲至米粒软烂时，放入羊肉粒，小火煲至成米糊时，放入菜心粒，调入盐、鸡精、胡椒粉，撒上葱花，拌匀即可。

羊骨杜仲粥

材 料 羊骨250克，大米80克，杜仲60克

调 料 料酒8克，生抽6克，盐3克，葱白20克，姜末10克，葱花少许

做 法

1.大米淘净，泡半小时；杜仲洗净，熬煮取汁；羊骨洗净，剁成块，用料酒、生抽腌渍。2.锅中加入适量清水，下入大米，旺火烧开，下入腌好的羊骨、姜末，倒入杜仲汁，转中火熬煮。3.下入葱白，慢火熬煮成粥，加盐调味，撒入葱花即可。

鸡肉金针菇木耳粥

材 料 大米120克，金针菇50克，鸡肉100克，木耳20克

调 料 鸡高汤100克，葱花3克，盐2克，生抽适量

做 法

1.大米淘净，泡半小时；木耳洗净，切丝；金针菇洗净，切去老根；鸡肉洗净，切丝。2.锅中注入适量清水和高汤，下入大米煮开，下入鸡肉、木耳，转中火熬煮至粥将成。3.下入金针菇，文火熬煮成粥，调入盐调味，撒少许葱花即可。

专家点评 提神健脑

鸡肉香菇干贝粥

材 料 熟鸡肉150克，香菇60克，干贝50克，大米80克

调 料 盐3克，香菜段适量

做 法

1.香菇泡发，洗净，切片；干贝泡发，撕成细丝；大米淘净，浸泡半小时；熟鸡肉撕成细丝。2.大米放入锅中，加水烧沸，下入干贝、香菇，转中火熬煮至米粒开花。3.下入熟鸡肉，转文火将粥焖煮好，加盐调味，撒入香菜段即可。

专家点评 增强免疫

香菇鸡翅粥

材 料 香菇15克，米60克，鸡翅200克，葱10克

调 料 盐6克，胡椒粉3克

做 法

1.香菇泡发切块；米洗净后泡水1小时；鸡翅洗净斩块；葱切花备用。2.将米放入锅中，加入适量水，大火煮开，加入鸡翅、香菇同煮。3.至呈浓稠状时，调入调味料，撒上葱花即可。

专家点评 增强免疫

红枣当归乌鸡粥

材 料 大米120克，乌鸡肉50克，当归10克，青菜20克，红枣30克

调 料 料酒5克，生抽4克，盐适量

做 法

1.大米淘净，泡好；乌鸡肉洗净，剁成块，加入料酒、生抽、盐腌渍片刻；青菜洗净，切碎；当归、红枣洗净。2.锅中加适量清水，下入大米大火煮沸，下入乌鸡肉、当归、红枣，转中火熬煮至将成。3.再下入青菜熬煮成粥，加盐调味即可。

鸡腿瘦肉粥

材 料 鸡腿肉150克，猪肉100克，大米80克

调 料 姜丝4克，盐3克，味精2克，葱花2克

做 法

1.猪肉洗净，切片；大米淘净，泡好；鸡腿肉洗净，切小块。2.锅中注水，下入大米，武火煮沸，放入鸡腿肉、猪肉、姜丝，中火熬煮至米粒软散。3.文火将粥熬煮至浓稠，调入盐、味精调味，淋香油，撒入葱花即可。

专家点评 提神健脑

洋葱鸡腿粥

材 料 洋葱60克，鸡腿肉150克，大米80克

调 料 姜末5克，盐、料酒、葱花各3克

做 法

1.洋葱洗净切丝；大米淘净，浸泡后捞出沥干；鸡腿肉洗净切块。2.油锅烧热，下鸡腿肉和洋葱爆炒，烹入适量料酒和清水，下大米煮沸，放入姜末熬煮。3.改文火将粥熬出香味，调入盐调味，淋上花生油，撒入葱花即可。

专家点评 增强免疫

猪肉鸡肝粥

材 料 大米80克，鸡肝100克，猪肉120克

调 料 料酒8克，盐3克，味精1克，葱花少许

做 法

1.大米淘净，泡半小时；鸡肝用水泡洗干净，切片；猪肉洗净，剁成末，用料酒略腌渍。2.大米放入锅中，放适量清水，煮至粥将成时，放入鸡肝、肉末，转中火熬煮。3.待熬煮成粥，调入盐、味精调味，撒上葱花即可。

专家点评 补血养颜

鸡心红枣粥

材 料 鸡心100克，红枣50克，大米80克

调 料 葱花、盐、姜末、味精各2克，胡椒粉4克，卤汁适量

做 法

1.鸡心洗净，放入烧沸的卤汁中卤熟后，捞出切片；大米淘净，泡好；红枣洗净，去核备用。2.锅中注水，下入大米煮沸，下入鸡心、红枣、姜末转中火熬煮。3.改小火，熬煮至鸡心熟透、米烂，调入盐、味精、胡椒粉调味，撒入葱花即可。

鸭肉玉米粥

材 料 红枣20克，玉米粒50克，鸭肉、大米各120克

调 料 料酒3克，姜末5克，盐3克，葱花适量

做 法

1.红枣洗净，去核切块；大米、玉米粒淘净，泡好；鸭肉洗净，切块，用料酒腌渍片刻。2.油锅烧热，放入鸭肉过油，倒入鲜汤、大米、玉米粒，煮沸，下入红枣、姜末熬煮。3.改小火熬出香味，加盐调味，淋香油，撒上葱花即可。

专家点评 保肝护肾

鸭肉白菜花生粥

材 料 鸭肉60克，大米120克，白菜30克，花生米10克，猪肉40克

调 料 葱花、盐各3克，味精2克

做 法

1.大米淘净，泡好；鸭肉洗净切块；猪肉洗净切片；花生米洗净；白菜洗净，撕成片。2.油锅烧热，放入鸭肉过油，掺入适量鲜汤，下入大米煮沸，放入猪肉、花生米煮至熟。3.改小火将粥熬好，下入白菜拌匀，加盐、味精调味，撒葱花即可。

鸭腿胡萝卜粥

材 料 鸭腿肉150克，胡萝卜100克，大米80克

调 料 鲜汤100克，盐、葱花各3克，味精2克

做 法

1.胡萝卜洗净，切丁；大米淘净，浸泡半小时后捞出沥干水分；鸭腿肉洗净，切块。2.油锅烧热，下入鸭腿肉过油，倒入鲜汤，放入大米，旺火煮沸，转中火熬煮。3.下入胡萝卜，改小火慢熬成粥，加盐、味精调味，淋香油，撒入葱花即可。

专家点评 增强免疫

枸杞鸽粥

材 料 枸杞50克，黄芪30克，乳鸽1只，大米80克

调 料 料酒5克，生抽4克，盐3克，鸡精2克，胡椒粉4克，葱花适量

做 法

1.枸杞、黄芪洗净；大米淘净，泡半小时；鸽子洗净，切块，用料酒、生抽腌渍，炖好。2.大米放入锅中，加适量清水，旺火煮沸，下入枸杞、黄芪，中火熬煮至米开花。3.下入鸽肉熬煮成粥，加盐、鸡精、胡椒粉调味，撒上葱花即可。

鹌鹑猪肉玉米粥

材 料 鹌鹑2只，猪肉60克，玉米50克，大米80克

调 料 料酒、姜丝各5克，生抽、盐、葱花、鸡精各3克

做 法

1.猪肉洗净切片；大米、玉米淘净泡好；鹌鹑洗净切块，用料酒、生抽腌渍，入锅煲好。2.锅中放大米、玉米，加适量清水，旺火烧沸，下入猪肉、姜丝，转中火熬煮至米粒软散。3.下入鹌鹑，慢火将粥熬香，调入盐、鸡精调味，撒入葱花即可。

专家点评 降低血压

鹌鹑茴香粥

材 料 鹌鹑3只，小茴香3克，大米80克

调 料 姜末3克，盐2克，葱花4克，肉桂15克

做 法

1.鹌鹑洗净切块，汆烫后捞出；大米淘净，泡半小时；小茴香和肉桂洗净，包入棉布袋。2.锅中放入鹌鹑、大米、姜末和香料袋，加沸水焖煮至米粒开花。3.改小火，熬煮成粥，加盐调味，撒入葱花即可。

专家点评 提神健脑

白菜鸡蛋大米粥

材 料 白菜30克，大米100克，鸡蛋1个

调 料 盐3克，香油、葱花适量

做 法

1.大米淘洗干净，放入清水中浸泡；白菜洗净切丝；鸡蛋煮熟后切碎。2.锅置火上，注入清水，放入大米煮至粥将成。3.放入白菜、鸡蛋煮至粥黏稠时，加盐、香油调匀，撒上葱花即可。

专家点评 提神健脑

鸭蛋银耳粥

材 料 银耳20克，大米80克，鸭蛋1个

调 料 白糖5克，香油、米醋、葱花适量

做 法

1.大米淘洗干净，放入清水中浸泡；鸭蛋煮熟后切碎；银耳泡发后撕成小朵。2.锅置火上，注入清水，放入大米煮至五成熟。3.放入银耳，煮至粥将成时，放入鸭蛋，加白糖、香油、醋煮至粥稠，撒上葱花即可。

专家点评 补血养颜

枸杞叶鹅蛋粥

材 料 大米100克，鹅蛋1个，枸杞叶10克

调 料 盐3克，味精2克，姜丝、香油、枸杞适量

做 法

1.大米洗净，用清水浸泡；鹅蛋煮熟后切碎；枸杞叶洗净切丝；枸杞洗净。2.锅置火上，注入清水，放入大米煮至粥将成。3.放入鹅蛋、枸杞叶、枸杞、姜丝稍煮，加盐、味精、香油调匀即可。

专家点评 增强免疫

核桃仁花生粥

材 料 大米80克，核桃仁、花生米各10克，鹌鹑蛋2个

调 料 白糖5克，葱花少许

做 法

1.大米淘洗干净，放入清水中浸泡；鹌鹑蛋煮熟后去壳；核桃仁、花生米洗净。2.锅置火上，注入清水，放入大米、花生米煮至五成熟。3.再放入核桃仁煮至米粒开花，放入鹌鹑蛋，加白糖调匀，撒上葱花即可。

鹌鹑蛋芹菜粥

材 料 芹菜20克，大米100克，鹌鹑蛋2个

调 料 盐3克，味精2克，熟猪油、葱花、胡椒粉各少许

做 法

1.大米淘洗干净，入清水中浸泡；芹菜洗净切碎；鹌鹑蛋煮熟后去壳。2.锅置火上，注入清水，放入大米煮至粥将成。3.放入鹌鹑蛋、芹菜稍煮片刻，加熟猪油、盐、味精、胡椒粉调匀，撒上葱花即可。

专家点评 增强免疫

鸽蛋红枣银耳粥

材 料 鸽蛋1个，红枣、银耳各20克，大米80克

调 料 白糖5克

做 法

1.大米洗净，入清水中浸泡；鸽蛋煮熟，去壳剖半；红枣洗净；银耳泡发后洗净，撕小朵。2.锅置火上，注入清水，放入大米煮至七成熟。3.放入红枣、银耳煮至米粒开花，放入鸽蛋稍煮，加白糖调匀便可。

专家点评 降低血脂

苦瓜皮蛋枸杞粥

材 料 苦瓜、枸杞适量，皮蛋1个，大米100克

调 料 盐2克，葱花、香油各少许

做 法

1.大米淘洗干净，放入清水中浸泡；皮蛋剥壳，洗净切丁；苦瓜剖开去瓤，洗净切片；枸杞洗净。2.锅置火上，注入清水，放入大米煮至五成熟。3.放入苦瓜、皮蛋、枸杞，煮至米粒开花后关火，加盐、香油调匀，撒上葱花即可。

专家点评 降低血压

香菇双蛋粥

材 料 香菇、虾米少许，皮蛋、鸡蛋各1个，大米100克

调 料 盐3克，葱花、胡椒粉各适量

做 法

1.大米淘净，用清水浸泡半小时；鸡蛋煮熟后切丁；皮蛋去壳，洗净切丁；香菇择洗干净，切末；虾米洗净。2.锅置火上，注入清水，放入大米煮至五成熟。3.放入皮蛋、鸡蛋、香菇末、虾米煮至米粒开花，加入盐、胡椒粉调匀，撒上葱花即可。

专家点评 增强免疫

小白菜胡萝卜粥

材 料 小白菜30克，胡萝卜少许，大米100克

调 料 盐3克，味精少许，香油适量

做 法

1.小白菜洗净，切丝；胡萝卜洗净，切小块；大米泡发洗净。2.锅置火上，注水后，放入大米，用大火煮至米粒绽开。3.放入胡萝卜、小白菜，用小火煮至粥成，放入盐、味精，滴入香油即可食用。

专家点评 排毒瘦身

芹菜红枣粥

材 料 芹菜、红枣各20克，大米100克

调 料 盐3克，味精1克

做 法

1.芹菜洗净，取梗切成小段；红枣去核洗净；大米泡发洗净。2.锅置火上，注水后，放入大米、红枣，用旺火煮至米粒开花。3.放入芹菜梗，改用小火煮至粥浓稠时，加入盐、味精入味即可。

专家点评 开胃消食

香葱冬瓜粥

材 料 冬瓜40克，大米100克

调 料 盐3克，葱少许

做 法

1.冬瓜去皮洗净，切块；葱洗净，切花；大米泡发洗净。2.锅置火上，注水后，放入大米，用旺火煮至米粒绽开。3.放入冬瓜，改用小火煮至粥浓稠，调入盐入味，撒上葱花即可。

专家点评 降低血压

豆腐南瓜粥

材 料 南瓜、豆腐各30克，大米100克

调 料 盐2克，葱少许

做 法

1.大米泡发洗净；南瓜去皮洗净，切块；豆腐洗净，切块。2.锅置火上，注入清水，放入大米、南瓜用大火煮至米粒开花。3.再放入豆腐，用小火煮至粥成，加入盐调味，撒上葱花即可。

百合桂圆薏米粥

材 料 百合、桂圆肉各25克，薏米100克

调 料 葱花少许，白糖5克

做 法

1.薏米洗净，放入清水中浸泡；百合、桂圆肉洗净。2.锅置火上，放入薏米，加适量清水煮至粥将成。3.放入百合、桂圆肉煮至米烂，加白糖稍煮后调匀，撒葱花便可。

专家点评 补血养颜

胡萝卜菠菜粥

材 料 胡萝卜15克，菠菜20克，大米100克

调 料 盐3克，味精1克

做 法

1.大米泡发洗净；菠菜洗净；胡萝卜洗净，切丁。2.锅置火上，注入清水后，放入大米，用大火煮至米粒绽开。3.放入菠菜、胡萝卜丁，改用小火煮至粥成，调入盐、味精入味，即可食用。

专家点评 提神健脑

高粱胡萝卜粥

材 料 高粱米80克，胡萝卜30克

调 料 盐、葱各2克

做 法

1.高粱米洗净，泡发备用；胡萝卜洗净，切丁；葱洗净，切花。2.锅置火上，加入适量清水，放入高粱米煮至开花。3.再加入胡萝卜煮至粥黏稠且冒气泡，调入盐，撒上葱花即可。

专家点评 开胃消食

山药莴笋粥

材 料 山药30克，莴笋20克，白菜15克，大米90克

调 料 盐3克，香油少许

做 法

1.山药去皮洗净，切块；白菜洗净，撕成小片；莴笋去皮洗净，切片；大米洗净浸泡。2.锅内注水，放入大米，用旺火煮至米粒开花，放入山药、莴笋同煮。3.待煮至粥成闻见香味时，下入白菜再煮3分钟，放入盐、香油搅匀即可。

专家点评 降低血糖

青菜玉竹粥

材 料 大米100克，玉竹、青菜各适量

调 料 盐2克

做 法

1.大米泡发洗净；玉竹洗净，切段；青菜洗净，切成细丝。2.锅置火上，倒入清水，放入大米，以大火煮至米粒开花。3.加入玉竹同煮片刻，再以小火煮至浓稠状，再下入青菜丝，稍煮，调入盐拌匀入味即可。

专家点评 养心润肺

燕麦南瓜豌豆粥

材 料 芹菜、红枣各20克，大米100克

调 料 盐3克，味精1克

做 法

1.大米、燕麦均泡发洗净；南瓜去皮洗净，切丁；豌豆洗净。2.锅置火上，倒入清水，放入大米、南瓜、豌豆、燕麦煮开。3.待煮至浓稠状时，调入白糖拌匀即可。

专家点评 降低血糖

香菇枸杞养生粥

材 料 糯米80克，水发香菇20克，枸杞10克，红枣20克

调 料 盐2克

做 法

1.糯米泡发洗净，浸泡半小时后捞出沥干水分；香菇洗净，切丝；枸杞洗净；红枣洗净，去核，切片。2.锅中放入糯米、枸杞、红枣、香菇，倒入清水煮至米粒开花。3.再转小火，待粥至浓稠状时，调入盐拌匀即可。

专家点评 增强免疫

银耳山楂粥

材 料 银耳30克，山楂20克，大米80克

调 料 白糖3克

做 法

1.大米用冷水浸泡半小时后，洗净，捞出沥干水分备用；银耳泡发洗净，切碎；山楂洗净，切片。2.锅置火上，放入大米，倒入适量清水煮至米粒开花。3.放入银耳、山楂同煮片刻，待粥至浓稠状时，调入糖拌匀即可。

苹果胡萝卜牛奶粥

材 料 苹果、胡萝卜各25克，牛奶、大米各100克

调 料 白糖5克，葱花少许

做 法

1.胡萝卜、苹果洗净切小块；大米淘洗干净。2.锅置火上，注入清水，放入大米煮至八成熟。3.放入胡萝卜、苹果煮至粥将成，倒入牛奶稍煮，加白糖调匀，撒葱花便可。

专家点评 增强免疫

枸杞木瓜粥

材 料 枸杞10克，木瓜50克，糯米100克

调 料 白糖5克，葱花少许

做 法

1.糯米洗净，用清水浸泡；枸杞洗净；木瓜切开取果肉，切成小块。2.锅置火上，放入糯米，加适量清水煮至八成熟。3.放入木瓜、枸杞煮至米烂，加白糖调匀，撒上葱花便可。

专家点评 增强免疫

香蕉松仁双米粥

材 料 香蕉30克，松仁10克，低脂牛奶30克，糙米、糯米各50克，胡萝卜丁、豌豆各20克

调 料 红糖6克，葱花少许

做 法

1.糙米、糯米洗净，浸泡1小时；香蕉去皮，切片；松仁洗净。2.锅置火上，注入水，放糙米、糯米、豌豆、胡萝卜丁煮至米粒开花后，加入香蕉、松仁同煮。3.再加入牛奶煮至粥成，调入红糖入味，撒上葱花即可。

甜瓜西米粥

材 料 甜瓜、胡萝卜、豌豆各20克，西米70克

调 料 白糖4克

做 法

1.西米泡发洗净；甜瓜、胡萝卜均洗净，切丁；豌豆洗净。2.锅置火上，倒入清水，放入西米、甜瓜、胡萝卜、豌豆一同煮开。3.待煮至浓稠状时，调入白糖拌匀即可。

专家点评 养心润肺

红枣桂圆粥

材 料 大米100克，桂圆肉、红枣各20克

调 料 红糖10克，葱花少许

做 法

1.大米淘洗干净，放入清水中浸泡；桂圆肉、红枣洗净备用。2.锅置火上，注入清水，放入大米，煮至粥将成。3.放入桂圆肉、红枣煨煮至酥烂，加红糖调匀，撒上葱花即可。

专家点评 补血养颜

鱼片菠菜粥

材 料 大米100克，鱼肉50克，菠菜10克

调 料 盐3克，姜丝、蒜蓉、枸杞、香油各适量

做 法

1.大米淘洗干净，用清水浸泡；鱼肉洗净切片；菠菜洗净切碎。2.锅置火上，注入清水，放入大米煮至五成熟。3.放入鱼肉、枸杞、姜丝、蒜蓉煮至粥将成，放入菠菜稍煮，加盐、香油调匀便可。

鲫鱼百合糯米粥

材 料 糯米80克，鲫鱼50克，百合20克

调 料 盐3克，味精2克，料酒、姜丝、香油、葱花适量

做 法

1.糯米洗净，用清水浸泡；鲫鱼洗净后切片，用料酒腌渍去腥；百合洗去杂质，削去黑色边缘。2.锅置火上，放入大米和清水煮至五成熟。3.放入鱼肉、姜丝、百合煮至粥将成，加盐、味精、香油调匀，撒上葱花便成。

专家点评 养心润肺

香菜鲇鱼粥

材 料 大米100克，鲇鱼肉50克，香菜末少许

调 料 盐3克，味精2克，料酒、姜丝、枸杞、香油适量

做 法

1.大米洗净，用清水浸泡；鲇鱼肉洗净后用料酒腌渍去腥。2.锅置火上，放入大米，加适量清水煮至五成熟。3.放入鱼肉、枸杞、姜丝煮至米粒开花，加盐、味精、香油调匀，撒上香菜末即可。

专家点评 开胃消食

鲳鱼豆腐粥

材 料 大米80克，鲳鱼50克，豆腐20克

调 料 盐3克，味精2克，香菜叶、葱花、姜丝、香油各适量

做 法

1.大米洗净，用清水浸泡；鲳鱼洗净后切小块，用料酒腌渍；豆腐洗净切小块。2.锅置火上，注入清水，放入大米煮至五成熟。3.放入鱼肉、姜丝煮至米粒开花，加豆腐、盐、味精、香油调匀，撒上香菜叶、葱花便可。

蘑菇墨鱼粥

材 料 大米80克，墨鱼50克，猪瘦肉、冬笋、蘑菇各20克

调 料 盐3克，料酒、香油、胡椒粉、葱花各适量

做 法

1.大米洗净浸泡；墨鱼洗净切穗状，用料酒腌渍去腥；冬笋、猪肉洗净切片；蘑菇洗净。2.锅置火上，注入清水和大米煮至五成熟。3.放入墨鱼、猪肉熬煮至粥将成时，再下入冬笋和蘑菇，煮至黏稠，加盐、香油、胡椒粉调匀，撒上葱花即可。

飘香黄鳝粥

材 料 黄鳝50克，大米100克

调 料 盐3克，料酒、香菜叶、枸杞、香油、胡椒粉各适量

做 法

1.大米洗净浸泡；黄鳝洗净切小段。2.油锅烧热，放入黄鳝段，烹入料酒、加盐，炒熟后盛出。3.锅置火上，放入大米，加适量清水煮至半熟；放入黄鳝段、枸杞煮至粥将成，加盐、香油、胡椒粉调匀，撒上香菜叶即可盛碗。

鸡肉鲍鱼粥

材 料 鸡肉、鲍鱼各30克，大米80克

调 料 盐3克，料酒、香菜末、胡椒粉、香油各适量

做 法

1.大米淘洗干净；鲍鱼、鸡肉洗净后均切小块，用料酒腌渍去腥。2.锅置火上，放入大米，加适量清水煮至五成熟。3.放入鲍鱼、鸡肉煮至粥将成，加盐、味精、胡椒粉、香油调匀，撒上香菜末即成。

专家点评 保肝护肾

虾仁三丁粥

材 料 大米100克，胡萝卜、豌豆、玉米各10克，虾仁20克

调 料 盐3克，味精2克，香油、胡椒粉各适量

做 法

1.大米洗净，用清水浸泡；胡萝卜洗净切丁；豌豆、玉米洗净；虾仁洗净。2.锅置火上，注入清水，放入大米煮至五成熟。3.放入虾仁、胡萝卜丁、豌豆、玉米煮至米粒开花，加盐、味精、香油、胡椒粉调匀即可。

美味蟹肉粥

材 料 鲜湖蟹1只，大米100克

调 料 盐3克，味精2克，姜末、白醋、酱油、葱花少许

做 法

1.大米淘洗干净；鲜湖蟹洗净后蒸熟。2.锅置火上，放入大米，加适量清水煮至八成熟。3.放入湖蟹、姜末煮至米粒开花，加盐、味精、酱油、白醋调匀，撒上葱花即可。

专家点评 开胃消食

螃蟹豆腐粥

材 料 豆腐20克，白米饭80克，螃蟹1只

调 料 盐3克，味精2克，香油、胡椒粉、葱花适量

做 法

1.螃蟹洗净后蒸熟；豆腐洗净，沥干水分后研碎。2.锅置火上，放入清水，烧沸后倒入白米饭，煮至七成熟。3.放入蟹肉、豆腐熬煮至粥将成，加盐、味精、香油、胡椒粉调匀，撒上葱花即可。

专家点评 补血养颜

香菜杂粮粥

材 料 香菜适量，荞麦、薏米、糙米各35克

调 料 盐2克，香油5克

做 法

1.糙米、薏米、荞麦均泡发洗净；香菜洗净，切碎。2.锅置火上，倒入清水，放入糙米、薏米、荞麦煮至米粒开花。3.煮至浓稠状时，调入盐拌匀，淋入香油，撒上香菜即可。

专家点评 增强免疫

点心

基本介绍

点心一般分为中点和西点两大类。中点指的是用中国传统工艺加工制作的糕点。因各地物产和风俗习惯不同，形成了不同的地方风味，目前主要有京式、广式、苏式、闽式、扬式等，其中又以京、广、苏最为著名，花色品种不下2000种。西点是西式烘焙食品，是面包类、蛋糕类点心的统称，包括土司、餐包、三明治、汉堡包、馅饼等。

制作方法

中点与西点在用料方面各有侧重，中点的面粉（或米粉）比重较大，油、糖次之，以蜜饯、果料、猪板油、肉、蛋等为辅料。西点的面粉比重低于中点而突出奶、蛋料，以果酱、可可、水果等为辅料。

中点在烹饪上有煎、炸、蒸、烤等多种方式；西点则以烘培为主要的制作方法。

主要特点

中点作为中式餐饮的重要组成部分，经过长期的发展，点心的品种越来越多，如糕、团、卷、饼、酥、条等。经过点心师们数千年的创作和改良，它们的形态也丰富多彩，造型逼真，如几何形、象形、自然形等等。

中点讲究面皮与馅种类的丰富多样，同时甜咸兼具，口感丰富多变。烘焙食品是由西方引进的，它们脂肪、蛋白质含量较高，味道香甜而不腻口。虽然食用方便，营养丰富，但是在造型方面较中国点心来说还是略有逊色。

蟹肉玉米饼

材 料 玉米粒50克，蟹肉、黏米粉、糯米粉各30克

调 料 黄奶油、青豆、蛋液各20克，白糖、淀粉各10克

做 法

1.将玉米粒、青豆、黄奶油、糖加适量的水蒸半小时，待凉。2.将黏米粉、淀粉、糯米粉、蛋液加入步骤1的材料中制成面糊。3.再加蟹肉拌匀，摘成小面糊，放进平底锅，用小火煎至两面金黄色即可。

专家点评 增强免疫

玉米黄糕

材 料 玉米粉150克，吉士粉、泡打粉各适量

调 料 白糖适量

做 法

1.玉米粉加水、吉士粉、泡打粉、白糖调匀成面团，发酵5分钟。2.将面团入笼蒸熟后取出，切菱形块即可。

专家点评 提神健脑

蜜制蜂糕

材 料 黏米粉250克，圣女果片10克，鸡蛋2个

调 料 牛奶50克，蜂蜜、白糖各20克

做 法

1.取大碗，放黏米粉、白糖、牛奶、蜂蜜，加水搅匀；取小碗，打入鸡蛋，加油搅匀。2.将蛋液加入大碗拌匀，倒入菱形模具中。3.静置发酵1个小时，然后放入蒸笼中，用旺火蒸熟，出笼，取出模具，放上圣女果片装饰即可。

专家点评 降低血压

黑糯米糕

材 料 黑糯米300克，芝麻50克，莲子30克

调 料 白糖20克

做 法

1.黑糯米淘好，用清水泡3小时左右；莲子泡好，去莲心。2.黑糯米加芝麻、糖拌匀后装入模具中的锡纸杯，放上莲子，蒸30分钟，取出即可食用。

专家点评 保肝护肾

芒果凉糕

材 料 糯米粉350克，芒果100克

调 料 白糖30克，红豆沙适量

做 法

1.将糯米粉加水、白糖揉好，上锅蒸熟，取出，晾凉，切块；芒果去皮，取肉，切粒。2.在糯米粉块的中间夹一层红豆沙，放入蒸锅蒸5分钟即可。3.取出糯米糕待凉后，放上芒果粒食用即可。

专家点评 防癌抗癌

营养紫菜卷

材 料 蛋皮50克，面粉100克

调 料 盐5克，葱花10克，紫菜适量，牛奶20克，辣椒末适量

做 法

1.面粉加水揉匀，再拌入牛奶调好，静置。2.面团中再加盐、葱花、辣椒末揉匀。3.分别取适量的面团，压扁，一面铺上紫菜，一面放蛋皮，然后卷起来，入蒸笼蒸熟，取出切块即可。

专家点评 降低血压

叶儿粑

材 料 糯米粉50克，豆沙馅30克，粽叶适量

调 料 盐适量

做 法

1.糯米粉加水揉成团；粽叶洗净，润透。2.取适量面团在手里捏成碗状，放进适量豆沙馅，将周边往里收拢，用双手搓成长条圆球状后放在粽叶上，包住。3.上沸水蒸锅中用中火蒸至熟，起锅装盘即可食用。

专家点评 增强免疫

麦香糍粑

材 料 麦片35克，糯米粉150克

调 料 白糖25克

做 法

1.糯米粉加白糖、温水一起揉匀，分别做成圆状备用。2.锅置火上，烧开水，将糯米团蒸熟成糍粑。3.取出，在盘里撒上麦片，使糍粑均匀粘上。

专家点评 增强免疫

珍珠虾球

材 料 面粉、西米、虾仁碎各适量

调 料 红椒适量，盐3克，料酒6克

做 法

1.西米洗净，用温水泡发至透明状待用；虾仁洗净，加盐、料酒腌渍；面粉加水和匀成面糊。2.将虾仁裹上一层面糊，挤成球状，再裹上西米。3.将备好的材料入锅蒸熟后取出，以红椒碎装饰即可。

专家点评 增强免疫

宫廷小窝头

材 料 玉米粉200克

调 料 鸡蛋液50克，白糖、吉士粉、黄油各适量

做 法

1.将玉米粉、鸡蛋液、吉士粉、白糖、黄油、水和匀成面团，再制成窝头状。2.将窝头上笼，入锅蒸熟即可。

专家点评 降低血糖

南瓜饼

材 料 南瓜50克，面粉150克，蛋黄1个

调 料 糖、香油各15克

做 法

1.南瓜去皮洗净，入蒸锅中蒸熟后，取出捣烂。2.将面粉兑适量清水搅拌成絮状，再加入南瓜、蛋黄、糖、香油揉匀成面团。3.将面团擀成薄饼，放入烤箱中烤25分钟，取出，切成三角形块，装盘即可。

专家点评 开胃消食

酥三角

材 料 高筋面粉、中筋面粉各120克

调 料 蛋清40克，豆沙馅60克，芝麻、糖各适量

做 法

1.将面粉混合拌匀，开窝，加糖、蛋清和少量的水，揉匀成面团。2.取上述面团，擀扁，中间包入豆沙馅，搓成圆，再拍成薄饼状，表面沾上芝麻，再切成重约50克的小三角状。3.将制好的饼坯放烤箱中烤香，取出，切开码盘即可。

专家点评 开胃消食

珍珠灌汤包

材 料 面粉150克，土豆50克，肉冻适量

调 料 盐3克

做 法

1.土豆去皮洗净，切细丁；面粉加水、盐和匀成面团，再下成小剂子，用擀面杖擀成薄面皮。2.将肉冻放入面皮中包好，再裹上土豆丁。3.油锅烧热，入备好的材料炸至金黄色，捞出沥油即可。

专家点评 开胃消食

黄桃蛋挞

材 料 蛋挞皮（面粉、黄油、植物黄油、糖、盐各适量），蛋挞水（淡奶油、牛奶、糖、蛋黄、面粉、炼乳各适量），黄桃丁适量

调 料 盐3克

做 法

1.将面粉、糖、盐、黄油、水和成面团，擀长，折4折，入冰箱松弛10分钟后切小剂；麦其琳擀成片；淡奶油、牛奶、糖、炼乳、蛋黄、面粉搅匀成蛋挞水过筛。2.剂子一面粘上面粉，另一面朝下放入塔模，加黄桃丁和蛋挞水；入烤箱烤约20分钟即可。

吐司三明治

材 料 吐司4片，鸡蛋、西红柿各1个，火腿、肉片、生菜各30克

调 料 沙拉酱少许

做 法

1.西红柿、生菜分别洗净切片；火腿切片。2.将肉片、鸡蛋分别入煎锅煎至两面金黄。3.将吐司片放进烤箱烤香，呈黄色时取出。4.吐司上放生菜、肉片、火腿，再放上西红柿，调入沙拉酱，以此法叠三片方包后，夹上鸡蛋，再盖一片方包压紧，对角切成4瓣即成。

草莓吐司

材 料 方包4片，草莓酱20克，苹果1个

调 料 牛油、冰盐水各适量

做 法

1.将苹果洗净切成蝴蝶状，放入冰盐水中浸泡。2.在方包上面画出十字形，并均匀地抹上一层牛油。3.将抹好牛油的面包放入烤炉中烘烤2分钟左右取出，装盘，加1勺草莓酱即可。

专家点评 开胃消食

芝士吐司卷

材 料 白吐司3片，芝士条3条，海苔松、美乃滋各5克

调 料 盐适量

做 法

1.吐司去边，以芝士条为馅，由内向外卷起成筒状，对切为二。2.以牙签固定，先粘美乃滋，再撒上海苔松即可。

专家点评 开胃消食

橙片全麦三明治

材 料 全麦吐司4片，柳橙、鸡蛋各1个，生菜2叶，火腿2片

调 料 盐适量

做 法

1.柳橙削皮，横切成薄片。2.生菜洗净拭干，鸡蛋入锅煎熟。3.将吐司夹一片火腿片，再夹一片吐司、柳橙片，再夹一吐司、生菜、鸡蛋，依序层层铺好，切边，再沿对角线斜切成两份。

专家点评 增强免疫

苹果蛋糕

材 料 奶油丁75克，全蛋、蛋黄各1个，高筋面粉、玉米粉、泡打粉、鲜奶油、苹果丁、葡萄干碎、蜂蜜各适量

调 料 细砂糖、水各适量

做 法

1.将鲜奶油、水、苹果丁、葡萄干碎、细砂糖入锅煮5分钟，放凉后加蜂蜜拌匀；奶油丁加细砂糖打发。2.将粉类过筛后与鸡蛋、蛋黄拌匀，分次加入奶油糊中拌匀，再加蜂蜜苹果丁拌匀。3.将面糊倒入模型中，排入烤盘，入烤箱中火烤至上色即可。

柠檬小蛋糕

材 料 蛋黄70克，柠檬1个，面粉、蛋白、柠檬巧克力、细砂糖各适量

调 料 奶油80克，鲜奶40克

做 法

1.柠檬皮刨丝，果肉压汁，柠檬巧克力切碎，加热融化。2.蛋黄加入细砂糖打发，再加奶油、鲜奶拌匀，加面粉拌成面糊。3.蛋白加柠檬汁和细砂糖打发，与柠檬皮一起拌匀，放入烤箱烤15分钟；出炉放凉后脱模，粘上融化的柠檬巧克力即可。

胡萝卜蛋糕

材 料 鸡蛋150克，泡打粉4克，肉桂粉3克，色拉油100克，鲜奶、胡萝卜、核桃各50克，低筋面粉200克

调 料 盐2克，细砂糖130克

做 法

1.菊花模内部刷上白油后，撒上低筋面粉；胡萝卜刨细丝，核桃放入烤箱烤熟后切碎。2.将鸡蛋、细砂糖、盐、核桃、胡萝卜丝放入钢盆中搅打均匀，加入粉类搅拌至均匀柔软。3.面糊倒入模型中，放入烤箱，烤约20分钟即可。

草莓慕斯蛋糕

材 料 草莓200克，柠檬汁20克，吉利丁片5片，海绵蛋糕 2 片

调 料 动物性鲜奶油、细砂糖、水各适量

做 法

1.细砂糖溶化；吉利丁泡软；鲜奶油打发；草莓取适量切丁；剩余的和糖水、柠檬汁搅匀。2.吉利丁片隔水溶化，加草莓糖水拌匀，加奶油拌成慕斯馅；取一片蛋糕做底，倒入一半慕斯馅和草莓丁，再放1片蛋糕，倒剩余馅及草莓丁抹平，冻至成型。

第七篇
西餐及日韩料理

除了动手做中餐外，有没有想过做顿西餐或日韩料理，给家人或自己的生活来点异国风味？其实，不要以为做这些外国菜都需要很高的技巧，也不要以为要吃这些外国菜都需要去餐馆。只要你愿意动手，在家一样可以轻松烹调出有餐馆大厨水平的菜式。以下为你介绍的西餐和韩国料理的菜式，做法简单，好学易做，口味绝对正宗。

西 餐

基本介绍

我们通常所说的西餐主要包括西欧国家的饮食菜肴，当然同时还包括东欧各国、地中海沿岸等国和一些拉丁美洲如墨西哥等国的菜肴。西餐的主要特点是主料突出、形色美观、口味鲜美、营养丰富、供应方便等。

菜品分类

西餐的种类也很多，大致可分为法式、英式、意式、俄式、美式等不同风格的菜肴。每种菜肴都有各自的特点，但都是色、香、味俱佳。

烹饪特色

意大利原汁原味，以味浓著称，烹调注重炸、熏等，以炒、煎、炸、烩等方法见长。法国菜选料广泛，加工精细，烹调考究，滋味有浓有淡，花色品种多。英国菜油少、清淡，调味时较少用酒，而且选料侧重于海鲜及各式蔬菜。美国菜继承了英国菜简单、清淡的特点，口味咸中带甜。俄罗斯菜口味较重，喜欢用油，口味以酸、甜、辣、咸为主。

贴心提示

最得体的入座方式是从左侧入座。用餐时，上臂和背部要靠到椅背，腹部和桌子保持约一个拳头的距离。两脚交叉的坐姿最好避免。

椰酱排骨

材 料 排骨75克

调 料 椰汁咖喱酱1份，糖8克，盐3克

做 法

排骨洗净，加盐、糖、椰汁咖喱酱拌入味，放进电锅内（外锅水加到1刻度），蒸熟。

专家点评 增强免疫

银鳕鱼南瓜盅

材 料 银鳕鱼1条，南瓜1只

调 料 芝士5块，牛油300克，柠檬奶油蒸酱1份

做 法

1.南瓜切开口，把瓤取出，入锅蒸2小时。2.银鳕鱼切粒，入热油中炸至金黄色捞出沥油。3.锅上火，烧热牛油，放入银鳕鱼、芝士炒匀，至熟盛出放入南瓜中，淋入柠檬奶油蒸酱即可。

专家点评 开胃消食

苔条面拖黄鱼

材 料 小黄鱼2尾，苔条少许

调 料 盐、胡椒粉、料酒、生抽、面粉、淀粉、泡打粉各适量，柴鱼蘸酱1份

做 法

1.小黄鱼去骨，切细长条，放入盐、料酒、胡椒粉腌渍15分钟；苔条洗净，切成碎末状。2.取面粉、淀粉、泡打粉加少许生油拌匀，另放少许苔条末拌匀。3.锅中放油烧至三成热，黄鱼片粘上苔条糊油炸，约2分钟后捞起，配柴鱼蘸酱蘸食即可。

香草生扒大鱿鱼

材 料 大鱿鱼400克

调 料 什香草10克，盐5克，味精、酱油各8克，胡椒粉3克，柠檬1片，甜鳗鱼酱1份

做 法

1.将大鱿鱼洗净，沥干水分备用。2.所有调味料拌匀，放入大鱿鱼腌渍30分钟。3.将腌渍好的大鱿鱼放入扒炉内扒熟即可。

专家点评 增强免疫

红烧咖喱牡蛎

材 料 大牡蛎600克

调 料 咖喱鱼露酱1份

做 法

1.将牡蛎打开两边，留一边带牡蛎肉的洗净备用。2.将牡蛎放入烧炉中烧至五成熟，取出。3.淋上咖喱鱼露酱，再放入烧炉烧至熟即可。

专家点评 降低血压

橙汁扒鸭脯

材 料 鸭脯肉2块，香橙1个，蒜2瓣，干葱少许

调 料 牛油20克，橙汁30克，玫瑰露酒5克，胡椒粉2克，盐5克，面粉15克，砂糖酱1份

做 法

1.鸭脯肉洗净切块；香橙切4份；蒜去皮剁蓉。2.将鸭脯肉用蒜蓉、干葱、玫瑰露酒、胡椒粉、盐一起腌渍20分钟左右，再拍上面粉。3.锅中放油烧热，放入鸭脯肉煎至两面金黄，倒入香橙和橙汁翻炒，盛出装盘，淋上砂糖酱即可。

西红柿肉酱面

材 料 意大利面粉60克

调 料 香菜末、盐、糖、黑胡椒粉各适量，意式西红柿肉酱1份

做 法

1.锅里加水煮沸，下入意大利面煮至熟软后捞出备用。2.锅中加适量油烧热，放入意大利面、意式西红柿肉酱拌匀，然后加入适量盐、糖调味。3.将面夹至盘中，依个人喜好撒上黑胡椒粉和香菜末。

蛤蜊意大利面

材 料 意大利面40克，蛤蜊肉60克，干贝丝10克，草菇片30克

调 料 蒜末少许，橄榄油10克，西洋香菜末5克，全脂鲜奶、白葡萄酒、盐、胡椒粉各少许，月桂洋葱酱1份

做 法

1.锅中注水烧开，下意大利面煮10分钟，捞出冲冷水。2.蛤蜊肉洗净，入锅倒入白葡萄酒蒸煮。3.蒜末入热油锅爆香，放草菇片、蛤蜊肉、干贝丝混炒，加香菜、蒸文蛤肉的汤汁、意大利面条、鲜奶、月桂洋葱酱迅速拌匀，再用盐及胡椒粉调味即可。

主厨沙拉通心面

材 料 培根20克，管状通心面60克，苹果丁、西洋芹各适量

调 料 优酪20克，奶油腊肉酱1份

做 法

1.通心面入滚水锅中煮熟，捞起，晾凉。2.培根用平底锅煎熟，切丁；西洋芹切丁末。3.通心面、培根、苹果丁、西洋芹加入奶油腊肉酱、优酪拌匀即可。

专家点评 增强免疫

咖喱烩面

材 料 通心粉70克，土豆丁72克，胡萝卜丁45克，毛豆仁20克

调 料 盐少许，意式洋葱酱1份

做 法

1.毛豆仁洗净；土豆、胡萝卜烫熟备用。2.将1000克水放入锅中，开大火煮，待水开后加入通心粉、盐、油，待面煮熟后捞起放入冰水中略冷却，再将通心粉捞起、沥干，最后淋上意式洋葱酱即可。

金枪鱼莴笋沙拉

材 料 莴笋100克，小黄瓜35克，水煮蛋1个，金枪鱼200克，胡萝卜35克，芦荟10克，麦冬15克

调 料 盐、黑胡椒粉各适量，美乃滋60克，芥末橄榄沙拉酱1份

做 法

1.全部材料洗净，莴笋、小黄瓜、水煮蛋切末；胡萝卜去皮切块。2.麦冬与清水置于锅中，以小火煮沸，放入金枪鱼和胡萝卜煮熟，捞出。3.将材料混合，加入芦荟及调味料拌匀即可。

鲜虾沙拉

材 料 明虾、生菜、红波椒、洋葱、西芹各适量

调 料 白兰地1克，胡椒粉、盐、鸡精各少许，油醋汁1杯，百香果沙拉酱1份

做 法

1.明虾洗净汆熟，用油醋汁以外的调味料腌渍。2.将所有蔬菜洗净，切好。3.生菜铺在碟底，上面放红波椒、洋葱、西芹，旁边放已腌好的明虾，伴油醋汁进食。

专家点评 保肝护肾

金枪鱼酿西红柿

材 料 生菜100克，金枪鱼50克，西红柿3个

调 料 芥末西红柿沙拉酱1份

做 法

1.西红柿去蒂托，洗净去子；生菜洗净切细丝。2.将切好的生菜装盘，放入芥末西红柿沙拉酱搅拌均匀。3.将已调好芥末沙拉酱的生菜放入西红柿内，铺上金枪鱼即可。

专家点评 排毒瘦身

龙虾沙拉

材 料 熟龙虾1只，熟茨仔50克，熟土豆1个

调 料 橄榄油15克，柠檬汁8克，酸奶柠檬沙拉酱1份

做 法

1.熟土豆、茨仔切丁；熟龙虾肉切丁。2.将茨仔、土豆、橄榄油、柠檬汁拌匀备用。3.龙虾取头尾，摆盘上下各一边，中间放入调好的沙拉，面上摆龙虾肉，再用酸奶柠檬沙拉酱拉网即可。

专家点评 增强免疫

日式料理

基本介绍

日式料理是当前世界上一个重要的烹调流派，有着特有的烹调方式和格调，在不少国家和地区都有日本菜馆，其影响仅次于中餐和西餐。日式料理借鉴了一些中国菜肴传统的制作方法并使之本土化，其后西餐也逐渐渗入日本，使日式料理从传统的生、蒸、煮、炸、烤、煎等基础上逐渐形成了今天的日本菜系。

主要分类

日本料理分为三类：本膳料理、怀石料理和会席料理。本膳料理已不多见，只出现在少数的正式场合，如喜宴、祭祀典礼。日本最早最正统的烹调系统是怀石料理。会席料理是晚会上的宴席菜式，在前两者基础上简化而成。

主要特点

日式料理被全世界美食家公认为一丝不苟的饮食，无论是餐桌上的摆设方式、餐具器皿的搭配、整体用餐的气氛都极尽严谨，能够带来感官享受。日式料理讲究营养的配比，口味清淡，制作上注重“色、香、味、器”四者的和谐统一，不仅重视味觉，而且很重视视觉享受。

常用食材

大部分日本料理都是由这五种简单但多变的食材组合变化而来——鱼、豆、米饭、蔬菜和水果。

三文鱼腩寿司

材 料 寿司饭120克，三文鱼腩150克

调 料 日本酱油15克，芥末适量

做 法

1.三文鱼腩洗净，将一面打上花刀，另一面抹芥末。2.寿司饭捏团状，将抹有芥末的三文鱼腩片盖上面。3.食用时，蘸日本酱油、芥末即可。

专家点评 降低血脂

鳗鱼寿司

材 料 烤鳗鱼100克，寿司米80克，紫菜条8克，芝麻粒5克

调 料 寿司醋、芥末酱各适量

做 法

1.先将寿司米蒸熟，加入寿司醋，拌匀置凉，即成寿司饭。2.将烤鳗鱼切成条状，然后取适量寿司饭握成与鳗鱼条大小相近的团。3.将寿司饭团摆好，一面抹上芥末酱，并将鳗鱼置于其上，最后用紫菜条围住饭团中部，撒上芝麻粒即可。

刺身白灵菇

材 料 白灵菇200克

调 料 酱油、芥辣各适量

做 法

1.白灵菇洗净，切成薄片，下入沸水中稍焯后，捞出沥净水分。2.冰块打碎，放入盘中，再均匀地铺上白灵菇片。3.将调味料调匀成味汁，食用时蘸味汁即可。

专家点评 增强免疫

芥辣北极贝刺身

材 料 北极贝200克，紫苏叶2片，白萝卜5克

调 料 酱油、芥辣、寿司姜各适量

做 法

1.北极贝解冻，切片；紫苏叶洗净，擦干水；白萝卜去皮，洗净，切成细丝。2.将冰块打碎，撒上白萝卜丝，铺上紫苏叶，再摆上北极贝。3.将调味料混合成味汁，食用时蘸味汁即可。

专家点评 开胃消食

象拔蚌刺身

材 料 象拔蚌500克

调 料 日本酱油50克，芥辣30克

做 法

1.象拔蚌刷洗干净，切开壳，取出蚌肉。2.锅上火，加入清水适量，烧沸，放入蚌肉，烫2分钟，捞出，剥去表面一层薄皮，切成片后，摆入冰盆中。3.取一味碟，调入日本酱油、芥辣，拌匀，同冰盆一起上桌供蘸食。

专家点评 开胃消食

北极贝刺身

材 料 进口原装北极贝500克

调 料 日本酱油、芥辣各适量

做 法

1.将原装北极贝拆除包装，待其解冻后，切成薄片。2.将冰盆装饰好，摆入切成片的北极贝肉。3.味碟置冰盆旁，调入日本酱油、芥辣，拌匀调成汁，供蘸用。

专家点评 开胃消食

照烧鱿鱼圈

材 料 鲜鱿鱼500克

调 料 盐4克，干辣椒、蒜头、陈醋、酱油、葱丝各10克

做 法

1.鲜鱿鱼洗净，剖开，去内脏，将鱿鱼鱼身顶刀切成圈。2.将鱿鱼圈放入开水中汆烫，捞出，放入冰水浸泡；蒜头去皮切碎，干辣椒切圈。3.将鱿鱼圈、蒜头、干辣椒、陈醋、酱油、盐、葱丝一起拌匀，放入烤箱中，以200℃烤制15分钟即可。

烧汁鳗鱼

材 料 鳗鱼2条，熟芝麻3克，黄瓜片、圣女果各10克

调 料 盐3克，料酒10克，日式烧汁、生抽、姜汁、水淀粉、熟芝麻各适量

做 法

1.鳗鱼洗净，汆水后沥干切块，放盐、料酒、日式烧汁、姜汁腌半小时；圣女果洗净。2.烤箱调至180℃，预热后放入鳗鱼烤10分钟，翻面涂上酱汁，再烤10分钟，取出。3.锅烧热，放入日式烧汁、生抽烧开，水淀粉勾芡，淋在鳗鱼上，撒上熟芝麻即可。

三文鱼冷豆腐

材 料 三文鱼80克，豆腐100克，西红柿丁20克，紫菜丝10克

调 料 盐、酱油、姜末、熟芝麻各适量

做 法

1.豆腐洗净，放入冰水中浸泡10分钟后，捞出盛入盘中；三文鱼切片，置于豆腐上，再放上西红柿丁和紫菜丝。2.将盐、酱油、姜末、熟芝麻调成味汁，淋在三文鱼豆腐上即可。

专家点评 提神健脑

天妇罗虾蛋皮卷

材 料 虾尾、蟹柳各30克，寿司饭100克，鸡蛋2个

调 料 日本酱油、天妇罗粉适量

做 法

1.虾尾洗净；鸡蛋捣散，摊成蛋皮；蟹柳洗净；天妇罗粉加水调成糊，放入虾尾挂薄糊。2.油锅烧热，将虾尾炸至酥脆。3.将蛋皮铺在竹帘上，再铺一层寿司饭，放入虾尾、蟹柳卷好，取出切小段。4.配日本酱油食用。

蒲烧鳗鱼饭

材 料 鳗鱼1段，热白饭1碗，鸡蛋1个

调 料 醋、姜片各适量

做 法

1.将鳗鱼以微波炉加热。2.将白饭盛碗，铺上鳗鱼。3.鸡蛋打匀成蛋汁，入锅煎蛋卷，切长条状，与醋、姜片搭配饭即可食用。

专家点评 保肝护肾

牛肉定食

材 料 牛肉80克，米饭1碗，生菜4克

调 料 料酒、盐、黑胡椒粉各3克，酱油10克，水淀粉、香菜各8克

做 法

1.牛肉洗净，切块，用料酒腌渍；香菜洗净，切碎；生菜洗净，垫入盘底；米饭置盘中。2.油锅烧热，下入牛肉拌炒至熟，调入盐、黑胡椒粉、酱油炒匀，以水淀粉勾芡，盛出置于生菜上，放上香菜即可。

专家点评 增强免疫

三文鱼紫菜炒饭

材 料 饭、三文鱼各100克，紫菜20克，菜心粒30克，姜10克

调 料 盐10克，鸡精、生抽各5克

做 法

1.姜洗净切末；紫菜洗净切丝；菜心粒入沸水中焯烫，捞出沥水。2.锅上火，油烧热，放入三文鱼炸至金黄色，捞出沥油。3.锅中留少许油，放入饭炒香，调入盐、鸡精，加入三文鱼、菜心粒、紫菜、姜末炒香，调入生抽即可。

日式海鲜锅仔饭

材 料 虾、蟹、鱿鱼、鱼柳共250克，白饭200克，鸡蛋1个

调 料 鳗鱼汁50克，糖、香油、盐各少许

做 法

1.将海鲜洗净放入六成热的油中，过油捞起。2.热锅，加油下入蛋和饭，加少许盐炒香，装盘。3.热锅，倒入鳗鱼汁和海鲜煮，再放入糖、香油炒匀，淋到装盘的饭上即可。

专家点评 增强免疫

韩式料理

基本介绍

韩式料理以辣见长，兼具中国菜肉丰味美与日式料理鱼多汁鲜的饮食特点。正宗韩式料理，是少油、无味精、营养、品种丰富的健康料理。韩式料理恰恰有“五味五色”之称：甜、酸、苦、辣、咸；红、白、黑、绿、黄。

食材选择

韩式料理一般多选材天然，大多采用不破坏营养成分的烹调方式，配菜合理，并且其制作追求少而精，既保证足够的营养，又不会叫人暴饮暴食。

韩式料理中的各式小菜也很特别，味辣、微酸、不太咸，如泡菜、酸黄瓜、辣桔梗、酱腌小青椒和紫苏叶……配上以肉为主的烧烤，倒是荤素相糅、相得益彰。

菜品特色

韩式料理既有日本菜的清秀雅致，又有中国菜的实惠厚重，做法虽简单，但随吃法而变味道。

韩式料理一般分家常菜式和筵席菜式，各有风味。韩式料理大多是手工制造，无论是烤肉、打糕、辣白菜，还是冷面、拌饭，虽然原料简单，烹饪也不复杂，但都凝聚着浓浓的家庭气氛在里面。

清蒸豆腐饼

材 料 豆腐碎230克，碎牛肉50克，干香菇5个，鸡蛋1个，松仁1匙

调 料 盐、葱末、蒜末、香油、黑胡椒各少许，糖1匙，红辣椒丝少许

做 法

1.将碎牛肉和豆腐拌匀，撒上适量调味料，制成饼状。2.香菇浸泡后切丝；蛋清和蛋黄分开打匀，煎熟后切丝；松仁切半。3.将豆腐饼表面撒上香菇、鸡蛋丝、松仁，放入锅内蒸熟。4.待蒸熟的豆腐饼冷，切成小块，以蒜醋酱佐之。

红焖排骨

材 料 排骨600克，胡萝卜片、杏仁、土豆片各适量，红枣2个

调 料 酱油2勺半，糖1勺半，大葱6勺，蒜、姜汁、料酒各2勺

做 法

1.排骨洗净，剁成大块，入油锅煎成棕黄色。2.将杏仁入锅炒掉绿皮。3.将所有调味料拌匀，放一半在装有排骨的锅内，加水煮至变软，加入杏仁、胡萝卜、土豆及剩下的调味料，翻炒至菜肴呈黏稠状。4.将排骨和蔬菜装盘，撒红枣丝和松仁粉即可。

牛胫汤

材 料 牛胫600克，韩国白萝卜半个，粉丝115克

调 料 蒜瓣5粒，盐、黑胡椒各适量，大葱圈少许

做 法

1.牛胫切大块，白萝卜切半，一起放入适量水中，大火煮沸，然后慢火煮至牛胫熟透。2.牛胫和白萝卜捞出，汤放凉除油脂，牛胫切薄片，白萝卜切片。3.将肉片、白萝卜片和捣碎的大蒜放入汤中，并将其煮沸；大葱圈、盐、黑胡椒放入汤中，调好味道后出锅。

海鲜豆腐汤

材 料 嫩豆腐300克，蛤蜊肉100克，猪肉115克

调 料 酱油、辣椒油、牛油、黑胡椒各适量，大葱1棵，蒜瓣4粒

做 法

1.猪肉切丝；蛤蜊洗净，去除内脏。2.将猪肉丝和大蒜加入辣椒油中翻炒片刻，倒入酱油调味，然后再倒入1.5杯水，慢慢加热。3.待汤煮沸后，将嫩豆腐加入，再次煮沸，加入蛤蜊肉、黑胡椒粉和斜切的大葱，煮沸即可。

仔鸡汤

材 料 童子鸡1只，糯米200克，红枣、板栗各6颗

调 料 生姜1块，盐、黑胡椒适量，蒜瓣10粒

做 法

1.将鸡洗净，并去除内脏、腿、爪、头。2.将糯米和5粒蒜瓣放入鸡腹内，然后缝合。3.将鸡放入陶罐中，加水以文火慢熬；然后将红枣、生姜、剥了皮的板栗、剩余蒜瓣放入罐中大火煮沸；然后小火慢熬1小时，最后放盐、黑胡椒、大葱调味即可。

专家点评 提神健脑

五彩牛肉干锅

材 料 牛肉450克，香菇丝、胡萝卜丝、绿豆芽、红辣椒丝、洋葱丝各150克，高汤适量

调 料 葱丝50克，糖、料酒、酱油、黑胡椒、盐各适量

做 法

1.牛肉切细丝，加调味料入味；香菇加酱油、糖、黑胡椒、盐翻炒；绿豆芽焯水后沥干，放上香油和盐。2.牛肉和豆芽堆在平底锅中部，将胡萝卜、小葱、绿豆芽、香菇、红辣椒、牛肉按序摆放。3.高汤用盐和黑胡椒调味，倒锅中煮沸即可。

茼蒿沙拉

材 料 茼蒿1捆

调 料 酱油、盐各适量，大葱、大蒜、芝麻盐、香油各少许

做 法

1.将茼蒿理干净，去除较硬的粗梗。2.茼蒿在盐水中焯好后用冷水冲洗，沥干。3.将茼蒿内的水挤出，用葱末和蒜末进行调味。

专家点评 降低血压

海带沙拉

材 料 新鲜海带150克，蟹肉棒115克，黄瓜半条

调 料 醋、红辣椒粉各适量，蒜瓣1粒，盐5克，糖3克，芝麻盐4克

做 法

1.将新鲜海带洗净，焯水后凉水冲洗，切片。2.黄瓜纵向切半，然后切成半圆形的片，撒上盐腌渍片刻后，挤出水分。3.蟹肉棒撕成细丝。4.将海带、黄瓜、蟹肉棒丝拌在一起，并撒上红辣椒粉、大蒜、芝麻盐、糖、醋等调味料，拌匀即可。

五彩葱结

材 料 小葱适量，鸡蛋2个，火腿230克，松仁、红辣椒丝各少许

调 料 红辣椒酱、糖、葱末、蒜末、醋各适量，松仁粉少许

做 法

1.小葱入盐水中焯。2.蛋黄和蛋清分开煎成片，然后切成小块。3.火腿切成与鸡蛋同样大小的块。4.将蛋白、火腿、蛋黄叠放，放上辣椒丝和松仁，用小葱绑成结。5.在蒜辣酱中撒上少许松仁粉，作为五彩葱结的蘸酱。

心有千千结

材 料 芥菜梗300克，鱿鱼1条

调 料 红辣椒酱10克，醋、糖、松仁粉各适量

做 法

1.芥菜梗洗净，在盐水中焯好，冷水冲洗。2.鱿鱼去皮，划上网状痕，然后切丝，入盐水中汆。将各种调味酱拌匀，制成鲜辣酱。3.将红辣椒丝放在鱿鱼中，然后用焯过水的芥菜梗将鱿鱼绑成结，用红辣椒酱做蘸酱。

辣白菜

材料 白菜4.8千克，萝卜丝1千克，水芹菜、芥菜、牡蛎各200克

调料 葱丝、辣椒粉、鱼酱、虾酱各适量，糖12克，蒜泥80克，姜泥36克，盐8克

做法

1.白菜用粗盐腌渍约3小时。2.水芹菜去叶；芥菜洗净切段；牡蛎用淡盐水洗后沥干；虾酱与鱼酱加入辣椒粉混合。3.萝卜丝撒辣椒粉拌匀，再放入调料、蔬菜和牡蛎，轻拌后入盐。4.白菜裹住其余原料，倒入调料抹匀，最后将白菜压实保管即可。

功夫黄瓜

材料 黄瓜1条，野韭菜1/4把，洋葱1个

调料 红辣椒粉、糖、咸虾酱各适量，盐1匙，大葱2根，蒜瓣1粒

做法

1.黄瓜洗净，盐腌后切段，再撒盐腌渍数小时。2.将洋葱、大葱、大蒜剁细，韭菜切段。3.将辣椒粉和热水放在研钵中，加入咸虾酱、韭菜、葱末、蒜末、洋葱末、糖、盐，拌匀。4.将黄瓜内的水挤出，并将第3步中调好味的辣椒酱塞入黄瓜瓤中。

韩国泡萝卜

材料 韩国白萝卜10个，韩国梨1个，韩国小青辣椒20个，红辣椒5个

调料 粗盐、葱结、生姜、蒜瓣各适量

做法

1.白萝卜洗净、沥干；生姜和大蒜切薄片，装进纱布袋中，系好。2.白萝卜在盐中滚一遍，与生姜、大蒜、削了皮的梨、葱结、青辣椒放入罐中，撒上盐。3.3天后将罐内的盐水倒出，将萝卜叶放入罐中，置于萝卜上，压上重物，腌至入味即可。

配海鲜泡菜

材料 白菜2.4千克，萝卜块250克，芥菜30克，虾酱8克，牡蛎肉、章鱼各80克，香菇、板栗、辣椒丝、松子各适量

调料 蒜泥、姜末、糖、盐、葱段、辣椒粉各适量

做法

1.白菜盐腌后冲净，切块；芥菜洗净切段。2.虾仁、牡蛎肉、章鱼洗净切碎。3.白菜与萝卜放入辣椒粉、虾酱搅拌；加入大半的海鲜拌好。4.拌好的泡菜放在白菜里，放上香菇丝、板栗片和剩余的海鲜，包好倒入调味料即可。

黑芝麻糊

材 料 黑芝麻200克，大米300克

调 料 盐、糖各适量，松仁粉若干

做 法

1.黑芝麻洗净浸泡，碾碎去壳，浸泡后炒干。2.将大米放入水中浸泡，泡好后和3杯水入搅拌机磨碎，然后加入黑芝麻，一起磨碎。3.将第2步中的大米黑芝麻浆和剩下的水一起倒入锅中，小火慢炖，不停地用木勺搅动，直至煮成黑芝麻糊。

专家点评 保肝护肾

八宝饭

材 料 糯米、粳米各400克，黍米、小米各200克，黑豆、红豆各100克

调 料 盐适量

做 法

1.将米类洗净沥干。2.黑豆浸泡沥干；红豆浸泡，煮熟后沥干，煮红豆水留用。3.将除小米外的所有原料拌在一起，倒入锅中，并倒入米汤、泡红豆的水、少许盐，慢慢加热，待锅中的米煮沸后，将小米均匀地加入，将火调小，再煮10分钟至熟透。

红豆糯米糕

材 料 糯米400克，粳米300克，红枣碎50克，板栗5颗，艾蒿碎30克，干红豆50克

调 料 肉桂粉、盐各1勺，糖6勺，蜂蜜、松仁碎适量

做 法

1.糯米和粳米均浸泡，碾碎过滤，分两份，一份加艾蒿碎和成面团；一份加红枣碎和成面团，入锅蒸熟，切块。2.板栗煮熟、磨碎，红枣切丝，加糖和蜂蜜拌匀；红豆浸泡，蒸软，趁热磨碎，制成豆沙酱。3.艾蒿、红枣米糕蘸上红豆酱、松仁即可。

双色芝麻饼

材 料 熟白芝麻仁、熟黑芝麻仁各适量

调 料 稀糖浆、糖各适量

做 法

1.将糖倒入稀糖浆中拌匀，并加热至完全融化，然后将之分别倒入白芝麻仁和黑芝麻仁中，然后用擀面杖将芝麻团擀成薄片。2.将黑芝麻片放在白芝麻片的上面，并在其冷却之前卷成芝麻卷。3.用竹垫将芝麻卷卷结实，并将其切薄片。

专家点评 补血养颜

第八篇 饮品类

在平时口渴的时候，拿起一瓶美味的饮料痛饮是不是觉得很爽？但是爽劲过后，会不会为自己喝下了一瓶无益的东西而懊恼？确实，瓶装饮料含有太多的色素，不宜喝太多。所以，还是自己动手制作饮品好了，不仅美味，而且营养丰富。以下，我们分蔬果汁、茶、冰点冷饮三大类为你介绍各种饮品的制作，希望你可以动手做出自己喜欢的饮品。

蔬果汁

基本介绍

不同的蔬菜、水果都有各自的营养功效，但是由于平时我们胃部容量有限，所以吃到的蔬菜水果还不太多，吸收到的营养较少。但是把几种蔬菜、水果榨成汁，互相的功效混合，就对我们人体有大大的益处了，这就产生了美味又健康的蔬果汁。

制作要点

1.选择当季的新鲜蔬果。2.多种蔬果混合食用，既保证营养均衡，又避免味道单一。3.添加蜂蜜，不要加糖，可根据个人的口味加入酒。4.蔬果汁宜现做现喝。

养生功效

蔬果汁低热量、富含维生素及矿物质，不仅是全家人健康的好伙伴，也是时尚女性瘦身美颜的好帮手。蔬果汁蕴含肌肤所需要的维生素群和矿物质，美容功效显著，深受女性朋友喜爱。

贴心提示

1. 饮用时宜一口一口细饮慢啜，这样有助于消化和营养的吸收。

2.蔬果汁虽然好喝，但是也要适可而止，不要过多地饮用。

葡萄芝麻汁

材 料 红葡萄100克，黑芝麻1大匙，苹果半个，优酪乳200克

做 法

1.将葡萄洗净，去皮、子，备用；将苹果洗净，去皮、去核，切成块。2.将材料放入榨汁机，搅打成汁即可。

专家点评 提神健脑

另一做法 加入柠檬，味道会更好。

蔬果柠檬汁

材 料 苹果1个，黄瓜100克，柠檬半个

做 法

1.将苹果洗净，去核，切成块；黄瓜洗净，切段；柠檬连皮切成3块。2.把苹果、黄瓜、柠檬放入榨汁机中，榨出汁即可。

专家点评 提神健脑

另一做法 加入蜂蜜，味道会更好。

榴莲牛奶汁

材 料 榴莲100克，水蜜桃50克，蜂蜜少许，鲜牛奶、冷开水各200克

做 法

1.将榴莲和水蜜桃、蜂蜜倒入榨汁机。2.将冷开水倒入，盖上杯盖，充分搅拌成果泥状，加入牛奶，调成果汁即可。

专家点评 增强免疫

另一做法 加入冰块，味道会更好。

蔬菜牛奶汁

材 料 胡萝卜80克，南瓜50克，脱脂奶粉20克，冷开水200克

做 法

1.南瓜去皮，切块蒸熟。2.胡萝卜去皮，切小丁；脱脂奶粉用水调开。3.将所有材料放入榨汁机中，搅拌2分钟即可。

专家点评 增强免疫

另一做法 加入蜂蜜，味道会更好。

纤体柠檬汁

材 料 柠檬、菠萝、蜂蜜各适量

做 法

1.柠檬去皮切片；菠萝去皮切块，用盐水浸泡。2.将柠檬、菠萝块放入榨汁机中榨成汁。3.加入蜂蜜一起搅拌均匀即可。

专家点评 排毒瘦身

另一做法 加入凉开水，味道会更好。

消脂蔬果汁

材 料 青苹果1个，西芹3根，青椒半个，苦瓜1/4个，黄瓜半个，冷开水100克

做 法

1.将青苹果去皮、去核，切块；将西芹、青椒、苦瓜、黄瓜洗净后切块备用。2.将上述材料与冷开水一起榨汁。

专家点评 排毒瘦身

樱桃西红柿汁

材 料 西红柿半个，柳橙1个，樱桃300克

做 法

1.将柳橙剖半，榨汁。2.将樱桃、西红柿切小块，放入榨汁机榨汁，以滤网去残渣，和柳橙汁混合拌匀即可。

专家点评 补血养颜

另一做法 加入牛奶，味道会更好。

香蕉火龙果汁

材 料 火龙果半个，香蕉1根，优酪乳200克

做 法

1.将火龙果和香蕉去皮，切成块。2.将准备好的材料放入榨汁机内，加优酪乳，搅打成汁即可。

专家点评 补血养颜

另一做法 加入柳橙，味道会更好。

西红柿蔬果汁

材 料 西红柿150克，西芹2条，青椒1个，柠檬1/3个，矿泉水1/3杯

做 法

1.将各色蔬果分别洗净切好。2.将所有原料放入榨汁机内，榨汁即可。

专家点评 开胃消食

另一做法 加入盐，味道会更好。

橘子番石榴汁

材 料 橘子8个，番石榴半个、苹果50克，蜂蜜少许，冷开水400克

做 法

1.将番石榴洗净，连子切块；苹果洗净，去皮、核；橘子洗净掰开，都放入榨汁机中。2.将冷开水、蜂蜜加入杯中，与上述材料一起搅拌成果泥状，滤出果汁即可。

专家点评 开胃消食

胡萝卜包菜汁

材 料 包菜、胡萝卜适量，柠檬汁10克

做 法

1.将包菜洗净，切成4～6等份；胡萝卜切成细长条。2.将上述备好的材料放入榨汁机中榨成汁。3.加入柠檬汁即可。

专家点评　降低血糖

另一做法　加入甜椒，味道会更好。

番石榴果汁

材 料 番石榴2个，菠萝30克，蓝姆汁少许，橙子、柠檬各1个，冷开水少量

做 法

1.将番石榴切开，去子；菠萝去皮，切块；橙去皮，切块；柠檬切片。2.将切好的番石榴、菠萝、柠檬、橙子一起入榨汁机中榨汁。3.加入蓝姆汁、冷开水，搅匀即可。

专家点评　降低血糖

香蕉哈密瓜奶

材 料 香蕉2根，哈密瓜150克，脱脂鲜奶200克

做 法

1.将香蕉去皮，切成大小适当的块。2.将哈密瓜洗净，去皮，去瓤，切块备用。3.将所有材料放入榨汁机搅打2分钟即可。

专家点评　降低血压

另一做法　加入凉开水，味道会更好。

火龙果降压汁

材 料 火龙果200克，柠檬半个，优酪乳200克

做 法

1.将火龙果去皮，切成小块备用。2.将柠檬洗净，连皮切成小块。3.将所有材料倒入榨汁机，搅打成果汁即可。

专家点评　降低血压

另一做法　加入菠萝，味道会更好。

草莓菠萝汁

材 料 草莓60克，萝卜70克，菠萝100克，柠檬1个

做 法

1.将草莓洗净，去蒂；菠萝去皮，洗净，切块；将萝卜洗净，根叶切开；柠檬切成片。2.把草莓、萝卜、菠萝、柠檬放入榨汁机，搅打成汁即可。

专家点评 保肝护肾

另一做法 加入西芹，味道会更好。

西红柿芒果汁

材 料 西红柿、芒果各1个，蜂蜜少许

做 法

1.西红柿洗净，切块；芒果去皮，去核，将果肉切成小块，和西红柿块一起放入榨汁机中榨汁。2.将汁液倒入杯中，加入蜂蜜拌匀即可。

专家点评 保肝护肾

另一做法 加入包菜，味道会更好。

猕猴桃橙酪

材 料 猕猴桃、柳橙各1个，奶酪130克

做 法

1.将柳橙洗净，去皮。2.猕猴桃洗净，切开，取出果肉。3.将柳橙、猕猴桃肉及奶酪一起放入榨汁机中，搅拌均匀即可。

专家点评 养心润肺

另一做法 加入糖水，味道会更好。

草莓贡梨汁

材 料 草莓6个，贡梨1个，柠檬半个

做 法

1.将草莓洗净，去蒂；贡梨削皮，去核，切成大小适量的块，柠檬切块备用。2.将准备好的草莓、贡梨倒入榨汁机内。3.加入柠檬，搅打均匀即可。

专家点评 养心润肺

另一做法 加入鲜奶，味道会更好。

猕猴桃蔬果汁

材 料 猕猴桃2个，包菜100克，黄瓜1根，柠檬1个，蜂蜜15克

做 法

1.将猕猴桃、柠檬洗净，去皮，切块；将包菜、黄瓜洗净，切碎。2.将以上材料一起放入榨汁机打匀成汁，再加入蜂蜜调匀即可。

专家点评 增强免疫

另一做法 加入矿泉水，味道会更好。

草莓柳橙汁

材 料 草莓10颗，柳橙1个，鲜奶90克，蜂蜜30克，白汽水20克

做 法

1.将草莓洗净，去蒂，切成小块。2.将柳橙洗净，对切后榨汁。3.将草莓和柳橙汁放入榨汁机内，以高速搅30秒，倒入杯中，再加入白汽水、蜂蜜，拌匀即可。

专家点评 增强免疫

蔬菜苹果汁

材 料 包菜300克，西红柿100克，苹果150克，柠檬半个，凉开水240克

做 法

1.将苹果洗净，去皮去核，切块。2.将包菜洗净，撕片；西红柿洗净，切片。3.将所有材料放入榨汁机内，搅打即可。

专家点评 增强免疫

另一做法 加入香蕉，味道会更好。

苹果胡萝卜汁

材 料 胡萝卜200克，苹果1个，优酪乳200克

做 法

1.将胡萝卜洗净，去皮，切成块。2.将苹果洗净，去皮去核，切成块备用。3.将准备好的材料倒入榨汁机打成汁即可。

专家点评 增强免疫

另一做法 加入柠檬，味道会更好。

茶

基本介绍

茶作为一种著名的保健饮品，是古代中国南方人民对中国饮食文化的贡献，也是中国人民对世界饮食文化的贡献。茶在中国被誉为“国饮”，在中国已有四五千年历史，随着中国的对外交流传至印度支那半岛、土耳其、日本等地，被广泛喜爱。

品种类别

茶主要包括绿茶、红茶、乌龙茶、白茶、黄茶、黑茶等。绿茶主要分为炒青绿茶、烘青绿茶、晒青绿茶、蒸青绿茶。红茶主要分为小种红茶、工夫红茶、红碎茶 。乌龙茶分为闽北乌龙、闽南乌龙、广东乌龙和台湾乌龙。白茶则包括白芽茶和白叶茶。

养生功效

红茶、绿茶、白茶和乌龙茶四种主要茶叶中都含有促进健康的多种抗氧化剂。

茶叶中含有与人体健康密切相关的生化成分，不仅具有提神清心、清热解暑、消食化痰、去腻减肥、清心除烦、解毒醒酒、生津止渴、降火明目、止痢除湿等药理作用，还对多种现代疾病，如辐射病、心脑血管病等疾病，有一定的药理功效。

茶不但有对多种疾病的治疗效能，而且有良好的延年益寿、抗老强身的作用。

茉莉鲜茶

材 料 茉莉花3~5克

做 法

1.将茉莉花用清水洗干净备用。
2.将洗净后的茉莉花放入杯中，热开水冲泡4~5分钟。

专家点评 提神健脑

另一做法 加入蜂蜜，味道会更好。

玫瑰枸杞红枣茶

材 料 干燥玫瑰花6朵，无籽红枣3颗，黄芪2片，枸杞5克

做 法

1.将所有中药材料洗净；红枣切半备用；干燥玫瑰花先用热开水浸泡再冲泡。
2.将做法1中的材料放入壶中，冲入热开水。
3.浸泡3分钟左右，即可饮用。

专家点评 增强免疫

茉莉洛神茶

材 料 洋甘菊5朵，茉莉花3克，干燥洛神花1朵，绿茶5克

做 法

1.将洋甘菊洗净，用热开水冲洗一遍；将茉莉花及洛神花冲净。

2.将做法1中的材料与绿茶一起放入壶中，冲热开水，浸泡约3分钟即可饮用。

专家点评 增强免疫

另一做法 加入蜂蜜，味道会更好。

紫罗兰舒活茶

材 料 干紫罗兰5克，甘草3～5片，柠檬汁10克，冰糖适量

做 法

1.将紫罗兰、甘草置于壶中，冲入开水，焖4分钟左右。

2.加入柠檬汁、冰糖，拌匀即可。

专家点评 增强免疫

消脂山楂茶

材 料 山楂5克，绿茶粉6克

做 法

将所有材料用水熬煮10分钟即可。

专家点评 排毒瘦身

另一做法 加入枸杞，味道会更好。

月季清茶

材 料 鲜月季花25克，水适量

做 法

将新鲜月季花洗净，放入壶中，加适量开水，浸泡5分钟即可饮用。

专家点评 排毒瘦身

另一做法 加入玫瑰花，味道会更好。

鲜活美颜茶

材 料 葡萄200克，绿茶3克，白砂糖适量

做 法

将绿茶用开水泡开后加入葡萄、白砂糖、60克冷开水即可。

专家点评 补血养颜

另一做法 加入蜂蜜，味道会更好。

美白薏仁茶

材 料 薏仁10克，山楂5克，鲜荷叶5克

做 法

将所有材料用沸水冲泡15分钟即可。

专家点评 补血养颜

另一做法 加入蜂蜜，味道会更好。

红枣党参茶

材 料 茶叶3克，红枣10～20枚，党参20克

做 法

1.将党参、红枣洗干净。2.与茶叶用中火一起煮15分钟即可。

专家点评 补血养颜

另一做法 加入枸杞，味道会更好。

玫瑰调经茶

材 料 玫瑰花7～8朵，益母草10克

做 法

1.将所有材料略为清洗，去除杂质。2.将玫瑰花及益母草放入锅中煎煮约10分钟。3.关火后，倒入杯中即可饮用。

专家点评 补血养颜

另一做法 加入月季花，味道会更好。

陈皮姜茶

材 料 陈皮20克，生姜片10克，甘草、茶叶各5克

做 法

将所有材料用沸水冲泡10分钟左右，去渣饮服。

专家点评 开胃消食

另一做法 加入橘络，味道会更好。

蜂蜜芦荟茶

材 料 芦荟10克，蜂蜜20克

做 法

将芦荟放入200克的开水中浸泡，然后加入蜂蜜，即可饮用。

专家点评 开胃消食

另一做法 加入枸杞，味道会更好。

降糖茶

材 料 枸杞10克，山药、天花粉各9克

做 法

1.山药、天花粉研碎，连同枸杞一起放入陶瓷器皿中。2.加水用文火煎煮10分钟左右，代茶连续温饮。

专家点评 降低血糖

另一做法 加入麦冬，味道会更好。

玉竹参茶

材 料 玉竹20克，西洋参3片，蜂蜜15克

做 法

1.先将玉竹与西洋参洗净，沥干水，放入茶壶中，加600克沸水冲泡30分钟。2.滤去渣，待温凉后加入蜂蜜即可。

专家点评 降低血糖

另一做法 加入黄芪，味道会更好。

红枣山楂茶

材 料 红枣10颗，山楂10克，玫瑰花、枸杞、荷叶粉、柠檬、白菊花各适量

做 法

1.将红枣、玫瑰、山楂、荷叶粉、枸杞、菊花加水煮，放在炉火上直到滚15分钟即可。2.把切片后的柠檬放进去，1分钟熄火，去渣留汤即可。

专家点评 降低血压

菊花普洱茶

材 料 干菊花，普洱茶叶各3克

做 法

1.将菊花与普洱茶叶置入有杯盖的瓷杯中并注入开水。2.第一泡茶倒掉不喝，再注入开水，约2分钟即可掀盖，菊花香味溢出，趁热饮用。

专家点评 降低血压

车前草红枣茶

材 料 干车前草50克，红枣15颗

做 法

1.车前草先洗净，红枣切开去核。2.二者加水，煮沸后小火再煮20分钟，滤渣即可。

专家点评 保肝护肾

另一做法 加入枸杞，味道会更好。

夏枯草丝瓜茶

材 料 夏枯草30克，丝瓜络10克（或新鲜丝瓜50克），冰糖适量

做 法

1.将药材加4碗水，用大火煮沸，再改小火煮至约剩汁1碗时，去渣取汁。2.再将冰糖熬化，加药汁煮10～15分钟即可。

专家点评 保肝护肾

另一做法 加入蜂蜜，味道会更好。

山楂五味子茶

材 料 山楂50克，五味子30克，白糖少许

做 法

1.将山楂、五味子用水煎2次。2.取汁混匀，调入白糖，即可饮用。

专家点评 养心润肺

另一做法 加入决明子，味道会更好。

丹参茵陈茶

材 料 丹参、茵陈各30克

做 法

将丹参、茵陈两味药制为粗末，放入杯内，用沸水冲泡，代茶饮用。

专家点评 养心润肺

另一做法 加入红糖，味道会更好。

茯苓清菊茶

材 料 菊花5克，茯苓7克，绿茶2克

做 法

将茯苓磨粉后，混合菊花、绿茶，用300克左右的开水冲泡即可。

专家点评 增强免疫

另一做法 加入枸杞，味道会更好。

铁观音绿茶

材 料 极品铁观音10克

做 法

1.在壶中加水，烧开备用。2.将极品铁观音放入壶中，泡3分钟。3.泡开后，倒入杯中即可。

专家点评 增强免疫

另一做法 加入西洋参，味道会更好。

冰点饮料

基本介绍

冷饮和冰点在古时被称为“冰食”。在我国人们吃冰食已有3000多年的历史。早在商代，富贵人家已将冰贮藏于窖，以备来年盛夏消暑之需；唐代更开始公开出售冰制品；冷饮在宋代发展得很快，而且种类繁多；元代以后，冰激凌出现了；到明清时期，不少美味冷饮名品就诞生了。至今冷饮也是夏季人们的首选。

主要分类

如今我们常见的冷饮和冰点，主要是指冷冻饮料，如冰镇果汁、冻奶茶、冰咖啡，以及冰激凌。

食用禁忌

1.不宜过量饮用冷饮。冷饮过量，轻则胃胀难受，重则引起消化不良或胃肠炎、腹泻等。
2.不宜种类太杂。饮用的冷饮种类太杂，对身体有害。儿童夏季吃冷饮，尤要注意节制。
3.不宜大汗后暴饮冷饮，容易导致胃肠道疾病。
4.空腹状态下暴饮各种冷冻食品，很容易刺激胃肠发生挛缩，诱发肠胃不适等疾病。
5.慢性支气管炎、哮喘、冠心病等慢性病患者，不宜滥吃冷饮和冰点。
6.选择甜度适中的品种，以免诱发疾病。

柠檬蜜红茶

材 料 红茶少许，蜂蜜30克，柠檬1个，冰块少许

做 法

1.柠檬洗净切片备用。2.红茶叶以500克沸水浸泡2分钟，滤出茶汁倒入杯中，放入柠檬片，再加入蜂蜜拌匀，待凉后，加入冰块即可。

专家点评 开胃消食

另一做法 加入干菊花，味道会更好。

冰拿铁咖啡

材 料 糖浆10克，冰块适量，鲜奶50克，咖啡150克，奶泡20克

做 法

1.在玻璃杯中装入5分满的冰块，再加入糖浆。2.将鲜奶倒入杯中，搅拌均匀，使糖浆融于鲜奶中。3.再让咖啡沿着汤匙背面慢慢倒入杯中，然后加入两大匙奶泡即可。

专家点评 开胃消食

另一做法 加入蜂蜜，味道会更好。

猕猴桃奶茶

材 料 蜂蜜60克，绿茶250克（冲泡待凉），奶精3大匙，猕猴桃汁（猕猴桃半个，薄荷蜜15克），冰块适量

做 法

1.将冰块放入雪克杯内约2/3，加入冲泡已凉的绿茶250克。2.加入蜂蜜、奶精，摇匀后倒入杯中，最后再加上猕猴桃汁，以增加口感。

专家点评 提神健脑

珍珠冰奶茶

材 料 珍珠粒3大匙，奶精3大匙，红茶250克（冲泡待凉），果糖30克，冰块适量

做 法

1.将冰块放入雪克杯内约略2/3。2.倒入放凉的红茶250克。3.加入果糖、奶精，摇匀；在杯中放入珍珠粒后，再倒入杯中即可。

专家点评 开胃消食

哈密瓜冰沙

材 料 哈密瓜150克，糖水60克，白汽水30克，冰块适量

做 法

1.哈密瓜洗净，对切后去子，以汤匙挖出果肉。2.所有材料依序放入搅打机中，以高速搅打20秒钟，倒入杯中即可饮用。

专家点评 提神健脑

另一做法 加入蜂蜜，味道会更好。

酸梅冰棒

材 料 淀粉1大匙，水900克，红酸梅80克，砂糖120克

做 法

1.取淀粉和水拌匀。2.取一锅，将红酸梅和水煮滚后，放入砂糖，再放入水淀粉勾芡拌匀，即为酸梅汁。3.待凉后，倒入冰棒盒中，冷冻至变硬即可。

专家点评 开胃消食

菠萝冰棒

材 料 菠萝200克，砂糖60克，水300克

做 法

1.菠萝取肉切条，放入锅中，加水煮滚，再加入砂糖搅拌均匀至糖溶化后熄火。2.待凉后分入冰棒盒中，冷冻至结块即可。

专家点评 开胃消食

另一做法 加入酸奶，味道会更好。

柳橙冰棒

材 料 柳丁5颗，甜橘1个

做 法

1.将柳丁、甜橘洗净对切，压出果汁后拌匀备用。2.将做法1备好的果汁分装入冰棒盒模型中，再插入冰棒棍，移入冰箱冰冻至结块即可。

专家点评 开胃消食

适合人群 加入砂糖，味道会更好。

牛奶冰激凌

材 料 牛奶250克，鸡蛋2个，细玉米粉10克

做 法

1.将鸡蛋打散；用水将细玉米粉调成稀糊。2.将牛奶倒入锅中加热，趁热冲入鸡蛋液。3.搅拌均匀后调入玉米粉稀糊，煮至微沸后离火晾凉，再充分搅拌即制成浆料，放进冰箱冷冻室凝冻，在凝冻过程中要取出搅拌。

专家点评 开胃消食

果仁冰激凌

材 料 鲜牛奶500克，奶油150克，果仁酱、白砂糖各100克，蛋黄3个

做 法

1.在果仁酱中加入煮沸的牛奶，备用。2.将白砂糖放入蛋黄中搅匀，再加入果仁酱牛奶，搅匀。3.再把奶油和鲜牛奶倒入糖与蛋黄的混合液中，搅均匀，倒入容器内入冰箱冷冻即成。

专家点评 开胃消食

葡萄奶昔

材 料 葡萄、酸奶各300克，香草冰激凌球1个，冰块适量

做 法

1.先将冰块放入搅拌机打碎，将葡萄洗净、去皮。2.将碎冰块、葡萄、冰激凌球和酸奶一起放入搅拌机充分搅拌，倒入杯中即可。

专家点评　开胃消食

另一做法　加入砂糖，味道会更好。

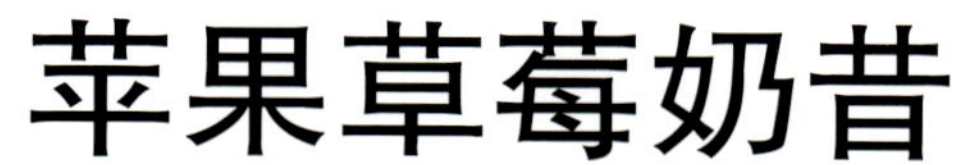

苹果草莓奶昔

材 料 苹果200克，草莓100克，牛奶250克，香草冰激凌球1个

做 法

1.苹果洗干净削皮，切成若干小块；草莓洗干净去蒂。2.将苹果块、牛奶、香草冰激凌球和草莓均放入搅拌器搅拌成糊状。3.倒入杯中即可。

专家点评　开胃消食

另一做法　加入奶油，味道会更好。

夏威夷圣代

材 料 什锦水果罐头1罐，菠萝100克，香草冰激凌300克，奶油少许

做 法

1.将什锦水果丁放在高脚杯里，香草冰激凌放在水果丁上。2.菠萝去皮后切片，取4片放在冰激凌四周，用奶油挤花样即可。

专家点评　开胃消食

另一做法　加入棉花糖，味道会更好。

草莓圣代

材 料 什锦水果罐头1罐，草莓冰激凌300克，新鲜草莓100克，棉花糖少许，奶油适量

做 法

1.将什锦水果丁放在高脚杯里，取草莓冰激凌放在水果丁上。2.用奶油挤花样，将草莓摆放在奶油旁，加入少许棉花糖即成。

专家点评　开胃消食

另一做法　加入巧克力沙司，味道会更好。

青提冰激凌

材 料 青提冰激凌球2个，葡萄干100克，鲜奶油适量

做 法

1.冰激凌球放入容器中。2.加入葡萄干，挤上鲜奶油即可。

专家点评 开胃消食

另一做法 加点新鲜葡萄，味道会更好。

西红柿冰激凌

材 料 西红柿汁100毫升，草莓冰激凌1个，白糖浆10毫升，凉开水50毫升，碎冰适量

做 法

1.先在杯中放入碎冰块，依次加入西红柿汁、冰镇凉开水和白糖浆。2.搅拌调匀后放入草莓冰激凌球即可。

专家点评 增强免疫力

另一做法 加点酸奶，味道会更好。

蜜红豆冰激凌

材 料 蜜红豆100克，抹茶冰激凌球3个，抹茶酱、锉冰各适量

做 法

1.蜜红豆加水煮熟，晾凉。2.将蜜红豆盛入碗底，铺锉冰，淋抹茶酱。3.再放入抹茶冰激凌球。4.碗内排入剩下的蜜红豆，淋上抹茶酱即可。

另一做法 加点蜂蜜，味道会更好。

抹茶冰激凌

材 料 牛奶250毫升，蛋黄80克，细砂糖100克，抹茶粉、鲜奶油各适量

做 法

1.细砂糖、抹茶粉、蛋黄、牛奶一同搅打，加热至稠状后离火，加入打发的鲜奶油拌匀。2.冷冻凝固，搅拌后再冷冻，重复2次即可。

另一做法 加点蜂蜜，味道会更好；也可以将抹茶粉替换成其他水果粉或果汁，口感也非常好。